KB133003

과학의 향기

강석기 지음

과학의 향기

강석기 지음

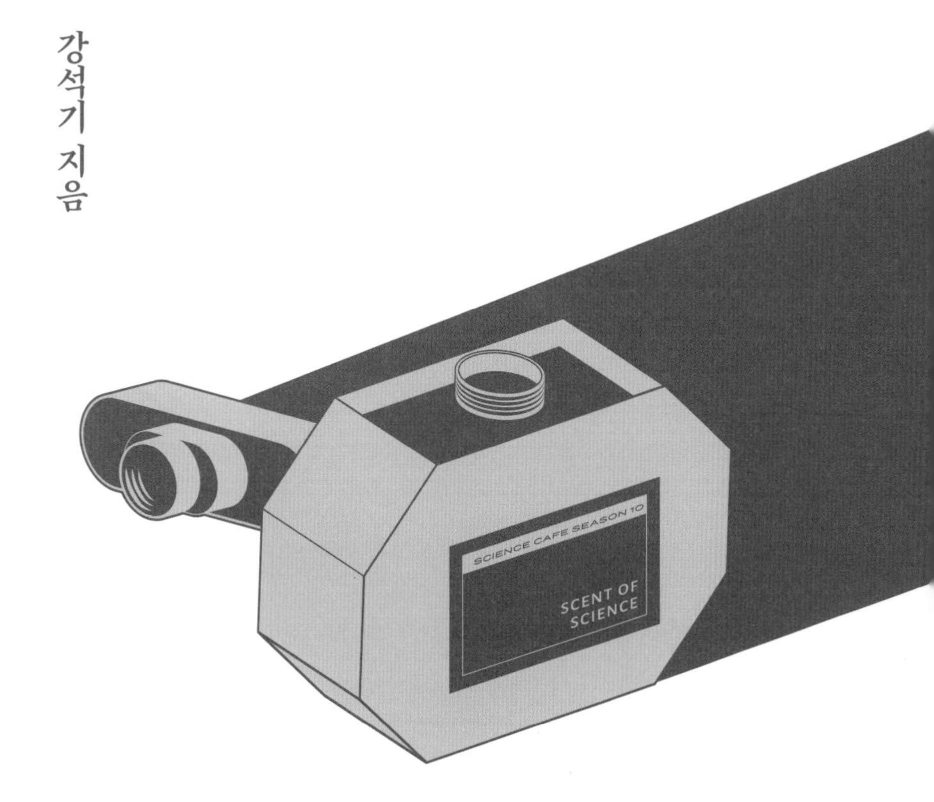

SCENT OF SCIENCE

서 문

우리는 우연이라는 것이 존재하며 그것이 우리의 삶을 언제든지 새로운 방향으로 휘몰아 갈 수 있다는 사실을 받아들여야 한다.

- 플로리안 아이그너, 『우연은 얼마나 내 삶을 지배하는가』에서

수년 전 '우연히' 오스트리아의 과학 저널리스트 플로리안 아이그너Florian Aigner의 『우연은 얼마나 내 삶을 지배하는가』를 읽고 격하게 공감한 기억이 난다. 예를 들어 우리는 누군가의 능력에서 그 사람의 '성공 비결'이나 '실패 이유'를 찾지만, 실상은 대부분 운, 즉 우연이 결정적인 요인이다. 따라서 성공했더라도 너무 자만하지 말고 실패했더라도 너무 자책하지 말라는 것이다.

과학카페 10번째 책 서문에서 뜬금없이 우연을 말하는 건 이 시리즈 역시 우연한 만남에서 비롯했기 때문이다. 10년 전인 2011년 어느 날, 동아사이언스 기자로 있던 나에게 전화가 걸려왔다. 개인게놈 시대를 다룬 번역서를 냈는데 직접 만나 전해주고 싶다는 것이다. <과학동아> 2010년 6월호 개인게놈 특집에서 내가 쓴 기사를 본 것 같다. "오실 것까지는 없다"고 말렸지만 가깝다며 굳이 찾아온다기에 별수 없이 약속을 잡았다.

1층 로비에서 만나 책만 받아 올 생각이었는데 뜻밖에 나보다 연배가 높아 보여 로비 카페 에서 "뭘로 하시겠냐?"는 MID 최성훈 대표의 말에 차마 "제가 좀 바빠서요…"라는 말을 꺼내지 못했다. 얘기를 좀 나누다 보니 과학은 물론 출판계와도 전혀 관계없는 일을 하던 분이다. 뜻이 있어 지난해에 출판사를 만들어 처음 낸 책인 번역서 『$1000 게놈』을 들고 온 것이다.

'딱한 양반'이라는 생각이 들어 순순히 얘기도 들어주고 "책이 나오면 대행업체를 통해 언론매체에 보내면 된다"고 알려주기도 했다. 헤어지며 "<과학동아> 신간 담당자에게 전해주겠지만 소개가 될지 안 될지는 모른다"고 얘기했다. 나중에 보니 '이달의 책'에 선정되지는 못했지만, '새 책 소개'에는 뽑혀 작은 표지 사진과 함께 서너 줄 언급됐다.

그런데 어느 날 최 대표에게서 또 전화가 왔다. 덕분에 책도 소개됐으니 저녁을 사고 싶다는 것이다. "그러실 것 없다"고 정중히 거절했지만 "다른 할 얘기도 있다"며 굳이 저녁을 하자기에 자리에 나갔다. 최 대표는 "지난번에 만난 뒤에 강 기자 기사를 검색해보니 '강석기의 과학카페'라는 칼럼을 연재하고 있어 몇 편 읽어봤다"며 이걸 묶어서 책으로 내자고 제안했다.

이렇게 해서 이듬해 봄에 나온 게 『과학 한잔 하실래요?』라는 다소 촌스러운 제목의 내 첫 책이다. 책을 만드는 과정에서 해프닝도 있었다. 당시 제목이 마음에 안 들었는데 표지 디자인 시안은 정말 아니었다. 그래서 최 대표에게 "내가 그려도 이것보다는 낫겠다"고 힐난 조의 푸념을 했고 의외로 까다로운 나에게 지쳐가던 최 대표도 "그러면 강 기자가 직접 그려보시던가"라고 비꼬았다.

과학카페 1권 『과학 한잔 하실래요?』의 표지 디자인에 쓰인 그림으로, 2012년 3월 어느 날 아침 한 카페에서 그렸다.

당시 토요일에 백화점 문화센터에서 수채화를 배우고 있던 나는 한 번 그려보기로 했다. 평소보다 한 시간 일찍 집을 나서 회사 앞 스타벅스에서 아메리카노가 담긴 머그잔을 왼손에 들고 연필로 드로잉을 했고 갖고 간 여행자용 수채화 세트로 잔과 커피를 색칠했다. 30분 만에 완성한 그림을 휴대전화로 사진을 찍어 최 대표에게 보냈다. 이걸 보고 출판사에서 제시한 시안이 정말 별로라는 걸 인정하고 '돈을 좀 써서' 실력 있는 디자이너에게 맡기라는 취지였다.

그런데 최 대표와 편집자가 내 그림이 책 제목과 잘 어울린다며 표지에 쓰겠다고 하는 게 아닌가. '정말 가관이다….' 책 제목도 촌스러운데 표지 디자인까지 아마추어 작품이니 아무리 신생 출판사라지만 해도 너무

2012년 4월 있었던 『과학 한잔 하실래요?』 출판기념 파티에서 최성훈 대표(왼쪽)와 함께했다.

한다는 생각이 들었다. 그래도 기존 시안보다는 낫고 나로서는 내 왼손을 모델로 내가 그린 그림이니 의미도 있어 "저야 좋죠!"라고 답했고 정말 그렇게 일이 진행됐다.

이렇게 해서 2012년 3월 내 첫 책이자 MID의 세 번째 책인 『과학 한잔 하실래요?』가 나왔다. 그리고 뜻밖에도 독자 반응이 좋았다. 최 대표는 한술 더 떠 출판기념회를 하자고 했고 나는 "무슨 출판기념회냐?"며 펄쩍 뛰었지만, 며칠 뒤 저녁 당시 출판사가 있던 오피스텔 1층 카페에서 '파티'가 열렸다. 그때는 번거로운 일이라고 생각했지만 지나고 보니 즐거운 추억이다.

연말이 되자 최 대표는 "지난 1년 동안 쓴 글을 묶어 과학카페 2권을 내자"고 제안했고 이렇게 해서 이듬해 봄 『사이언스 소믈리에』가 나왔다. 2권부터 과학카페 시리즈의 틀이 잡혔다고 볼 수 있다. 그 뒤 매년 과학카페를 내고 중간 중간 다른 책도 내다보니 지금까지 MID에서 낸 책이 번역서 세 권을 포함해 열네 권이나 된다. 2012년 9월부터 '공식적으로는' 프리랜서이지만 어쩌다 보니 '비공식적으로' MID의 전속 작가가 된 셈이다.

지난 10년 사이 MID가 보여준 모습은 놀라움 그 자체다. 창립 10주년이 되는 지난해 연말 무렵 100권을 돌파했으니 매년 열 권씩 낸 셈이다. 올해는 ㈜엠아이디미디어로 사명을 바꾸고 새 출발을 다짐하고 있다. 10년 전 최성훈 대표(현 ㈜엠아이디미디어 감사)를 처음 만나 얘기를 나눴을 때는 상상하지도 못한 전개다.

10년 전 전화 연결이 되지 않았거나 로비에서 만나 책만 받아갔다면 또는 당시 <과학동아> 신간 담당 기자(찾아보니 『사라져 가는 것들의 안부를 묻다』(MID, 2014)의 저자인 윤신영 현 편집장이다!)가 '새 책 소개'란에 뽑지 않았다면 또는 저녁 자리를 끝까지 피했다면 아마도 과학카페 시리즈는 존재하지 않을 것이다.

과학카페 10권에는 지난해 9권에 이어 코로나19의 그림자가 드리워져 있다. 어찌 보면 코로나19 팬데믹 역시 우연(불운)의 산물이다. 2019년 연말 우한에 신종 코로나바이러스가 등장해 심각한 폐렴을 일으킨다는 한 의사(리원량)의 주장에 보건당국이 귀를 기울였다면 이렇게 세계로 퍼지지는 않았을 것이다. 현실은 리원량을 유언비어 유포자로 체포해 구금하는 어처구니없는 일이 일어났고 그사이 코로나바이러스가 걷잡을 수 없이 퍼졌다.

32편의 글 가운데 1파트 핫이슈의 'RNA 백신'을 비롯해 네 편이 코로나19를 테마로 다루고 있고 간접적으로 관련이 있는 글도 여러 편이다. 그리고 코로나가 지나갔을 때 어쩌면 인류에게 더 심각한 문제로 떠오를 수 있는 에너지·환경문제에 대응하는 길 가운데 하나인 '녹색 화학'의 연구 성과를 2파트에서 소개했다. 3파트 심리학/신경과학에서 8파트 고생물학/인류학까지는 예년처럼 각 파트별로 글 네 편씩을 실었다. 부록에서는 2020년 타계한 과학자 11명의 삶과 업적을 간략하게 되돌아봤다. 이 가운데 세 명이 코로나19에 희생됐다.

이 책에 실린 글의 대부분은 2020년 한 해와 2021년 초에 발표한 에세이 가운데 일부를 골라 업데이트한 것이다. 수록된 에세이를 연재할 때 도움을 준 동아사이언스 데일리뉴스팀의 박근태 팀장과 남혜정 선생, <화학세계>의 오민영 선생께 고마움을 전한다. 열 번째 과학카페 출간을 결정한 ㈜엠아이디미디어 최종현 대표와 적지 않은 분량을 멋진 책으로 만들어 준 이휘주 대리를 비롯한 편집부 여러분께도 감사드린다.

2021년 4월

강석기

SCENT OF SCIENCE

차 례

PART3 심리학/신경과학

PART4 건강/의학

PART5 환경/생태

PART6 천문학/물리학

PART7 생명과학

PART8 고생물학/인류학

SCIENCE CAFE SEASON 10
Part. 1
핫 이슈

1-1

코로나19 백신, mRNA 의약품 시대를 열다!

"우리를 죽이지 못하는 것은 우리를 강하게 만든다."

- 프리드리히 니체

지난 21일(2020년 12월)은 밤이 가장 긴 절기인 동지冬至였다. 동지가 지나면 낮이 조금씩 길어지므로 음양오행설에서는 이를 '음(-) 속에 양(+)이 깃든다'고 표현한다. 음을 절망, 양을 희망이라고 하면 가장 깊은 절망 끝에 희망이 비치기 시작한다고 할까.

우연이겠지만 이 동짓날에 미국에서 모더나 백신의 접종이 시작됐다. 코로나19라는 긴 터널도 이제 절반을 지나왔음을 상징하는 사건 아닐까. 물론 이보다 앞서 지난 8일 영국에서 최초로 코로나19 백신 접종(화이자)이 시작됐으므로 동지와 연관 짓는 건 억지다. 다만 기술적으로 모더나의 백신이 한 수 위라서 나의 사심이 들어갔다.

아무튼 두 백신 모두 의학사의 한 획을 긋는 의약품이다. 코로나19가 팬데믹으로 발전한 뒤 채 1년이 안 된 시점에서 개발에 성공한 데다 최초의 'RNA 백신'이기 때문이다. 바이러스를 쓰는 생백신이나 사백신 같은 기존 방식을 제치고 아직 시도해보지 않은 유형의 백신이 가장 먼저 (긴급이기는 하지만) 승인을 받아 현장에 투입됐다는 건 현대과학의 위대한 성취다. 두 백신을 필두로 백신들이 속속 개발돼 코로나19 사태가 해결

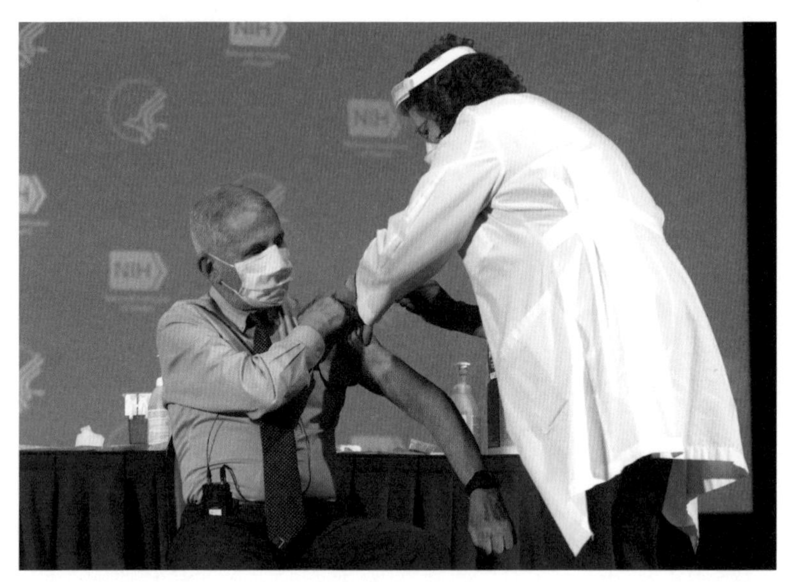

2020년 12월 8일 영국에서 화이자 백신 접종이 시작됐고 21일에는 미국에서 모더나 백신 접종이 시작되면서 코로나19와의 싸움이 새로운 국면에 접어들었다. 12월 22일 앤서니 파우치 미 국립 알레르기·전염병 연구소 소장이 모더나 백신을 접종받는 장면이다.

된다면 RNA 백신을 만든 사람들은 수년 내 노벨상을 받지 않을까.

RNA 백신은 'mRNA 의약품' 가운데 한 유형이다. 두 백신이 나오기 전까지 상용화된 mRNA 의약품이 없었으므로 최초의 mRNA 의약품인 셈이다. mRNA는 messenger RNA(전령RNA)를 뜻한다. 중고교 생물 시간에 배웠겠지만, mRNA는 DNA의 유전 정보를 바탕으로 단백질 합성이 일어나는 과정을 매개하는 생체분자다. 이번 RNA 백신 개발을 계기로 mRNA 의약품의 세계를 들여다보자.

30년 전 아이디어 나와

1953년 제임스 왓슨James Watson과 프랜시스 크릭Francis Crick이 DNA 이중나선 구조를 밝히면서 DNA 염기서열이 단백질의 아미노산서열에 대한 유전정보라는 게 드러났다. 그러나 둘 사이에 정보가 어떻게 전달되는가는 감을 잡을 수 없었다. 그 뒤 바이러스(박테리오파지)를 박테리아에 감염시킬 때 일시적으로 RNA가 급증하는 현상이 관찰되면서 실마리가 잡히기 시작했다.

1961년 5월 13일자 학술지 『네이처』에 이 비밀을 밝힌 연구결과, 즉 단백질을 만드는 생체공장인 리보솜까지 DNA의 유전 정보를 갖고 오는 분자인 mRNA를 발견했다는 논문 두 편이 나란히 실렸다. 앞의 논문은 시드니 브레너Sydney Brenner와 프랑수아 자코브François Jacob가 저자이고 이어지는 논문은 제임스 왓슨이 저자다. 그러고 보니 셋 다 노벨상 수상자다(다들 다른 업적으로 받았다).

mRNA는 DNA이중나선의 유전자에 해당하는 부위에서 한 가닥과 염기서열이 같은(티민(T) 대신 우라실(U)인 것만 다르다) RNA 단일가닥이다. DNA에서 mRNA가 만들어지는 과정을 '전사transcription'라고 하는데 사람이 속한 진핵생물의 경우 게놈이 있는 핵 내에서 일어난다. mRNA는 핵막을 통과해 세포질로 빠져나가 리보솜을 만난다. 리보솜은 mRNA 서열에 따라 아미노산을 연결해 단백질을 만드는데 이 과정이 '번역translation'이다.

1988년 미국 위스콘신대 의대에 부임한 존 울프John Woolf 교수는 mRNA를 직접 몸에 넣는 의약품을 개발할 수 있을까 하는 다소 황당한

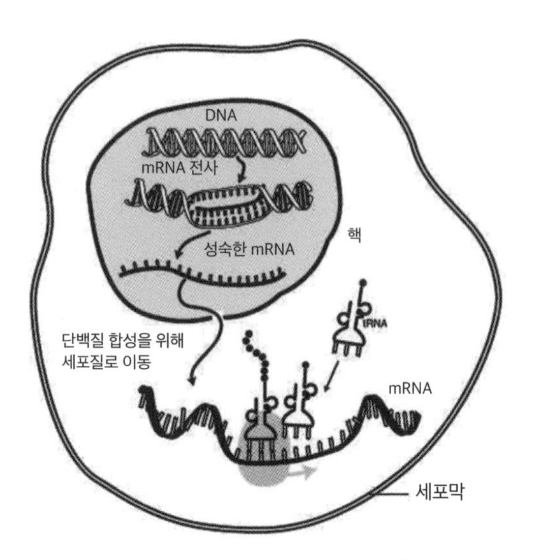

DNA의 유전 정보에 따라 단백질이 만들어지는 과정에는 mRNA가 개입된다는 사실이 1961년 밝혀졌다. 세포핵 내에서 만들어진 유전 정보의 사본인 mRNA는 세포질로 나와 리보솜(아래 회색 덩어리)으로 이동해 아미노산 서열로 번역될 정보를 제공한다. (제공 위키피디아)

아이디어를 떠올렸다. 어떤 유전자에 돌연변이가 일어나 단백질이 만들어지지 않아 생긴 병을 앓는 사람의 몸에 정상 유전자의 mRNA를 넣어주면 세포에서 번역이 일어나 정상 단백질이 만들어지면서 증상이 개선된다는 시나리오다.

이 아이디어가 황당해 보이는 건 mRNA가 꽤 불안정한 분자인 데다 설사 온전하더라도 덩치가 커서 세포막을 통과해 리보솜이 있는 세포질로 들어갈 수 없을 것이기 때문이다. 울프 교수팀은 '시험관 전사(주형이 되는 DNA와 RNA중합효소, 네 가지 뉴클레오타이드만 있으면 된다)'를 통해 CAT라는 효소 유전자의 mRNA를 만든 뒤 이를 생쥐의 근육에 주사했다. 그 결과 놀랍게도 CAT 단백질이 만들어진다는 것을 확인했고 이 결과를 1990년 학술지 『사이언스』에 발표했다.

2년 뒤 미국 스크립스연구소의 과학자들은 mRNA가 정말 치료제로 쓰일 수 있음을 보여주는 동물실험 결과를 역시 『사이언스』에 발표했다. 연구자들은 항이뇨호르몬인 바소프레신의 유전자가 고장 나 비정상적으로 다량의 오줌을 배설하는 요붕증을 앓는 쥐의 시상하부에 정상 바소프레신 유전자의 mRNA를 주사했다(뇌의 시상하부에서 옥시토신과 바소프레신이 만들어져 배뇨를 조절한다). 그 결과 수 시간 내에 요붕증이 개선됐고 효과는 5일 동안 유지됐다. 이처럼 mRNA를 투입해 단백질을 못 만들거나 비정상적인 단백질을 만들어 생긴 병을 고치는 방법을 '단백질 대체 치료protein-replacement therapy'라고 부른다.

그 뒤 다양한 mRNA를 투입하는 동물실험이 이어졌지만 열기는 곧 식었다. mRNA가 세포 안까지 들어가는 효율이 굉장히 낮고(분자 1만 개당 1개꼴) 심각한 면역반응을 유발하는 등 부작용도 만만치 않았기 때문이다. 또 효과가 얼마 가지 않기 때문에 정기적으로 투여해야 한다는 점도 문제다. 결국 단백질 대체 치료 연구는 20년 동안 침체기에 들어갔다.

암 면역요법 임상시험 실패했지만....

대신 과학자들이 주목한 분야가 암 면역요법과 백신이다. 암세포 표면에 특이적으로 많이 존재하는 단백질의 mRNA를 환자의 몸에서 꺼낸 면역세포(수지상세포나 T세포)에 넣어줘 단백질을 만들게 한 뒤, 면역세포를 다시 환자의 몸에 넣어 이 단백질을 인식하는 면역반응을 유발해 암을 치료한다는 시나리오다.

여러 동물실험 결과 효과가 꽤 있는 것으로 나타나자 미국 듀크대 연구자들은 전립샘암 환자를 대상으로 첫 임상시험을 실시했고 2001년 결과를 발표했다. 즉 환자에서 얻은 수지상세포에 전립샘암 특이 항원의 mRNA를 투여해 번역이 일어나게 한 뒤 다시 환자 몸에 넣어줘 면역반응을 유발하자 어느 정도 효과가 있는 것으로 나타났다. 그 뒤 여러 곳에서 mRNA를 이용한 암 면역요법 임상이 진행됐지만 아쉽게도 다들 기존 치료제 대비 뚜렷이 나아진 결과를 얻지 못해 아직 상용화로 이어지지는 않은 상태다.

한편 mRNA를 병원체에 대한 백신으로 개발하는 연구도 진행됐다. 바이러스를 통째로 쓰는 대신 게놈에서 항원이 되는 부분만 골라 mRNA를 만들어 백신으로 쓰니 얼마나 깔끔한가. 만일 독감 백신도

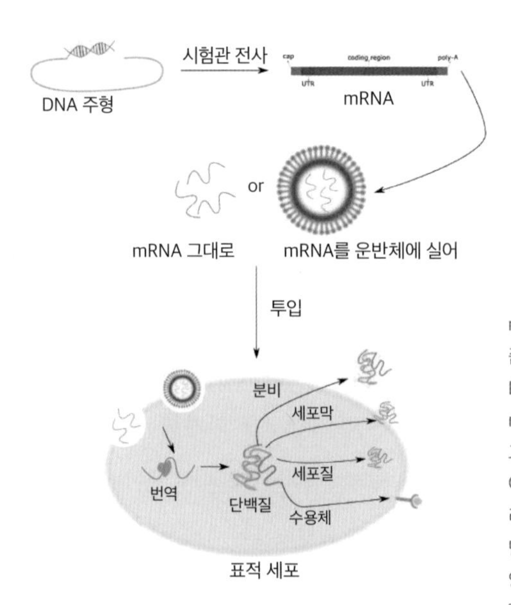

mRNA 약물의 제조 및 작용 메커니즘을 보여주는 도식이다. 시험관에서 DNA이중나선(위 왼쪽)을 주형으로 해 mRNA를 만든 뒤(위 오른쪽) 그 상태 그대로(가운데 왼쪽) 또는 운반체에 넣어(오른쪽) 세포에 투입하면 세포질의 리보솜에서 번역이 일어나 단백질이 만들어진다. 단백질의 성격에 따라 다양한 경로를 밟으며 효과를 낸다.(제공 『중개의학저널』)

mRNA로 만든다면 지금처럼 바이러스를 증식하느라 어마어마한 양의 달걀을 낭비하는 일도 없을 것이다. 그냥 시험관에서 mRNA만 합성하면 되니까.

그러나 역시 문제는 있다. mRNA 분자가 녹아있는 용액을 백신으로 쓸 수는 없기 때문이다. mRNA가 워낙 불안정해 보관하거나 운반하면서 거의 파괴될 것이고 설사 온전히 유지돼 주사하더라도 세포 안으로 들어가는 비율이 미미해 항체가 제대로 형성될지 미지수다. mRNA 운반체로 바이러스를 쓰는 방법이 개발됐지만, 안전성 문제 등이 있어 여의치 않은 상태였다.

mRNA를 구한 지질나노입자

1998년 RNA간섭 현상이 발견된 이후 RNA간섭 약물 연구가 붐을 이뤘는데, 역시 표적이 되는 세포까지 RNA이중가닥을 보내는 게 문제였다. 그런데 2000년대 들어 돌파구가 생겼다. 연구자들은 RNA이중가닥을 잘 감싸서 표적에 갈 때까지 파괴되지 않게 하고 도착해서는 효율적으로 세포 안으로 들어갈 수 있게 하는 약물전달시스템 개발에 매달렸고 마침내 지질나노입자lipid nanoparticle를 만들어 돌파구를 열었다. 즉 표면이 음전하인 RNA가닥을 양전하인 지질 분자로 감싼 뒤 이를 다시 표면처리된(인체의 면역반응을 피하기 위해) 지질로 감싸 지름 50~100nm(나노미터) 크기의 나노입자로 만든 것이다. 그 결과 지난 2018년 최초로 RNA간섭 약물 파시티란(아밀로이드증 치료제)이 출시됐다.

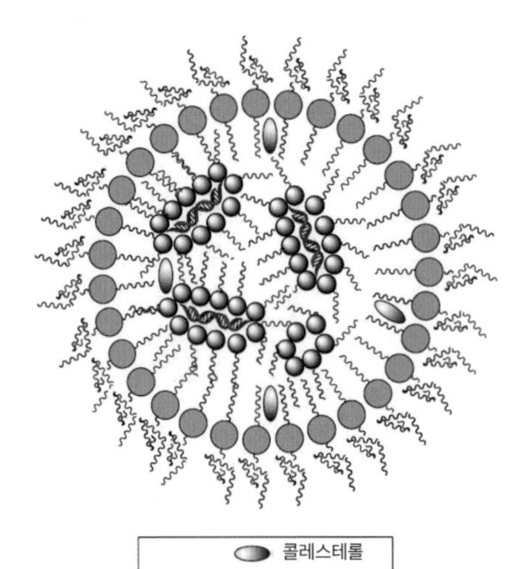

RNA 약물의 최대 걸림돌은 표적이 되는 세포까지 RNA가닥을 보내는 약물전달시스템을 찾는 일이다. 생체(혈액) 효소 시스템으로부터 RNA가닥을 보호해야 할 뿐 아니라 면역계의 표적이 되지 않아야 하고 세포에 흡수된 뒤에는 해체돼 안의 약물(RNA가닥)이 방출돼야 한다. 10여 년의 고투 끝에 찾아낸 유력한 약물전달시스템인 지질나노입자의 구조다. 이번에 승인을 받은 화이자와 모더나 백신도 이 시스템을 이용했다. (제공 『나노의학국제저널』)

mRNA 백신 연구자들도 얼른 지질나노입자를 적용했고(이 경우는 RNA단일가닥이 들어간다) 2012년 mRNA 독감 백신을 만들어 효과가 있다는 동물실험 결과가 나왔다. 물론 이번에 나온 코로나19 mRNA 백신 두 종 역시 지질나노입자가 mRNA를 감싸고 있다. 어쩌면 지질나노입자를 만든 과학자들이 노벨 화학상을 탈지도 모르겠다.

내가 화이자 백신보다 모더나 백신을 기술적으로 높이 평가하는 것도 이 부분이다. 즉 모더나의 지질나노입자가 mRNA를 안정화시키는 효과가 더 뛰어나기 때문에 영하 20℃에서는 4개월, 2~8℃에서는 한 달을 버틸 수 있다. 반면 화이자 백신은 영하 70℃에서 다뤄야 한다. 우리나라가 화이자 백신 계약을 하지 않았다는 얘기를 듣고도 내가 별로 아쉬워하지 않은 이유다. 지난 가을 독감 백신 유통 사고로 비춰봤을 때 영하 70℃ 조건을 맞출 수 있을지 걱정되기 때문이다.•

반면 2021년 1분기에는 우리나라에서 모더나 백신을 구경하지 못할 거라는 발표에는 가슴이 쓰렸다. mRNA 발견 60주년이 되는 2021년 5월 13일을 전후해서는 접종할 수 있었으면 하는 바람이다.•• 물론 조만간 나올 다른 유형의 백신이라도 효과와 부작용에서 밀리지 않는다면 굳이 RNA 백신을 고집할 필요는 없다.

2012년 mRNA 독감 백신 동물실험이 긍정적인 결과를 얻었지만 아직

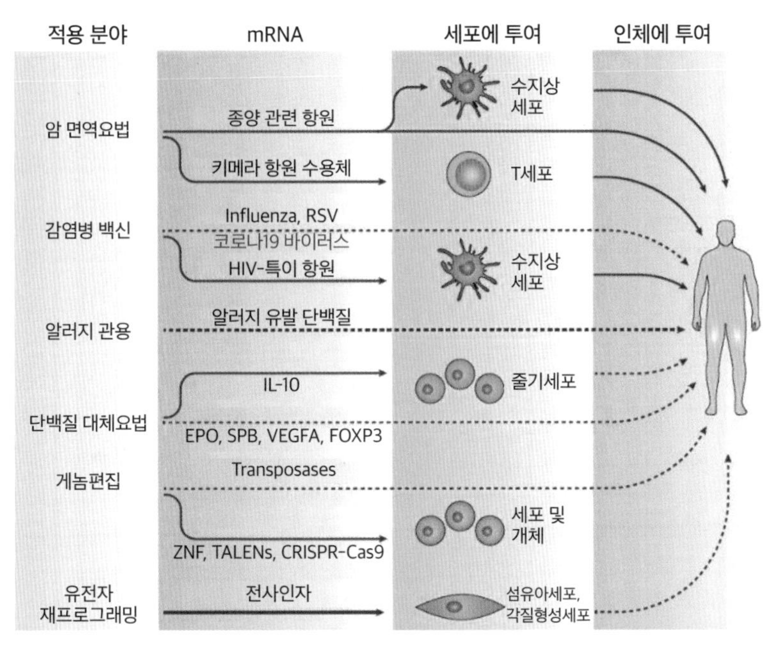

시험관에서 만든 mRNA를 몸에서 꺼낸 세포에 넣거나(ex vivo) 몸에 바로 넣어(in vivo) 단백질을 만들게 하면 다양한 질병을 치료하거나 예방할 수 있다. 또 게놈편집이나 세포 재프로그래밍에도 유용하게 쓰일 수 있다. 최근 코로나19 RNA 백신이 성공하면서 mRNA 의약품 시대가 열렸다. (제공『네이처 리뷰스 약물발견』)

• 이 글이 게재된 다음날인 2020년 12월 24일 정부는 화이자 백신 1,000만 명 분과 얀센 백신 600만 명 분을 계약했다고 발표했다. 2021년 2월 26일 화이자 백신 초도물량 5만 8,500명 분이 들어와 다음날부터 접종에 들어갔다. 추가 연구 결과 화이자 백신도 영하 20℃에서 인정한 것으로 나타났다.

•• 2020년 12월 31일 정부는 모더나 백신 2,000만 명분을 계약했고 공급은 2분기부터 가능할 것이라고 발표했지만 3분기에나 들어올 것으로 보인다.

mRNA 독감 백신이 나오지 않은 건 기존 백신 제조 시스템이 확고히 구축돼 있기 때문일 것이다. 비록 효과는 50% 수준이지만 별 문제 없는 백신을 놔두고 '한 번도 경험해보지 못한' 전혀 새로운 유형의 백신을 상용화하는 모험을 해볼 엄두를 내지 못한 것 아닐까.

코로나19 대유행 '덕분에' 백신 개발 레이스가 펼쳐졌고 돈(연구비)과 사람(임상시험 참가자)을 확보하는 문제가 동시에 해결되면서 음지에서 기회를 엿보고 있던 RNA 백신이 화려하게 무대 전면에 등장하며 mRNA 의약품 시대를 열었다. 앞으로 암 면역요법이나 단백질 대체요법 분야도 탄력을 받을 것으로 보인다. '누군가에는 위기가 기회다'라는 말이 실감나는 요즘이다.

1-2

미스터 트롯의 뇌과학

선천성 실음악증amusia을 겪는 사람들 대부분이 음악 지각에는 심각한 장애를 보이면서 말소리 지각과 패턴은 정상인과 다름없다는 것은 대단히 놀라운 일이다. 말소리와 음악은 과연 그렇게 다른 것일까?
- 올리버 색스, 『뮤지코필리아』에서

사랑이 무어냐고 물으신다면~
눈물의 씨앗이라고 말하겠어요~~

열세 살 소년(정동원)이 무대에 등장하더니 색소폰 끈을 어깨에 두른다. 그리고 멋들어지게 전주를 연주하더니 나훈아의 명곡 <사랑은 눈물의 씨앗>(1969년 발표)을 구슬프게 부른다. <미스터 트롯>이 장안의 화제라 도대체 무슨 프로그램일까 궁금해서 봤는데 깊은 인상을 받았다. 그 뒤 경연이 끝날 때까지 챙겨보면서 어느새 트롯 감상이 취미가 됐다.

<미스터 트롯>에서 참가자들이 부른 노래 가운데 다수는 내가 어릴 때와 젊었을 때 나온 것들이라 귀에 낯설지는 않았다. 그럼에도 당시는 물론 최근까지도 트롯을 일부러 들은 적은 없던 내가 뒤늦게 트롯의 맛에 빠졌으니 모를 일이다. 유튜브에서 <미스터 트롯>에 나온 노래의 원곡을 듣고 그 가수의 다른 노래들을 듣는 식이다.

<미스터 트롯> 경연과 소위 '트롯맨'으로 불린 상위 7명은 2020년 내내 화제의 중심이 되면서 코로나19 장기화로 지친 많은 사람들에게 위로를 줬다.

도대체 트롯의 무엇이 이토록 나를 매료시킨 걸까 생각하다 다른 장르에 비해 가사의 비중이 커서라는 결론에 이르렀다. 다 그런 건 아니겠지만 많은 트롯 곡에서 멜로디는 주연인 가사의 감성을 전달하는 역할을 하는 조연이 아닌가 한다. 그래서인지 듣기에도 편하다. 어느 정도 나이가 들어서야 트롯의 참맛을 알게 된 건 가사 속 희로애락의 사연이 과거 나의 비슷한 경험을 연상시키며 가슴에 와닿기 때문 아닐까.

사실 나는 음악 감상을 거의 하지 않는데, 책을 보거나 글을 쓸 때 가끔 클래식이나 재즈를 배경음악으로 틀어놓는 정도다. 그런데 대신 트롯을 들으려니 일에 집중할 수 없어 따로 시간을 내 듣고 있다. 예술성에서 클래식이나 재즈에 못 미친다고 생각했던 트롯이 오히려 감상자의 온전한 '헌신'을 요구하는 셈이다.

가사는 언어이므로 트롯을 배경음악으로 틀어놓으면 책 읽기나 글쓰기 같은 언어 중심 작업이 방해를 받는 것 같다. 다른 장르의 노래도 정도의 차이는 있겠지만 마찬가지일 것이다. 반면 가사가 없는 클래식이나 재즈는 잔잔하게 흐르는 한 오히려 작업에 도움이 되기도 한다.

좌뇌는 단어 우뇌는 멜로디 처리

학술지 『사이언스』 2020년 2월 28일자에는 우리가 노래를 들을 때 뇌에서 노래의 언어 정보와 음악 정보를 어떻게 처리하는가를 규명한 연구결과가 실렸다. 결론부터 말하면 언어 정보의 핵심인 단어는 좌뇌에서, 음악 정보의 핵심인 멜로디는 우뇌에서 주로 처리하는 것으로 밝혀졌다. 우리가 노래를 감상할 때 노랫소리라는 하나의 음파를 좌뇌와 우뇌에서 각각 별도의 메커니즘으로 처리한 뒤 그 정보를 종합해 재구성하는 일이 지속적으로 일어나고 있다는 말이다.

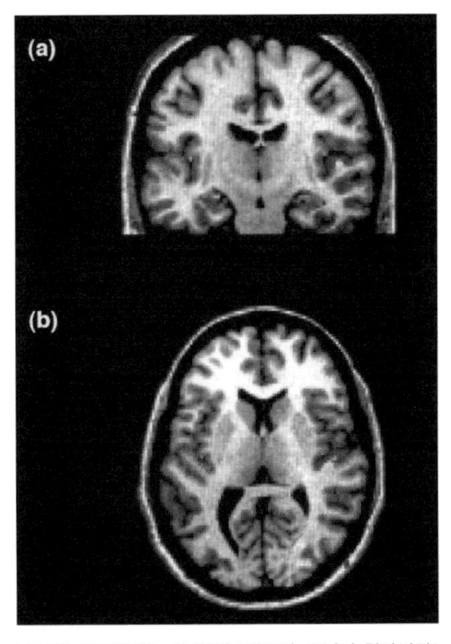

좌뇌의 청각피질(녹색~빨강 부분)과 우뇌의 청각피질(노랑~파랑 부분)을 비교해보면 좌뇌의 청각피질, 특히 백색질의 부피가 좀 더 큼을 알 수 있다. 이는 인간이 언어를 구사하게 되면서 말소리의 구성 요소인 음운을 제대로 파악하기 위해 시간 분해능이 높아지며 처리해야 할 정보량이 많아졌기 때문으로 보인다. (제공 『인지과학 경향』)

뇌과학이 발전하기 전 사람들은 뇌가 대칭적으로, 즉 좌우가 동등하게 작동한다고 믿었다. 그런데 1861년 프랑스 해부학자 폴 브로카Paul Broca가 뇌졸중으로 좌뇌 전두엽의 특정 영역이 손상된 사람들에서 '표현성 실어증', 즉 말을 하는 능력에 문제가 생긴다는 사실을 발표했다. 반면 우뇌의 해당 영역이 손상됐을 때는 그렇지 않다고 덧붙였다. 뇌 기능의 좌우 비대칭, 즉 편측성이 처음 발견된 순간이다. 그 뒤 좌뇌 측두엽의 특정 영역이 손상되면 '유창성 실어증', 즉 말은 멀쩡하게 잘하는데 내용이 엉망이라는 사실이 밝혀졌다. 역시 우뇌의 해당 영역이 손상됐을 때는 그런 문제가 없었다.

반면에 음악을 인식하지 못하는 실음악증은 우뇌에 문제가 생겼을 때 발생하는 경우가 많다. 예를 들어 우뇌에 뇌졸중이 일어나면 음높이를 구분하지 못하는 음정 음치가 될 수 있다. 발음이 똑 부러져서 귀에 쏙쏙 들어오게 말하는 아나운서가 예능 프로그램에서 노래를 부를 때는 음치인 경우가 있는데 아마도 좌뇌는 우등생, 우뇌는 열등생인 결과일 것이다.

캐나다 맥길대 연구자들은 하나의 음파에 말소리와 음악 정보를 담고 있는 노래가 뇌에서 어떻게 처리되는가를 밝히기 위해 기발한 실험을 설계했다. 말소리, 즉 단어를 제대로 지각하려면 정보를 짧은 시간 단위로 잘라 처리할 수 있어야 한다. 자음과 모음의 조합이 짧게는 수십 밀리초 간격으로 일어나기 때문이다. 예를 들어 '사랑이 무어냐고'와 '사람이 무어냐고'를 구분하려면 '랑'과 '람'의 받침이 발화發話되는 짧은 순간의 소리 차이를 포착해야 한다. 따라서 노래의 시간 분해능이 점차 떨어지게 처리를 하면 어느 시점에서 단어를 제대로 파악하지 못하게 된다.

반면 음악을 듣는다는 건 멜로디(선율), 즉 음높이의 시간에 따른 변화가 하나의 정체성으로 지각되는 음의 흐름을 파악하는 게 중심인 과정이다. 멜로디의 지각에는 음높이(주파수) 사이의 상대적인 간격, 즉 음정이 중요하다. 경연 참가자가 노래를 한창 부르다 한 음의 높이를 반 키만 삐끗해도 심사하는 사람들이 얼굴을 찡그리는 이유다. 따라서 노래의 주파수 분해능이 점차 떨어지게 처리를 하면 어느 시점에서 멜로디를 제대로 파악하지 못하게 된다. 보통 음높이의 변화는 수백 밀리초 단위에서 일어나므로 시간 분해능이 떨어져도 별 영향을 받지 않는다.

연구자들은 10가지 가사와 10가지 멜로디를 조합한, 짧은 소절의 100가지 노래(무반주)를 녹음한 뒤 각각 5단계에 걸쳐 시간 분해능과 주파수 분해능을 떨어뜨린 버전을 만들었다. 그리고 각 단계에서 노래 쌍을 비교해 차이를 느끼는가 여부를 판단하게 했다. 예를 들어 가사는 다르고 멜로디가 같은 노래의 원본을 비교하면 둘 사이에 가사가 다르다는 걸 바로 알 수 있지만, 시간 분해능이 떨어지며 가사의 단어를 알아듣지 못하게 되면 둘을 구분할 수 없다.

이런 식으로 테스트를 하며 기능적 자기공명영상fMRI으로 뇌의 활동을 측정해 변화를 관찰했다. 그 결과 시간 분해능이 떨어져 단어를 제

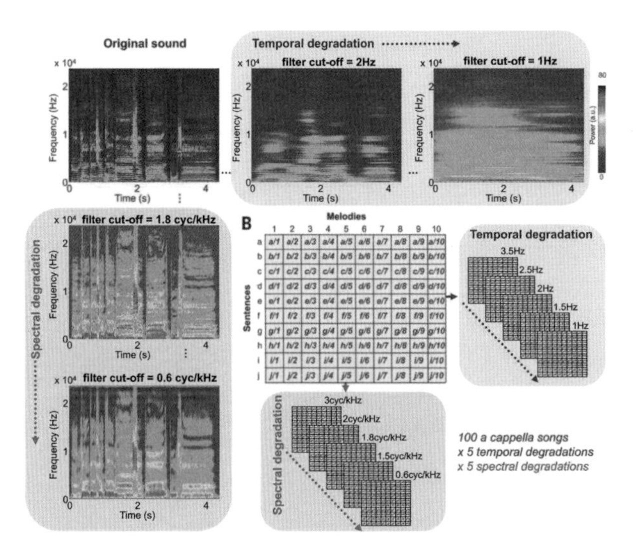

캐나다 연구자들은 무반주 노래를 담은 원래 소리(위 왼쪽)를 두 방향으로 가공해 뇌의 정보처리 과정을 분석했다. 즉 시간 분해능을 점차 떨어뜨려 단어를 구분하지 못할 때(가로 방향, temporal degradation)와 주파수 분해능을 점차 떨어뜨려 멜로디를 구분하지 못할 때(세로 방향, spectral degradation) 뇌 활동의 변화를 측정했다. (제공 『사이언스』)

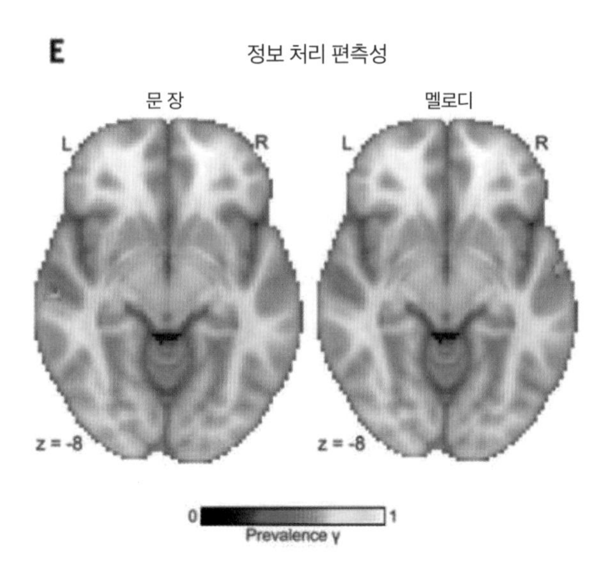

시간 분해능과 주파수 분해능을 점차 떨어뜨리는 실험을 통해 청각피질의 A4 영역에서 정보 처리의 편측성이 두드러진다는 사실이 밝혀졌다. 즉 좌뇌 A4 영역(왼쪽 노랑~빨강 부분)은 노래의 문장 처리에 특화돼 있고 우뇌 A4 영역(오른쪽 노랑~빨강 부분)은 멜로디 처리에 특화돼 있다. (제공 『사이언스』)

대로 처리할 수 없게 되는 과정에서 좌뇌 측두엽 청각피질의 특정 영역(A4)의 활동성이 낮아진다는 사실을 발견했다. 반면 우뇌의 해당 영역은 별 차이가 없었다. 즉 노래에서 말소리 정보는 주로 좌뇌에서 처리하기 때문에 정보가 사라질 때 좌뇌 활동도 약해진다는 말이다.

한편 주파수 분해능이 떨어져 멜로디를 제대로 처리할 수 없게 되는 과정에서는 우뇌 A4의 활동성이 낮아진 반면 좌뇌 A4는 별 차이가 없었다. 멜로디 정보는 주로 우뇌에서 처리하기 때문에 정보가 사라질 때 우뇌 활동도 약해진 것이라고 해석할 수 있다. 그런데 좌뇌와 우뇌는 왜 역할을 분담하게 된 걸까.

음향의 불확정성 원리

독일의 언어학자 마틴 주스Martin Joos는 1948년 발표한 논문에서 '음향의 불확정성 원리acoustic uncertainty principle'라는 용어를 도입해 이를 설명했다. 독일의 물리학자 베르너 하이젠베르크의 불확정성 원리에서 따온 신조어다. 양자역학에서 불확정성 원리란 입자의 위치와 운동량을 동시에 정확히 측정할 수 없다는 원리다.

주스는 청각피질 역시 소리의 시간에 따른 변화와 주파수 패턴을 동시에 정확히 분석할 수 없다고 주장했다. 따라서 좌뇌와 우뇌의 청각피질 기능이 같다면 시간 분해능과 주파수 분해능이 적당한 수준에서 타협을 볼 수밖에 없다. 그러나 이런 중복 대신 각각 한 가지에 뛰어나게 만들어 정보를 처리한 뒤 이를 종합하는 방식이 생존에 더 유리했기 때문에 이런 방향으로 진화가 일어났다.

즉 좌뇌는 시간에 따른 소리 정보 처리를 정확하게 해내고 우뇌는 주파수 패턴을 파악하는 데 뛰어나도록 진화했다. 대신 반대 과제에 대한 정보 처리 능력은 오히려 떨어졌다. 특히 언어를 구사하게 된 인간은 이런 편측성이 더 치우치게 일어났다는 것이다. 그 결과 한쪽 뇌가 손상될 때 언어 또는 음악 능력이 크게 떨어지게 됐다. 꽤 그럴듯한 이론이다.

노래의 감동은 우뇌도 큰 몫

노래에서 단어는 좌뇌가 멜로디는 우뇌가 주로 처리한다고 해서 가사의 비중이 큰 트롯이 '좌뇌의 노래'인 건 아니다. 좌뇌는 말소리의 음운 정보를 처리하는 데 특화돼 있기 때문이다. 반면 말소리에 담긴 화자의 감정과 의도를 유추할 수 있는 음정과 음색, 강세는 주로 우뇌에서 파악한다. 내가 들은 트롯 가운데 가사의 비중이 가장 크다고 생각되는 나훈아의 <홍시>라는 노래를 보자.

> 생각이 난다 홍시가 열리면 울 엄마가 생각이 난다
> 자장가 대신 젖가슴을 내주던 울 엄마가 생각이 난다~

만일 ARS자동응답기처럼 무심한 말투로 이 가사를 들려준다면 다소 감상적일 뿐 시적 완성도는 떨어져 보여 별다른 감정을 느끼지 않을 것이다. 그런데 이 가사가 곡조를 타고 흐르면 나훈아 고유의 음색과 창법으로 단어 하나하나가 살아나면서 서서히 감정을 고조시키고 노래를 듣는 사람의 눈에서 어느새 눈물이 흘러내린다. 유튜브의 댓글을 보면 '역시 나훈아' 같은 반응은 없고 '돌아가신 엄마가 너무 보고 싶다', '점점 희미하고 멀어지는 엄마 얼굴이 그리워 눈물이 난다' 같은 얘기가 대부분이다.

이런 게 바로 노래, 특히 트롯의 힘이 아닐까 하는 생각이 문득 든다.

1-3

벤자민 버튼의 시간은 거꾸로 갈 수 있을까

열두 번째 생일이 몇 주일 지난 어느 날, 거울을 보던 벤자민은 놀라운 발견을 했다. (중략) 얼굴에 가득했던 주름살이 점점 희미해진 것인가? 피부가 더 건강해지고 탄력적이 된 것인가, 심지어 불그스레한 겨울빛까지 돌고 있지 않은가? 그는 확신이 서지 않았다. 자신의 몸이 이제는 구부정하지 않으며 신체 조건도 나아져 왔다는 것은 알고 있었다.
- F. 스콧 피츠제럴드, 『벤자민 버튼의 시간은 거꾸로 간다』에서

이제 인생 자체는 아니어도 적어도 다 자란 성숙한 세포가 시간을 역행할 수 있다는 것이 밝혀졌습니다. 이것이 바로 올해의 노벨 생리의학상을 받을 연구입니다.
- 토마스 페를만, 2012년 노벨상 시상 연설문에서

어느새 2020년도 이틀밖에 남지 않았다. 매년 이맘때가 되면 '다사다난多事多難했던 한 해를 보내며…' 같은 판에 박은 문구가 나오지만, 올해는 코로나19로 정말 일도 많고 어려움도 많았다. 이런저런 제한으로 해야 하거나 하고 싶은 일을 하지 못한 게 무엇보다도 힘든 한 해였다.

그러다 보니 2020년을 통편집하고 싶다거나 잃어버린 1년을 보상받고 싶다는 얘기가 들린다. 게다가 내년 상반기까지는(어쩌면 하반기까지도)

상황이 별로 나아질 것 같지 않다. 자칫 잃어버린 2년이 될 수도 있다는 말이다. 그렇다면 이 시간을 어떻게 보상받을 수 있을까.

흐르는 시간을 멈출 수는 없으므로 꼼짝없이 나이는 두 살 더 먹어야 한다. 하지만 그동안 몸이 전혀 늙지 않는다면 설사 2년을 허송세월하더라도 덜 억울할 것이다. 그런데 이미 1년이 지나갔으므로 내년 1년 동안 몸이 나이를 거꾸로 먹어야 2022년 새해를 맞았을 때, 2020년 새해의 몸이 된다.

문득 미국 소설가 F. 스콧 피츠제럴드의 단편소설 『벤자민 버튼의 시간은 거꾸로 간다』가 떠오른다. 주인공 벤자민은 70세 노인의 몸으로 태어나지만, 시간이 지날수록 몸이 젊어져 12살에는 58세의 몸이 된다. 소설 초반은 다소 기괴한 분위기지만 50살의 몸이 된 20살부터 20살의 몸이 된 50살까지를 다룬 중반부는 50대 초반인 나로서는 신나는 대목이다. 그러나 50살 이후 점점 어려져 70살에 신생아의 몸으로 죽음을 맞이하는 과정을 다룬 후반부는 꽤 비극적이다.

만약 내년 1년 동안 벤자민 버튼처럼 나이를 거꾸로 먹으면 잃어버린 2년을 보상받을 수 있을 것이다. 그런데 이게 가능한 일일까.

생물나이, 잠시나마 되돌릴 수 있어

해가 바뀌면 누구나 한 살 더 먹지만 몸의 나이, 즉 노화 속도의 결과는 개인차가 있다. 쉰 살 친구들을 만나면 개중에는 40대 초반으로 보이는 사람도 있고 환갑이 내일모레로 보이는 사람도 있다. 중병에 걸려 고

F. 스콧 피츠제럴드의 소설 『벤자민 버튼의 시간은 거꾸로 간다』는 2008년 영화로 만들어져 아카데미상 13개 부문 후보에 올라 분장상 등 3개를 수상했다. 브래드 피트가 벤자민 역을 맡아 열연했다. (제공 파라마운트 픽처스)

생하거나 사기를 당해 스트레스에 시달린 사람은 1년 만에 10년은 늙은 것처럼 보이기도 한다. 이처럼 노화 속도는 차이가 있을지언정 늙는다는 '방향성'은 유지되는 것 아닐까.

그런데 오랜만에 만난 사람 가운데 오히려 젊어진 것처럼 보이는 경우가 가끔 있다. 얘기를 들어보면 큰 근심거리가 없어졌다거나 담배를 끊었다는 등 나름의 근거가 있다. 이처럼 예전보다 젊어 보이는 현상은 외모나 활기를 바탕으로 한 인상일 뿐일까, 아니면 몸이 정말 젊어진 것일까?

주민등록상의 나이가 아니라 몸의 노화 정도를 나타내는 게 바로 '생물나이biological age'다. 생물나이는 여러 생물지표를 측정한 뒤 합쳐 산출한다. 지난 2015년 발표된 한 논문에서는 백혈구의 텔로미어 길이, 고밀도지단백콜레스테롤 수치, 폐 기능, 잇몸 상태 등 18가지 생물지표를 토대로 만든 생물나이를 실제 나이가 38세인 사람들 천여 명에 적용했는데, 최소 28세에서 최대 61세까지 분포했다(평균을 38세로 보정했을 때). 극단적인 경우 동갑인데도 생물나이는 두 배가 넘게 차이가 난다는 말이다.•

고령층의 경우 실제 나이보다 생물나이가 사망률을 더 정확히 예측한다지만, 청장년층에서는 생물지표가 다소 과장돼 반영되는 것 같다는 생각이 든다. 한두 달만 정신 차리고 다이어트와 운동을 병행하면 생물나이가 확 젊어질 것이기 때문이다. 아이나 청소년의 생물나이는 더 애매한 개념이다. 전 연령층에서 생물나이를 제대로 반영할 수 있는 생물지표가 아쉽다.

개와 사람의 호바스 시계를 비교해보니

2013년 학술지 『게놈 생물학』에는 게놈의 DNA메틸화 정도를 분석해 나이를 추정하는 알고리듬을 소개한 논문이 실렸다. DNA메틸화는 염기 시토신(C)에 메틸기(-CH_3)가 붙는 반응으로 그 결과 유전자 발현이 영향을 받는다. 즉 조직이나 기관의 세포는 특징적인 DNA메틸화 패턴이 있고 이에 따른 고유한 유전자 발현 패턴으로 각자의 역할을 하는 것이다. 그런데 나이가 들면서 DNA메틸화 패턴에 잡음이 쌓이면서 유전자 발현 패턴도 흐트러진다. 노화는 엔트로피(무질서도)의 증가라는 관점에

• 생물나이에 대한 자세한 내용은 『티타임 사이언스』 176쪽 '동안인 사람이 몸도 젊다!' 참조.

서 일리가 있다.

미국 LA캘리포니아대 스티브 호바스Steve Horvath 교수는 사람 조직 시료 8,000개의 DNA메틸화 패턴 데이터를 분석해, 나이에 따라 패턴이 흐트러지는 정도를 수식화해 생물나이를 산출하는 후성유전적 시계(일명 '호바스 시계') 개념을 제시했다. 생체 시료의 DNA메틸화를 분석해 나이를 추정한 결과 실제 나이와 오차는 평균 3.6년에 불과했다. 살인사건 현장에서 채취한 DNA에서 분석한 호바스 시계가 55세로 나온다면 범인은 50대일 가능성이 크다는 얘기다.

호바스 시계는 사람뿐 아니라 다른 포유류 동물에도 적용할 수 있어 노화의 진화를 이해하는 데도 영감을 준다. 예를 들어 사람은 개보다 수명이 6~7배 긴데 그만큼 노화 속도가 느리기 때문이다. 그런데 호바스 시계로 분석해보면 평생 그런 비율인 건 아니다. 즉 출생 후 1년 동안 개의 호바스 시계는 사람보다 30배나 빨리 간다. 그 뒤 차이가 크게 줄어

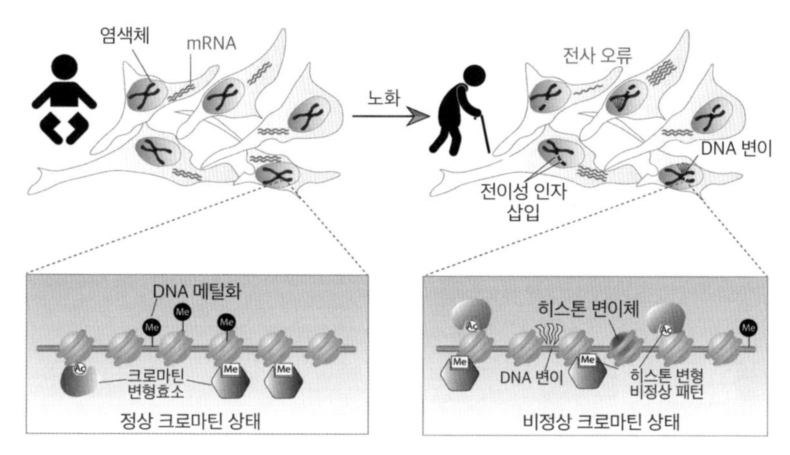

갓 태어난 아기의 세포는 소속된 조직이나 기관에 딱 맞는 후성유전적 패턴을 지니고 있어 유전자 발현mRNA이 정상적으로 일어난다(왼쪽). 그러나 나이가 들수록 패턴에 오류가 쌓이면서(예를 들어 DNA메틸화가 없어지거나 생기는 반응) 유전자 발현도 비정상이 돼 세포가 노화한다. 2013년 스티브 호바스는 DNA메틸화 패턴 변화를 분석해 생물나이를 추정하는 알고리듬을 개발했다. (제공 『사이언스 어드밴시스』)

중년 이후에는 3~4배가 된다. 인류가 포유류 가운데 오래 사는 종이 된 주된 이유가 성장기가 길어졌기 때문이라는 진화론적 설명을 호바스 시계가 멋지게 증명한 셈이다.

호바스 시계의 오차는 단순한 불확실성이 아니라 생물나이를 반영한다. 즉 실제 나이보다 호바스 시계가 더 많게 나왔다면 생물나이가 더 많다는 뜻이다. 흥미롭게도 만성 스트레스나 불면증에 시달리는 사람은 호바스 시계가 빠르게 간다는 사실이 밝혀졌다. 반면 장수 집안인 사람들의 호바스 시계는 느리게 간다. 노화 속도가 느려 오래 산다는 말이다. 그렇다면 여러 생물지표를 반영한 기존 생물나이처럼 호바스 시계도 일시적이나마 되돌릴 수 있을까.

건강습관 실천하면 2년은 젊어질 수 있어

미국 헬프갓연구소의 카라 피츠제럴드Cara Fitzgerald 박사팀은 2020년 7월 메드아카이브medRxiv에 올린 논문에서 건강한 생활습관이 호바스 시계를 되돌릴 수 있다는 임상시험 결과를 제시했다. 연구자들은 참가자를 두 그룹으로 나눠 한쪽은 채식 위주의 소식, 건강보조식품 복용, 규칙적인 운동, 호흡명상 등 강도 높은 건강습관을 실천하게 했고 다른 한쪽은 평소대로 살게 했다.

두 달이 지난 뒤에 혈액을 채취해서 DNA메틸화 패턴을 분석해본 결과, 이전에 비해 실험군은 호바스 시계가 2년 줄어든 반면 대조군은 1.3년 늘어났다. 실험 오차를 감안하더라도(대조군은 0.2년 늘어날 것으로 예상했으므로) 건강한 생활습관이 호바스 시계를 되돌렸다고 말할 수 있는 결과다.

물론 독자 대다수는 이 결과에 별 감흥을 느끼지 못할 것이다. 설사 이게 사실이더라도 어차피 지속적으로 실천하기 어려운 생활습관의 결과이기 때문이다. 이런 방향의 새해결심은 작심삼일作心三日로 흐지부지 되게 마련이니까. 그렇다면 노력하지 않고도 호바스 시계를 되돌릴 방법, 즉 이런 효과를 내는 약물은 없을까.

2019년 학술지 『에이징 셀Aging Cell』에는 약물을 1년간 복용한 사람들의 호바스 시계가 1.5년 거꾸로 갔다는 임상시험 결과가 실렸다. 1년이 지났으므로 +1이어야 하는데 -1.5가 됐으니 약물의 효과가 2.5년 젊어지게 만든 셈이다. 실제 임상 참가자들 각종 건강 지표도 1년 사이 많이 좋아졌다. 이 회춘약의 정체는 무엇일까.

미국의 바이오 스타트업 인터빈이뮨Intervene Immune은 면역계를 활성

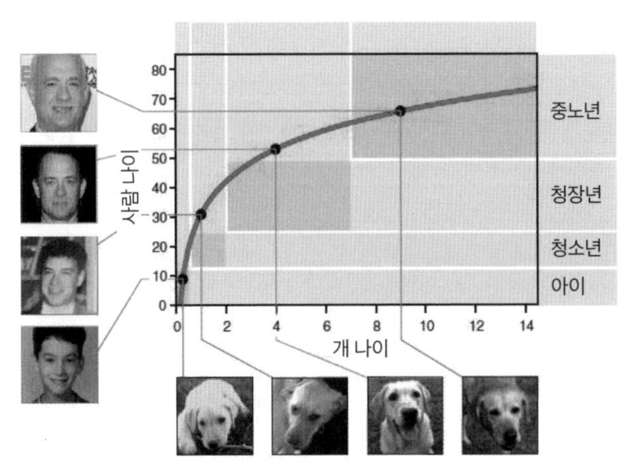

개는 사람보다 훨씬 빨리 늙지만 상대적인 노화 속도는 일정하지 않다. 호바스 시계를 분석한 결과 한 살 때까지는 사람보다 30배나 빨리 가지만, 그 뒤 느려져 중년 이후에는 3~4배에 불과한 것으로 나타났다. 개를 키우는 사람들은 이 결과에 수긍이 갈 것이다. (제공 『셀 시스템스』)

화시켜 노화를 되돌리는 방법을 연구하고 있다. 이들은 가슴샘(흉선)의 기능이 떨어지는 게 면역계 노화의 주범이라고 보고(대표적인 면역세포인 T세포의 T가 가슴샘thymus을 가리킨다) 그 배경인 인간성장호르몬 수치 저하에 주목했다. 연구자들은 인간성장호르몬 대체요법으로 가슴샘의 기능을 회복시키면 면역계가 젊어져 결국 노화를 늦추거나 되돌리 수 있다고 가정했다. 51~65세인 건강한 남성을 대상으로 1년 동안 임상시험을 한 결과 정말 건강 지표가 개선됐는데, 호바스 시계를 분석한 결과 1.5년 거꾸로 갔다는 사실이 밝혀진 것이다.

물론 흥미로운 결과들이지만 생활습관 개선이나 약물로 호바스 시계를 2~3년 돌린다고 하더라도 결국은 다시 시계 방향으로 돌아갈 것이다(속도는 다소 느리게). 이렇게 노력해야 5년이나 10년 더 오래 산다는 말이다. 혹시 벤자민 버튼처럼 50살의 생물나이를 20살로 되돌릴 방법은 없는 걸까. 최근 연구에 따르면 그런 방법이 있을지도 모른다.

재프로그래밍을 중간에 멈출 수 있다면

1987년 일본 고베대 의학부를 졸업한 야마나카 신야는 의학드라마의 주인공처럼 폼나는 정형외과 의사를 꿈꿨으나 손재주가 별로라 왕따를 당하다 결국 의사의 길을 포기하고 기초의학으로 돌아섰다. 과학자에서 적성을 찾은 야마나카는 줄기세포 연구자가 돼 2004년 교토대 재생의학연구소에 부임했다.

당시 줄기세포 분야는 체세포 핵치환으로 배아줄기세포를 얻은 연구가 주목을 받았다(황우석 교수팀이 대표 주자였다). 이 연구는 상당한 손재주가 필요했기 때문에 야마나카는 분자생물학으로 방향을 돌려 체세포를 줄기세포로 되돌릴 수 있는('재프로그래밍'이라고 부른다) 유전자들을 찾기로 했다. 그리고 놀랍게도 불과 네 개의 유전자가 이 일을 할 수 있다는 사실을 발견했다. 오늘날 '야마나카 인자'로 불리는 Oct4, Sox2, Klf4, c-Myc(줄여서 OSKM)이다. 이 발견은 너무나 충격적이었기 때문에 불과 6년 뒤인 2012년 야마나카는 노벨 생리의학상을 받았다.

이 무렵 스페인 국립암센터의 마누엘 세라노Manuel Serrano 박사는 '세포에서 가능하다면 개체 차원에서도 재프로그래밍을 할 수 있지 않을까?'라는 약간 엽기적인 아이디어를 떠올렸다. 세라노 박사팀은 약물로 야마나카 인자를 유도 발현할 수 있는 생쥐를 만들었다. 야마나카 인자 유전자가 꺼진 상태에서 정상적으로 자라던 생쥐에게 약물을 투여해 유전자를 켜자 몸 곳곳에 기형종teratoma이 발생했다. 기형종은 미분화된 세포에서 생기는 암으로, 개체 차원에서 세포 재프로그래밍이 일어났다는 증거다.

한편 세포 재프로그래밍을 연구하던 과학자들은 특이한 현상을 발견했다. 분화된 세포가 만능줄기세포로 되돌아갈 때 먼저 젊어지는 과정을 거치는 것 같다는 점이다. 학교 수업시간으로 비유해보면 이게 왜 특이한가를 이해할 수 있을 것이다.

선생님이 수업시간에 칠판에 내용을 적은 뒤(분화된 세포의 DNA메틸화 패턴 신호) 쉬는 시간에 학생들이 낙서를 했다(노화로 인한 잡음). 수업을 알리는 종이 울리자 한 학생이 튀어나와 지우개(야마나카 인자)로 칠판을 잽싸게 지웠다(재프로그래밍). 그런데 누군가가 그 장면을 촬영해

동영상을 저속으로 재생해보니 특이한 장면이 드러났다. 이 친구가 아이들 낙서만 골라 먼저 지우고 나서 선생님의 필기를 지우는 것 아닌가.

즉 재프로그래밍은 먼저 잡음을 지우고 이어서 신호를 지우는 순서를 밟는 것으로 드러났다. 참고로 DNA메틸화를 되돌릴 때 잡음과 신호를 어떻게 구분하는가는 아직 모른다. 그렇다면 잡음을 없애는 단계에서 개체 재프로그래밍을 멈춘다면, 즉 분화된 세포들이 온전한 신호만을 지니게 된다면 몸이 다시 젊어지지 않을까. 미국 소크생물학연구소의 후안 벨몽트Juan Belmonte 박사팀은 이 가능성을 알아보기로 했다.

앞서 세라노 박사팀의 실험처럼 야마나카 인자 4개를 한꺼번에 켜면 기형종이 생길 것이므로 이들은 각각을 순차적으로 발현할 수 있게 조작한 생쥐를 만들었다. 그 결과 조로早老 현상을 보이는 돌연변이 생쥐의 노화가 늦어지고 수명이 길어진다는 사실을 확인했다. 또 늙은 정상 생쥐의 췌장과 근육에서 야마나카 인자가 순차적으로 발현하게 하자 기능이 향상됐다. 이 결과는 2016년 학술지 『셀』에 발표돼 주목을 받았다. 이런 성공에도 불구하고 야마나카 인자는 암을 일으킬 수 있는 위험성이 워낙 커 몸 전체에서 발현하게 하기는 무리다.

노화로 상실된 시력 되살려

레드와인에 들어있는 성분인 레스베라트롤의 노화 억제 연구로 유명한 하버드대 데이비드 싱클레어David Sinclair 교수팀은 야마나카 인자 가운데 암을 유발하는 효과가 가장 큰 c-Myc을 뺀 나머지 셋, 즉 OSK로 개

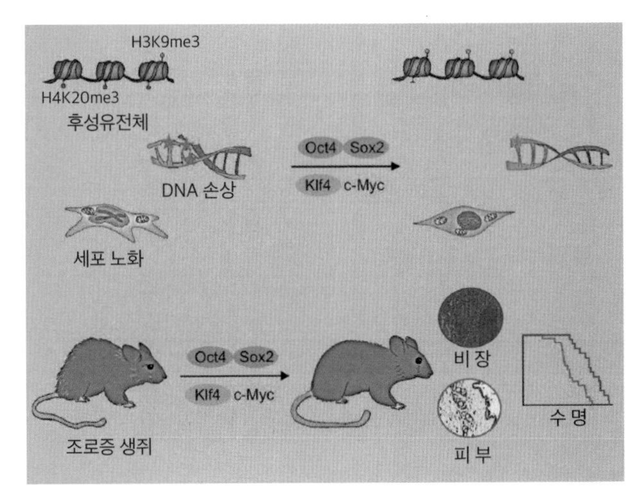

야나마카 인자 발현을 조절해 세포 재프로그래밍을 중간 단계에서 멈출 수 있으면 세포의 분화 상태를 유지하면서 다시 젊게 만들 수 있다(위). 빨리 늙는 변이 생쥐에 이를 적용하자 노화가 늦어지고 수명이 길어졌다(아래). 한편 나이 든 정상 생쥐의 췌장이나 근육에서 발현시키자 장기의 기능이 회복됐다. (제공 『셀』)

체의 초기 재프로그래밍이 가능한지 알아봤다. 유전자 세 개를 넣은 생쥐는 약물로 유전자를 켜고 끄는 일을 반복해도 종양이 생기지 않았다.

연구자들은 현재 이 생쥐의 노화실험을 진행하고 있는데 결과가 나오려면 시간이 좀 걸릴 것이다. 만일 스위치를 켰을 때 호바스 시계가 거꾸로 가 몸이 젊어지고 다시 몇 달이 지난 뒤(사람으로 치면 수년) 다시 켜면 또 호바스 시계가 거꾸로 가 몸이 젊어지는 식으로 반복되면 생쥐는 병이나 사고로 죽을 때까지 늙지 않을 것이다.

정말 이런 일이 일어나더라도 실제 임상에 적용까지는 갈 길이 멀기 때문에 연구자들은 사람에 바로 적용할 가능성이 큰 시신경 재생 연구를 병행했다. 연구자들은 시신경세포의 축삭을 손상시켜 급격한 노화를 유발해 기능을 잃게 만든 뒤 OSK 재프로그래밍 인자를 투입했다. 그러자 축삭이 복원되면서 시력이 회복됐다. 게놈의 DNA메틸화 패턴을 비

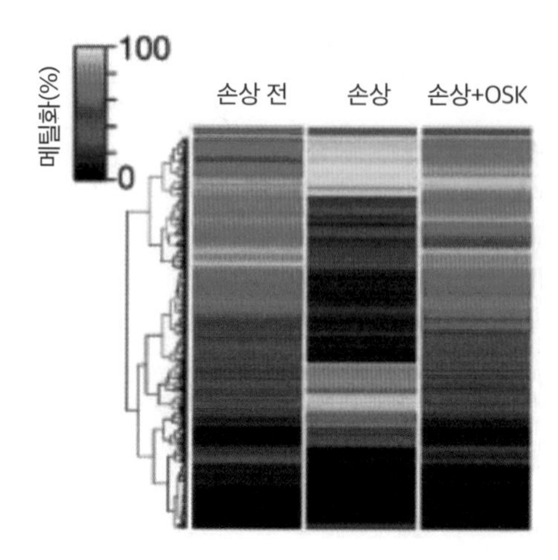

최근 하버드대 싱클레어 교수팀은 손상을 가해 노화시킨 시신경에 OSK 인자를 발현시키자 세포가 젊어지면서 시력이 회복됐다는 연구결과를 발표했다. 발현 이후 바뀐 DNA메틸화 패턴을 보면(오른쪽) 호바스 시계가 손상 이전(왼쪽)에 가깝게 돌아갔음을 알 수 있다. (제공 『네이처』)

교한 결과 거의 손상 전 상태로 돌아갔다. 이 연구결과는 『네이처』 2020년 12월 3일자 표지논문으로 실렸다.

싱클레어 교수는 지난해 출간한 책 『노화의 종말』에서 이 지점까지의 연구 현황을 설명하며 궁극적인 목표는 OSK 재프로그래밍 인자를 대신할 약물을 찾는 것이라고 밝혔다(사람의 수정란에 게놈편집으로 OSK 유전자를 넣을 수는 없을 것이므로). 만에 하나 이런 약물을 찾는다면 인류의 삶은 완전히 바뀔 것이다.

이런 혜택(?)을 누리는 미래 인류의 모습은 벤자민 버튼보다 2011년 개봉한 영화 <인 타임>에 더 그럴듯하게 묘사돼 있다. 유전자 차원에서 노화를 완전히 정복한 이 세계의 사람들은 25세까지는 우리와 마찬가지이지만 25세 생일날 팔뚝에 녹색 숫자가 켜진다. 1년을 더 살 수 있다는 표시다. 그 뒤에도 더 살려면 '시간'을 사야 한다. 그렇지 못해 시간이 다하면 심장마비로 죽는다. 즉 부자만이 영생을 누릴 수 있는 사회다.

영화 <인 타임>의 한 장면. 노화를 정복한 미래로 주인공 실비아(오른쪽)와 어머니(가운데), 외할머니의 생물나이가 25살에 멈춰있다. 개체 수준의 세포 재프로그래밍 기술이 완벽히 구현된다면 불가능한 일이 아닐지도 모른다(제공 20세기폭스코리아)

<인 타임>은 꽤 재미있지만 굳이 옥의 티를 찾으라면 도대체 어떤 방법으로 노화를 정복했는가에 대한 설명이 없다는 것이다. 영화 <혹성탈출: 진화의 시작>처럼 이 사회가 만들어진 과정을 그린 속편을 만든다면 개체 OSK 재프로그래밍으로 풀어나가는 게 어떨까 하는 생각이 문득 든다.

1-4

세포고기는 동물고기를 대신할 수 있을까

문제의 원인을 해결하는 대신 우리는 그 문제를 상쇄하기 위해 뭔가를 발명한다.

- 제니 클리먼, 『AI 시대, 본능의 미래』에서

최근 수년 사이 지구촌에서 각종 자연재해의 규모가 갈수록 커지고 빈도도 높아지자 기후변화를 막기 위한 좀 더 적극적인 행동을 촉구하는 목소리가 높아지고 있다. 2015년 파리기후협약의 목표인 지구 평균기온을 산업화 이전보다 1.5~2℃ 상승하는 수준에서 유지하기 위해 여러 나라들이 속속 탄소중립 로드맵을 제시하고 있고 우리나라도 2050년을 목표로 삼았다. 탄소중립이란 이산화탄소를 배출한 만큼 흡수해 '순 배출량'을 0이 되게 한다는 뜻이다.

공기 중 이산화탄소를 흡수하는 게 쉬운 일은 아니므로 관건은 배출량을 줄이는 것이다. 이를 위해서는 화석연료의 사용을 줄이는 게 가장 시급해 보인다. 아울러 에너지 효율을 높이는 기술 개발과 에너지 절약 습관을 생활화하는 것도 중요하다. 그런데 우리가 간과하는 측면이 있다. 바로 음식에서 나오는 온실가스다.

온실가스 배출량의 30%가 음식 유래

학술지 『사이언스』 2020년 11월 6일 자에 파리기후협약의 목표를 달성하기 위해서 지구촌의 음식 시스템을 개선하는 게 얼마나 중요한지를 보여주는 연구결과가 실렸다. 현재 전체 온실가스 배출량의 무려 30%가 음식과 관련된 활동에서 나온다. 음식 관련 온실가스 배출량을 줄이지 못하면 1.5~2℃ 이내를 유지한다는 목표는 물 건너간 얘기라는 말이다.

지구촌 78억 명이 먹고 살기 위해 농작물을 재배하고, 식재료를 유통하고, 조리하고, 음식 쓰레기를 배출하는 전 과정에서 온실가스가 나오는 건 당연한 일이겠지만 이게 이산화탄소로 환산했을 때 연간 160억 톤으로 전체의 30%나 차지할 줄은 미처 생각하지 못했을 것이다. 농지를 마련하기 위한 숲의 파괴, 비료 생산, 논에서 나오는 메탄(이산화탄소보다 21배나 온실효과가 큰 온실가스다)과 함께 가축의 분뇨와 트림, 방귀에서 나오는 메탄도 엄청나다.

영국 옥스퍼드대와 미국 미네소타대 공동 연구자들은 음식을 뺀 나머지 영역에서 2020년부터 온실가스 배출량이 일정하게 줄어 2050년 탄소중립이 된다는 조건 아래, 음식 관련 온실가스 배출량이 미치는 영향을 여러 시나리오에 따라 분석했다.

예를 들어 지구촌 사람들이 지금처럼 먹는다면 2020년부터 2100년까지 음식에서 나온 누적 온실가스는 이산화탄소로 환원했을 때 무려 1조 3,560억 톤에 이른다(연평균 170억 톤). 이 경우 2050년 나머지 영역에서 탄소중립이 실현되더라도 1.5℃ 이내는 고사하고 2℃ 이내 유지 목표도 달성하기 어렵다. 따라서 음식 영역에서도 온실가스 배출량을 줄이려는 적극적인 노력이 필요하다.

연구자들은 논문에서 5가지 전략을 제시했다. 이 가운데 식단을 식물성 식재료 위주로 바꾸는 전략이 효과가 가장 큰 것으로 나타났다. 즉 육류 섭취량을 현재 하루 122g의 3분의 1 수준인 하루 43g으로 줄인 식단을 세계 인구 모두가 실천할 경우 80년 동안 배출되는 온실가스의 양이 7,080억 톤으로 무려 48%나 줄어든다. 이래도 1.5℃ 이내 목표는 어렵지만 2℃ 이내는 가능하다. 육식을 줄이는 효과가 얼마나 큰지 알 수 있다.

사실 콩을 먹고 자란 소를 잡아먹어 단백질을 섭취하는 것보다 콩을 직접 먹는 게 온실가스 배출을 크게 줄일 수 있다는 건 상식적인 얘기다. 실제 음식의 유형에 따라 같은 칼로리를 얻는 과정에서 배출되는 온실가스의 양을 비교하면 그 차이는 엄청나다. 예를 들어 소고기는 같은 칼로리의 콩을 생산할 때보다 온실가스가 수백 배나 배출된다.•

문제는 이 시나리오가 실현 가능성이 전혀 없어 보인다는 점이다. 현재 육류섭취량이 가파른 증가세에 있기 때문이다. 지난 2018년 발표된 한 논문은 2050년 세계 육류소비량이 지금보다 적게는 62%, 많게는 144% 늘어날 것으로 예측했다.

• 식재료에 따른 온실가스 배출량에 대한 자세한 내용은 『과학의 위안』 40쪽 '고지방 다이어트 열풍, 한때 바람인가?' 참조.

올해부터 배양육 시대 열리겠지만...

그런데 육식의 즐거움을 포기하지 않으면서도 2050 탄소중립을 실현할 수 있는 길을 찾았다는 목소리가 들리고 있다. 배양육cultured meat이 우리 식탁에 오를 날이 머지않았다는 것이다. 2020년 12월 2일 싱가포르는 미국 회사 잇저스트Eat Just가 만든 배양육 닭고기의 판매를 세계 최초로 승인했다. 아마도 2021년은 배양육 상용화의 원년이 될 것 같다.

그래서인지 최근 각종 매체에서 배양육의 장밋빛 미래를 그리는 기사를 내보내고 있다. 고기를 얻기 위해 가축을 키울 필요가 없으므로 환경과 윤리 문제에서 자유롭고 병원체 감염과 항생제 남용도 걱정할 필요가 없다는 것이다. 심지어 배양육을 '깨끗한 고기clean meat'라고 부르기도 한다. 아직은 가격 경쟁력에서 한참 밀리지만 기술이 좀 더 발전하고

2020년 12월 2일 싱가포르는 세계 최초로 미국 회사 잇저스트가 만든 배양육 닭고기의 판매를 승인했다. 조만간 싱가포르의 몇몇 고급 레스토랑에서 배양육 요리를 맛볼 수 있을 것이다.

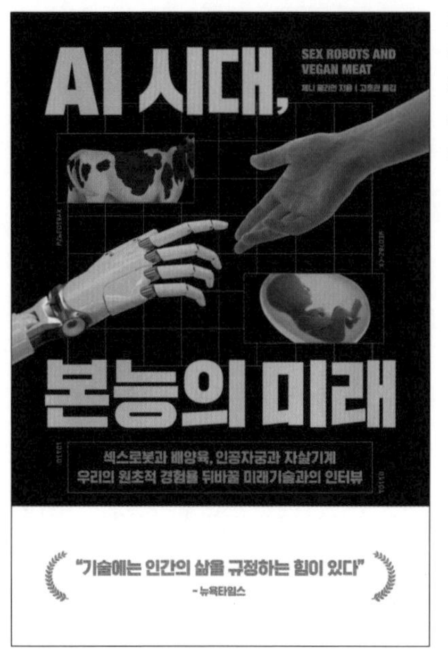

2020년 12월 한국어로 번역 출간된 『AI 시대, 본능의 미래』는 배양육의 현주소를 비판적인 관점에서 서술하고 있다. 자본 유치를 위해 아직 미성숙한 기술을 성급하게 상용화하려고 한다는 것이다. (제공 교보문고)

대량생산체계가 갖춰지면 수년 내에 본격적으로 기존 고기를 대체하기 시작할 것이라고 한다.

최근 필자의 옛 직장 동료가 "번역한 책이 나왔다"며 한 권 보내줬다. 『AI 시대, 본능의 미래』라는 제목을 가진 이 책은 영국 기자인 제니 클리먼Jennty Kleeman이 현장 취재를 통해 섹스로봇과 배양육, 인공자궁, 자살기계 등 흥미로운 미래기술의 현주소를 생생하게 들려주고 있다. 마침 잘 됐다 싶어 배양육을 다룬 2부 '식량의 미래'부터 읽어봤는데, 결론부터 말하면 배양육에 대한 환상을 깨는 내용이었다.

지난 2013년 네덜란드에서 배양육 패티가 들어있는 햄버거 시식 행사가 화제가 된 이래 배양육에 대해 늘 호의적인 시선을 보내며 상용화를 기다리고 있던 필자로서는 다소 뜻밖이었다. 조만간 싱가포르의 고급 레스토랑에서 배양육 메뉴가 선보일 걸 생각하면 더 그렇다. 원서도 작년

(2020년)에 나온 거라 배양육 기술의 현주소를 반영하지 못했다고 보기도 어렵다.

책의 6장 '고기를 사랑하는 채식주의자'에서 저자는 잇저스트를 방문해 연구실을 둘러본 뒤 배양육으로 만든 '치킨 너겟'을 맛본 경험을 이렇게 묘사했다.

"계속 씹다 보니 서서히 맛이 역겹다는 게 느껴졌다. 처음에는 익숙한 고기 맛이었다. 촉촉함이 있고, 이에서 동물의 살을 씹는 끈적한 맛이 분명히 느껴졌다. 하지만 내가 상상 가능한 가장 저질 가공식품의 질감이었다."

더 놀라운 사실은 치킨 너겟의 이런 식감조차 배양육만으로 낼 수 없다는 것이다. 다음은 잇저스트의 고객서비스 책임자와의 대화다.

"너겟에 또 뭐가 들어있나요?"
"저희는 몇 가지 식물성 식품을 혼합하고, 거기에 세포를 추가해요. 세포 외에는 완전히 식물성 너겟이에요."
"그중에 실제 고기가 얼마나 되죠?"
"어…, 그건 모르겠어요."

이 방문은 2019년 11월에 이뤄진 것으로 보이는데 1년이 지난 지금은 품질이 많이 나아졌을 것이다. 그럼에도 핵심은 여전하다. 2020년 12월 학술지 『네이처』에 실린 기사에 따르면 잇저스트의 닭고기는 배양한 닭

세포 70%에 식물 단백질 30%가 섞인 '가공육'이다. 식물 단백질의 역할은 고기에 구조(씹는 맛)와 풍미를 부여하는 것이라고 한다.

그럼에도 아직은 생산비가 꽤 비싸 접시에 작은 너겟 서너 조각이 담긴 요리가 고급 스테이크 값이 될 것으로 보인다. 동물을 죽이지 않고 얻은 고기를 먹어본다는 '경험'의 값이다. 저자는 책에서 "출시는 최초라는 명성을 얻어 더 많은 벤처 자본을 끌어들이기 위한 홍보 활동의 일환"이라며 "깨끗한 고기는 아직 개념을 입증하는 단계"라고 촌평했다.

콩고기를 틀로 한 세포고기 스테이크

마침 2020년 11월 학술지 『네이처 커뮤니케이션스』에 배양육 관련 리뷰가 실려 읽어봤는데, 클리먼처럼 부정적인 입장은 아니지만 "아직 갈 길이 멀다"는 꽤 냉정한 평가가 담겨있었다. 배양육 연구의 권위자인 미국 터프츠대 데이비드 카플란David Kaplan 교수와 동료들은 논문에서 '식물고기plant-based meat'과 '세포고기cell-based meat' 개발의 현주소를 보여주고 있다. 참고로 최근에는 배양육보다 세포고기라는 용어를 선호한다. 이에 따르면 기존 진짜 고기는 '동물고기animal-based meat'다.

콩과 밀을 기반으로 한 식물고기는 100년 전 상용화됐지만, 수년 전 화제가 된 '임파서블 버거'의 패티에 쓰인 2세대 식물고기가 주목을 받고 있다. 즉 1세대가 맛보다는 영양에 초점을 맞췄다면 2세대는 맛까지도 진짜 고기와 구분하기 어렵게 만드는 걸 목표로 하고 있다.

나도 최근 국내 한 업체에서 출시한 식물고기 패티를 쓴 햄버거를 먹

나는 얼마 전 한 국내 업체가 출시한 식물고기 패티가 들어간 햄버거(왼쪽)를 먹어봤다. 겉보기도 그럴싸해 무심코 먹으면 식물고기를 쓴 줄 모르겠지만 맛과 향이 너무 강해 먹을수록 물리는 느낌이었고 무엇보다도 가격이 비쌌다. (제공 강석기)

어봤는데 맛이 꽤 그럴듯했다. 만일 모르고 먹었다면 가짜 고기로 만든 패티일 것이라고는 생각하지 못했을 것이다. 다만 풍미가 꽤 강하고 소스도 너무 달았다. 어쩌면 식물고기 패티의 잡냄새와 잡맛을 가리기 위함인지도 모르겠다. 그럼에도 가격은 동물고기 패티를 쓴 햄버거의 1.5배라 또 사 먹을 일은 없을 것 같다.

식물고기는 동물고기는 물론 세포고기보다도 친환경적이지만 고기맛을 재현하는 데 한계가 있다. 그리고 진짜 고기맛에 가까이 가려고 할수록 더 많은 식품첨가물을 넣어야 하고 가공과정도 복잡해져 건강과 환경 영향 평가에서 점수가 떨어지게 된다는 구조적인 문제가 있다. 세포고기로 눈을 돌리는 이유다.

현재 세포고기가 진정으로 상용화되는 데 있어 걸림돌은 크게 두 가지다. 먼저 생산비로 특히 배양액이 아직은 너무 비싸다. 원래 세포 배양에는 소태아혈청을 쓰는데, 자체가 비쌀 뿐 아니라 동물에서 얻어야 하므로 세포고기의 '철학'과 맞지 않는다. 따라서 잇저스트를 비롯한 회사들은 식물에 기반한 배양액을 개발하고 있지만 역시 너무 비싸 아직은 갈 길이 멀다. 또 세포 분열과 분화를 지시하는 성장인자는 동물의 유전자를 미생물에 넣어 생산하게 한 뒤 추출해 섞어줘야 하므로 문제가 될 수도 있다.

다음으로 진짜 고기 같은 질감을 갖게 만드는 과제다. 아직은 치킨 너겟이나 햄버거 패티처럼 갈아서 '원래 질감의 상당 부분이 파괴된' 고기의 '질감'을 어설프게 재현할 수 있을 뿐이다. 즉 배양으로 증식한 근육세포들이 합쳐져 근섬유를 만들고 이게 다시 서로 합쳐져 근육을 형성하고 이 사이사이에 지방조직이 결합해야 '마블링'이 근사한 꽃등심이 나오는데 아직은 먼 얘기다.

그래도 질감 연구가 최근 꽤 발전하고 있다. 2020년 4월 학술지 『네이처 음식』에 실린 논문에서 세포고기 질감 연구의 최전선을 엿볼 수 있다. 이스라엘 테크니온공대 슐라미트 레벤버그Shulamit Levenberg 교수팀은 조직콩단백질을 틀로 이용해 세포고기를 배양하면 질감을 크게 개선할 수 있음을 발견했다.

1960년대 개발된 조직콩단백질textured soy protein은 콩기름을 짜고 남

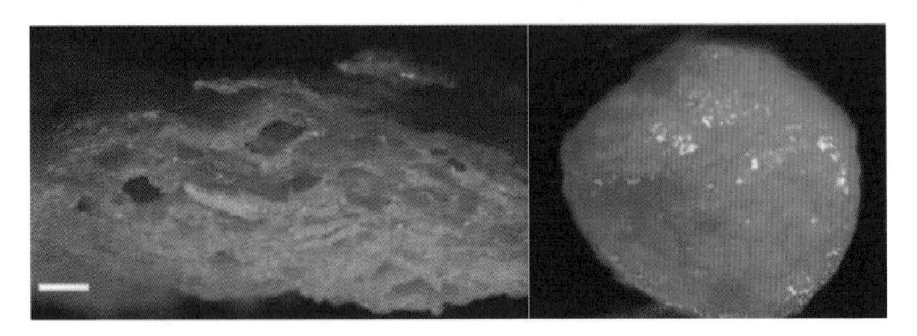

2020년 이스라엘 테크니온공대 연구자들은 다공성인 조직콩단백질(콩고기) 틀(왼쪽)에 소의 근육줄기세포와 평활근세포를 배양하면 질감이 진짜 근육과 비슷한 세포고기를 얻을 수 있음을 발견했다(오른쪽). 이를 기반으로 한 세포고기 스테이크가 조만간 선보이지 않을까. (제공 『네이처 음식』)

은 찌꺼기(단백질 함량이 50%가 넘는다)를 가공해 만든 다공성 식재료로 1세대 식물고기의 재료로 널리 쓰이고 있다. 우리나라가 가난했던 나의 어린 시절 몇 번 먹었던 '콩고기'가 바로 조직콩단백질로 만든 것이다.

연구자들은 조직콩단백질의 내부 공간에 소의 근육위성세포(근육줄기세포)를 단독 배양하는 것보다 평활근세포와 함께 배양할 때 세포들이 합쳐져 근관세포myotube로 바뀌는 비율이 더 높고 세포 사이를 연결해주는 물질도 더 많이 분비된다는 사실을 알아냈다. 그 결과 세포고기의 기계적 강도는 진짜 근육과 비슷했다. 이렇게 얻은 세포고기를 구운 미니 스테이크는 동물고기의 풍미와 식감이 느껴져 틀만 구운 콩고기 스테이크와 차이가 뚜렷했다.

세포고기가 친환경?

영양의 관점에서도 세포고기는 동물고기와 같지 않다. 예를 들어 세포고기만 먹는다면 완전 채식주의자와 마찬가지로 비타민B12를 보충제로 섭취해야 한다. 비타민B12는 동물의 장에 거주하는 미생물이 만들기 때문에 세포고기에는 들어있지 않기 때문이다.

한편 세포고기는 처음 주장한 것만큼 친환경적인 방법은 아닌 것으로 드러났다. 대규모 생산이 이뤄지더라도 배양기 등 각종 설비를 가동하는 데 들어가는 에너지가 같은 양의 소고기를 얻을 때보다도 더 많은 것으로 분석됐다. 온실가스 배출량도 소고기보다는 적지만 돼지고기나 닭고기보다는 많다.

사실 육식이 일으키는 환경문제의 90%는 소고기에서 비롯되므로 환경 때문에 육식이 꺼려진다면 소고기를 자제하면 된다. 결국 세포고기의 가장 큰 존재 이유는 동물을 밀집사육으로 괴롭히지 않거나 도축으로 죽이지 않아도 된다는 도덕적인 측면에 있다는 말이다.

저소득층을 위한 하이테크

이런 난관을 극복하고 세포고기가 경쟁력을 갖게 된다면 과연 동물고기를 대체할 수 있을까. 예를 들어 미국의 컨설팅 회사 커니Kearny는 2040년 세포고기의 비율이 35%에 이를 것이라고 예측했다. 필자도 막연히 그럴 거라 여겼지만 『AI 시대, 본능의 미래』를 읽고 나서 곰곰이 생각

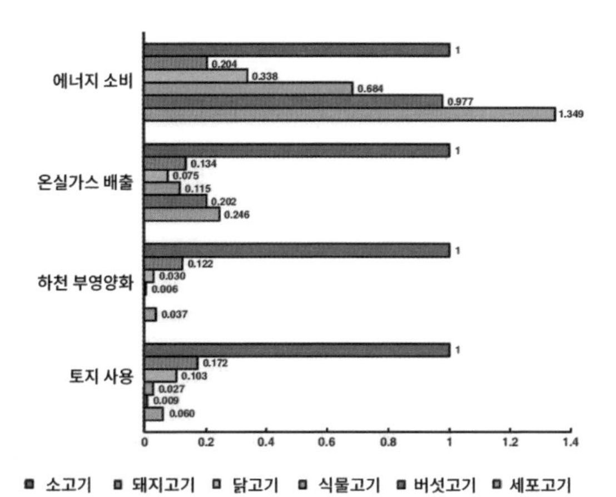

고기의 유형별 환경 영향을 비교한 그래프다. 에너지 소비, 온실가스 배출, 하천 부영양화, 토지 사용 등 네 항목에서 소고기를 1로 했을 때 상대적인 영향을 평가했다. 환경의 측면에서 보면 소고기만 식물고기나 세포고기와는 다른 뚜렷한 존재 이유가 있다. (제공 『네이처 커뮤니케이션스』)

해보니 그럴 가능성이 희박할 것 같다.

아무리 기술이 발달하더라도 식물고기는 가짜이고 세포고기도 진짜라고 보기 어렵다. 불교도처럼 종교적 부담감이 있거나 동물이 희생된다는 죄책감을 느끼지 않는 한 같은 값에 진짜 대신 가짜를 택할 사람이 얼마나 될까. 처음에야 호기심이나 희소성에 몇 번 먹어보겠지만 다시 동물고기를 찾게 될 것이다.

아마도 극심한 기후변화나 동물복지농장 의무화로 생산비가 급등하거나 엄청난 탄소세가 붙어(특히 소고기의 경우) 동물고기 가격이 가계에 부담스러울 정도로 비싼 경우에만 차선책으로 세포고기나 식물고기를 먹지 않을까. 내가 어렸을 때 서민들은 명절이나 생일 같은 특별한 날에만 소고기를 먹었다. 2050년의 서민들 역시 1년에 몇 번만 진짜 소고기를 맛볼 수 있지 않을까. 물론 선조들과는 달리 평소에는 저렴한 가짜 소고

세포고기는 처음 한동안은 고급 레스토랑에서만 맛볼 수 있는 별미겠지만 결국은 동물복지에 민감한 사람들이나 서민들을 위한 차선책이 될 것이다. 다만 축산업에 구조조정을 불러와 밀집사육은 줄고 동물복지농장 비율이 늘어날 것이다. 고급 육류 시장은 여전히 동물고기의 몫이 될 거라는 말이다. 국내 동물복지농장의 모습이다.

기를 즐겨 먹겠지만.

흥미롭게도 리뷰에서 저자들 역시 비슷한 관점을 보였다. 식물고기와 세포고기가 성공하더라도 동물고기 생산에 영향을 줄 수 있을 뿐 대신할 수는 없다는 것이다. 저자들은 "식물고기와 세포고기는 밀집사육되는 동물고기가 차지하고 있는 저가 시장에 들어갈 것이고 고급 육류 수요는 소규모 동물복지농장에서 생산된 동물고기가 맡게 될 것"이라고 전망했다.

궁극적으로 식물고기나 세포고기는 육류를 좋아하지만 밀집사육되는 가축의 고통에 민감한 미래의 서민을 위한 착한 기술이 될 거라는 말이다.

SCIENCE CAFE SEASON 10
Part. 2
녹색 화학

2-1

내 이름은 파랑!

하늘은 파랗고 바다는 더 파랗다. 구름 한 점 없이 맑은 날 동해에서 바다 쪽을 바라보면 시야는 온통 파란색이다. 자연 풍경을 볼 때 클로즈업이 아니라면 다른 어떤 색도 이처럼 우리 눈을 100% 채우지는 못할 것이다.

이처럼 흔한 파란색이지만 아이러니하게도 막상 손에 잡히는 자연의 대상 가운데 파란색을 띠는 것은 무척 드물다. 붓꽃 같은 꽃잎이나 사파이어 같은 보석이 떠오르는 정도다. 반면 빨간색이나 노란색, 녹색은 널려 있다. 손가락 끝을 바늘로 콕 찌르면 새빨간 피가 나오고 가을에 은행잎은 샛노랗게 물든다. 지구 생물량의 80%를 차지하는 식물은 봄부터 가을까지 녹색 옷을 입고 있다.

즉 하늘이나 바다가 파란 건 공기나 물 분자의 빛 파장에 따른 산란도 차이로 인한 현상이지만 피나 잎의 색은 색소가 존재한 결과다. 따라서 공기나 바닷물을 갖고는 파란색을 추출할 수 없지만, 액체나 고체인 사물의 색은 해당 색소를 얻을 수 있다.

금보다 비싼 청금석

이러다 보니 예로부터 파란색은 귀한 색이었다. 동아시아에서는 쪽이라는 식물에서 파란색 색소 인디고indigo를 얻어 천을 물들였는데, 대중

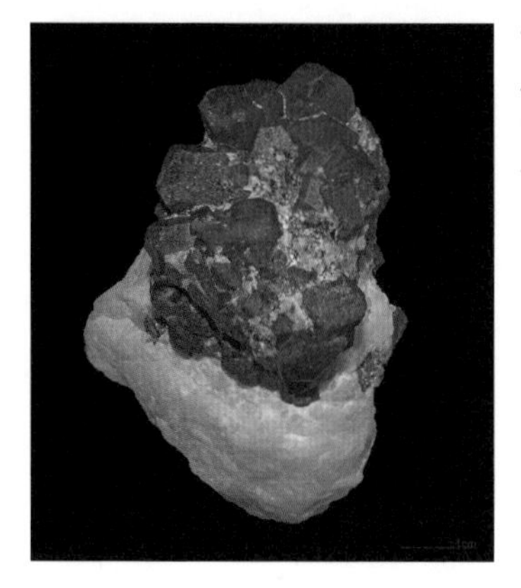

인류는 6,000년 전부터 청금석(사진)을 갈아 파란색 안료로 써왔지만 금보다도 비쌌기 때문에 부유층의 전유물이었다. 1826년 화학자들이 청금석을 합성하는 데 성공해 울트라마린블루가 널리 쓰이게 됐다. (제공 위키피디아)

들도 쓸 수 있는 유일한 파란색이었다. 그럼에도 인디고로는 짙은 파란색을 내지 못한다. 채도가 낮아 색소를 많이 쓰면 어두워져 남색이 되기 때문이다.•

물론 뛰어난 파란색이 없는 건 아니다. 인류는 이미 6,000년 전부터 청금석lapis lazuli이라는 광물을 갈아 파란색 안료를 만들어 사용했다. 다만 청금석은 아프카니스탄에서만 채굴되는 희귀한 광물로, 같은 무게의 금보다 비쌌다. 따라서 웬만한 재력이 아니라면 청금석 안료를 마음대로 쓸 수 없었다.

많은 화학자들이 청금석을 인공적으로 만들려고 노력했고 1826년 마침내 합성 청금석을 만드는 데 성공했다. 그리고 바다보다도 파랗다고 해서 '울트라마린블루ultramarine blue'라는 이름을 붙였다. 울트라마린블루는 오늘날에도 널리 쓰이는 안료로 화학식은 $Na_7Al_6Si_6O_{24}S_3$이다.

이보다 앞서 1706년 독일의 안료 제조업자 요한 야콥 디스바흐Johann Jacob Diesbach가 우연히 파란색 안료를 합성해 '프러시안블루Prussian blue'

• 인디고에 대한 자세한 내용은 『과학의 구원』 214쪽 '청바지 파란색 인디고, 녹색으로 거듭날 수 있을까?' 참조.

란 이름을 붙였다. 100년 가까이 지난 1802년 프랑스의 화학자가 오늘날 대표적인 파란색 안료로 쓰이고 있는 '코발트블루Cobalt blue'를 합성하는 데 성공했다.

울트라마린블루가 합성된 이후 최근까지도 이 네 안료가 파란색의 대부분을 차지하고 있다. 이 네 가지 색이면 웬만한 파란색은 표현할 수 있을 정도로 충분해 더 이상 새로운 파란색을 찾을 필요가 없기 때문은 아니다. 지난 200년 가까이 화학자들은 기존과 차별화되는 새로운 파란색 안료를 만들고 싶었지만 번번이 실패했다.

게다가 기존 파란색 안료들은 다들 나름의 문제를 안고 있다. 울트라마린블루는 약산성 조건에서도 분해될 정도로 안정성이 떨어져 시간이 지나면 변색이 일어나기 쉽다. 프러시안 블루는 인디고처럼 채도가 낮아 선명한 파란색을 낼 수는 없다.

코발트블루는 모든 면에서 뛰어나고 지난 200년 동안 가장 널리 쓰이고 있지만 이름에서 알 수 있듯이 코발트를 33%(질량 기준) 함유하고 있다는 게 단점이다(화학식은 $CoAl_2O_4$). 코발트는 비싼 금속일 뿐 아니라 발암성 등 환경의 측면에서도 유해하다. 따라서 코발트블루와 울트라마린블루를 대체할 수 있는 채도가 높은 파란색 안료 개발이 시급했다.

우연히 발견한 인망블루

그런데 지난 2009년 미국 오리건주립대 화학과 마스 서브라마니안Mas Subramanian 교수팀의 대학원생 앤드류 스미스가 놀라운 발견을 했다. 서브라마이안 교수팀은 다강체라는, 독특한 전기·자기 특성을 지닌 소재를 개발하는 연구를 하고 있었다. 하루는 스미스가 인듐산화물, 망간산화물, 이트륨산화물을 섞어 오븐에 구워 복합결정을 만들었다. 실망스럽게도 다강체로서 기대하는 수준의 물성은 나오지 않았지만 대신 엄청나게 짙은 파란색이 눈에 띄었다.

서브라마니안 교수는 대학원생의 결과물을 보고 실험에 오류가 있었을 거라는 생각을 하다 문득 옛날 기업체 연구소에 있을 때 누군가에게서 "파란색 안료는 정말 만들기 어렵다"는 말을 들은 기억이 떠올랐다. 결정의 색상을 측정한 결과 채도가 무척 높은 파란색으로 확인됐고 안정성 등 다른 여러 실험의 결과도 우수했다. 서브라마니안 교수는 이 물질에 '인망블루YInMn blue'라는 이름을 붙였고 그 해에 학술지 『미국화학회저널JACS』에 보고했다.

'가장 파란 파란색'을 지닌 것으로 평가되는 인망블루의 파란색은 산소 원자 5개에 둘러싸인 망간 이온이 빨간빛을 강하게 흡수한 결과 만들어지는 것으로 밝혀졌다. 한편 서브라마니안 교수로부터 인망블루의 라이센스를 받은 미국의 셰퍼드칼라컴퍼니는 2017년 정식으로 인망블

세상에서 가장 파란 파란색으로 인정받고 있는 인망블루. 2009년 다강체 소재를 개발하던 대학원생이 우연히 합성했다. (제공 위키피디아)

루 안료를 출시했다. 같은 해 미국의 물감회사 크레욜라는 24색으로 이뤄진 크레용에서 노란색을 하나 빼고 대신 인망블루를 넣기로 하면서 이름을 공모했고 그 결과 '블루티풀Bluetiful'이라는 이름이 채택됐다. 아름다운 파란색blue beautiful이라는 뜻이다.

인망블루는 파란색이 가장 선명할 뿐 아니라 울트라마린블루보다 안정하고 코발트블루보다 친환경적이다. 게다가 코발트블루에 비해 근적외선 영역의 빛을 훨씬 더 많이 반사한다. 건물이나 차를 파란색으로 칠할 경우 인망블루를 쓰면 코발트블루에 비해 실내 온도가 더 낮다는 말이다. 그러나 인망블루도 단점이 없는 건 아니다. 제조 원가가 비싸 범용으로 널리 쓰기에는 부담스럽다.

코발트 함량 33%에서 4%로

학술지 『ACS 오메가』 2019년 12월 14일자에는 코발트블루를 대신할 새로운 파란색 안료를 개발했다는 연구결과가 실렸다. 인망블루 개발로 파란색 안료에 꽂힌 수브라마니안 교수는 코발트블루 수준의 파란색을 지니면서도 코발트 비율을 33%에서 4%까지 낮출 수 있는 새로운 결정을 찾는 데 성공했다.

연구자들은 6방정계 광물인 히보나이트($CaM_{12}O_{19}$)구조로 M에 세 가지 금속의 비율을 달리한 일련의 결정($CaAl_{12-2x}Co_xTi_xO_{19}$ $(0 < x \le 1)$)을 만들어 색을 평가했다. 그 결과 코발트의 비율이 4%만 돼도 코발트블루 수준의 파란색을 구현할 수 있다는 사실을 발견했다. 아울러 근적외선 영

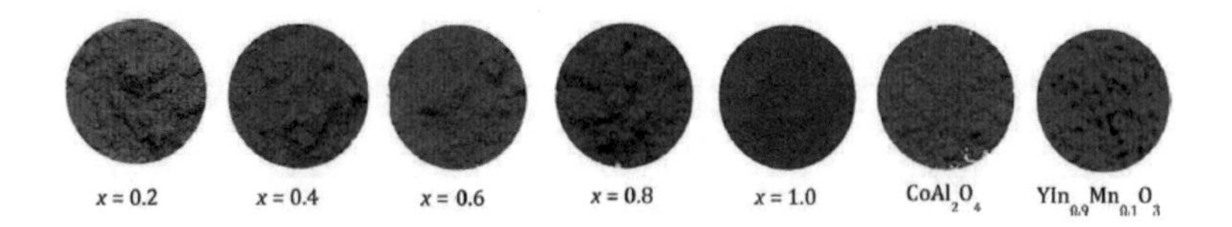

수브라마니안 교수는 2009년 인망블루를 개발하고 10년이 지난 2019년 코발트블루의 친환경 버전인 히보나이트블루를 개발하는 데 성공했다. 히보나이트블루($CaAl_{12-2x}Co_xTi_xO_{19}$)의 x 값을 달리한 조성에서의 색을 코발트블루(오른쪽에서 두 번째)와 인망블루(맨 오른쪽)와 비교했다. (제공 『ACS 오메가』)

역의 반사율도 높아 인망블루처럼 실내 온도를 낮출 수 있는 페인트로도 쓸 수 있는 것으로 밝혀졌다.

연구자들은 새로운 파란색 안료에 '히보나이트블루hibonite blue'라는 이름을 붙여줬다. 히보나이트블루는 만들기 쉽고 비용이 낮을 뿐 아니라 코발트블루에 비해 코발트 함량이 훨씬 적어 환경문제가 덜하다는 장점이 있다. 아직 폭넓은 조사는 하지 않았지만 안정성 등 물성도 우수한 것으로 나타났다. 후속 연구가 순조롭게 이어진다면 코발트블루를 상당 부분 대체할 수 있는 안료가 될 수 있을 것으로 보인다.

그림 그리기가 취미인 나는 기존 네 가지 파란색 가운데 코발트블루와 울트라마린블루를 즐겨 쓰고 때로 프러시안블루나 인디고를 쓰곤 한다. 유화 물감으로 인망블루가 나온다면 값이 좀 비싸더라도 꼭 사서 써보고 싶다. 아울러 히보나이트블루 물감도 나온다면 코발트블루를 대신할 수 있을지 검토해봐야겠다.

화가에게 화학은 참 고마운 과학이라는 생각이 문득 든다.

2-2

막으로 원유 정제하는 시대 올까

한국 바둑의 살아있는 전설 조훈현 9단의 별명은 '제비'다. 조 9단은 상대보다 한 수 앞서 요소를 선점해 집을 챙긴다. 그 결과 돌들이 엷어져 공격을 당하지만 가볍게 비껴가 결국 집이 부족한 상대가 돌을 던진다. 그런데 조 9단은 기풍만 제비가 아니다. 대국이 끝나고 잠깐의 복기(두 사람이 바둑 내용을 두고 나누는 대화) 시간을 끝내면 각자 돌을 정리하는데 그 모습 또한 인상적이다. 조 9단은 바둑판 위에 어지럽게 놓여있는 흑백 돌들을 순식간에 분리해 자기 돌을 바둑통 안에 쓸어 담고 자리에서 일어난다. 상대가 좀 둔한 경우 보조를 맞추지 못해 그 모습을 멍하니 구경하고 있을 정도다.

바둑돌을 분자라고 하면 대국이 끝난 바둑판 위의 모습은 두 분자가 서로 섞여 있는 상태다. 그리고 조 9단의 손은 두 분자를 인식해 분리하는 나노 기계가 될 것이다. 물론 바둑돌을 골라 담듯이 분자 혼합물을 분리할 수 있는 나노 기계는 아직 상상 속에서나 존재하지만 말이다.

원유 정제에 인류가 쓰는 에너지의 1% 들어

혼합물의 분리는 화학에서는 필수적인 과정이다. 원유 같은 자연 상태의 물질이나 화학반응이 끝난 뒤에 생성물에는 필요 없거나 있어서는 안 되는 분자들이 섞여 있기 때문이다. 화학자들은 다양한 물리화학적 방법으로 이런 혼합물을 분리해 원하는 순도의 결과물을 얻는다.

그런데 이 과정에 엄청난 에너지가 들어가고 있다. 물질의 끓는점 차이를 이용해 분리하는 증류처럼 막대한 열이 필요한 경우가 대다수이기 때문이다. 이 열의 대부분은 화석연료를 태워 얻는다. 만일 분리 과정에 들어가는 에너지를 절감할 수 있는 새로운 분리 방법을 개발한다면 온실가스 배출로 인한 지구온난화에 따른 기후변화를 늦추는 데 큰 도움이 될 것이다.

혼합물 분리의 대표적인 예가 분별증류를 통한 원유의 정제다. 매일 지구에서 증류하는 원유의 양이 무려 1억 배럴(약 160억 리터)이나 되기 때문이다. 한 사람이 살아가는 데 매일 원유 2리터가 들어간다는 말이다.

분별증류란 유기분자의 혼합물인 원유를 서서히 온도를 올리며 끓여 끓는점이 낮은 분자부터 기화하게 한 뒤 이를 다시 응결(액화)시켜 얻는

오늘날 원유를 정제하는 데 인류가 사용하는 에너지의 1%가 들어가고 있다. 가열과 냉각이 반복되는 분별증류법을 쓰기 때문이다(사진). 막으로 원류를 분리할 수 있다면 에너지를 크게 줄일 수 있을 것이다. (제공 위키피디아)

식으로 분리하는 과정이다. 석유화학 정제시설의 수십 미터에 이르는 기둥이 바로 증류탑이다. 이렇게 원유를 끓이고 기체를 식히는 과정에서 에너지가 많이 들어가 인류가 쓰는 전체 에너지의 1%에 이른다. 따라서 분별증류를 대신할 원유 정제법이 나온다면 에너지 소비를 크게 줄일 수 있을 것이다.

실제 미국에서는 2019년 '분리과학을 혁신시키는 연구 의제'를 발표해 원유 증류를 대체할 기술개발을 촉구하고 나섰다. 학술지 『사이언스』 2020년 7월 17일자에는 이 요청에 부응한 미국 조지아텍 연구자들의 논문이 실렸다. 증류탑 대신 막을 이용해 원류를 분리한다는 내용이다.

해수 담수화에 널리 쓰여

인류는 오래전부터 막을 이용해 혼합물을 분리해왔다. 물과 물고기의 혼합물에서 물고기만 건져내는 그물이나 곡물을 빻아 고운 가루만 내리는 체가 그런 예들이다. 원유를 분리하는 막은 고분자로 이루어진 나노 그물 또는 체라고 볼 수 있다.

증류 대신 막을 이용해 혼합물을 분리하는 기술이 정착된 분야가 있다. 바로 해수 담수화다. 중동처럼 만성적으로 물이 부족한 지역은 바닷물에서 염분을 빼 담수화해 사용하기 때문에 지금의 인구와 생활 수준을 유지하며 살 수 있다. 원유처럼 바닷물을 증류해 얻은 수증기를 응결시켜 민물을 만들면, 1톤을 얻는 데 5.5~16kWh의 에너지가 들어간다(증류 방식에 따라 차이가 난다). 그런데 막을 써 바닷물 속 이온을 분리하는 방법(역삼투압)을 개발하자 에너지 소비량이 2.5kWh로 급감했다. 매일 막으로 담수화하는 바닷물이 655억 리터나 되므로 절감되는 에너지가 어마어마하다.

해수를 담수화한 것처럼 막을 써서 원유를 정제하는 건 말처럼 쉬운 일이 아니다. 해수 담수화에서 막은 불순물인 미네랄(용질)을 막고 물분자(용매)만 통과시키면 되지만 원유 정제에 쓰이는 막은 구조가 비슷하고 크기만 좀 다른 탄화수소 혼합물(따라서 용질과 용매라는 개념을 적용하기가 곤란하다)에서 일정 범위의 분자들만 통과시켜야 하기 때문이다. 게다가 유기 고분자로 이뤄진 막의 구조는 유기용매인 원유를 만나면 변형돼 선택적 투과성이라는 기능을 유지하지 못한다. 이 수준에서 규모를 키웠을 때 기존 분별증류법과 비교했을 때의 경쟁력이 있는가 하는 문제는 아직 먼 얘기다.

투과도 높이는 게 관건

조지아텍의 화학자와 화학공학자들은 스파이로사이클릭spirocyclic 구조의 단분자와 아릴-N-아릴aryl-N-aryl 구조의 단분자 사이의 중합반응으로 고분자를 만들었다. 약자가 SBAD인 이 고분자는 0.2~0.8nm(나노미터. 1nm는 10억 분의 1m) 크기의 구멍이 뚫려있는 망 구조로 유기용매를 만나도 그다지 변형되지 않는 것으로 밝혀졌다.

연구자들은 SBAD 막을 지지대 역할을 하는 폴리에테르이미드에 댄 200nm 두께의 복합체 막을 만들어 원유(경질유)를 분리해봤다. 그 결과

미국 조지아텍의 화학자와 화학공학자들은 SBAD라는 다공성 고분자로 막을 만들어 원유를 분리하는 데 성공했다. 왼쪽 적갈색 액체가 원유이고 오른쪽 노란색 액체가 막을 통과한 부분이다. (제공 『사이언스』)

분자량이 작고 방향족인 분자들이 선택적으로 투과돼 분리됐다. 분자량은 구멍 크기에 따른 결과이고 방향족 분자는 SBAD에도 방향족 구조가 있어 상호작용이 잘 일어난 결과로 보인다.

다만 분별증류처럼 깔끔한 분리가 이뤄지진 않았다. 원유에는 끓는점 200℃ 밑인 분자가 38% 포함되어 있는데 막을 투과한 액체에는 비율이 60%가 넘는 수준이었다. 분자의 탄소 수를 보면 대략 12개가 분기점이었다. 막을 투과한 오일은 옅은 노란색으로 적갈색의 원유와 뚜렷한 차이가 난다. 원유에서 짙은 색을 내는 성분은 대체로 분자량이 큰 분자들이다.

막으로 원유를 분리하는 방법이 분별증류를 대신할 수 있으려면 크게 두 가지 측면에서 상당한 개선이 이뤄져야 한다. 먼저 분리 기준이 다른 막을 몇 가지 더 만들어야 한다. 분별증류처럼 원유를 여러 단계로 나눠야 하기 때문이다. 다음으로 막의 투과도를 높여야 한다. 투과도란 $1m^2$의 막이 1기압에서 1시간 동안 통과시키는 액체의 양으로 SBAD는 0.016

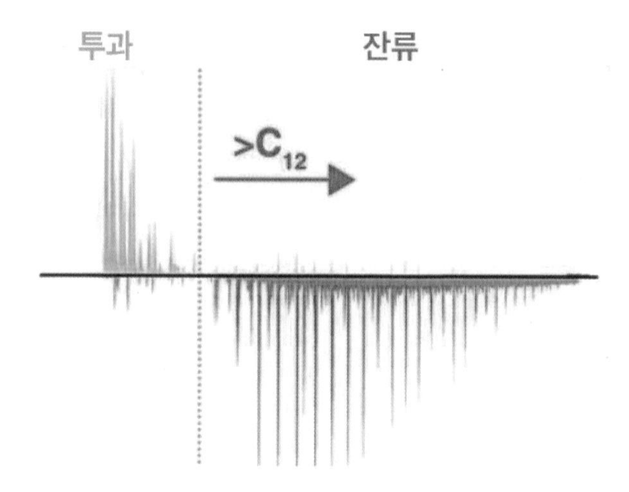

SBAD 고분자 막은 탄소 12개 이하인 분자는 대체로 투과시키고 12개가 넘는 분자는 대부분 투과시키지 않는 것으로 나타났다. 앞으로 경계 지점이 다른 막을 추가로 만들어야 분별증류를 대신할 수 있을 것이다. (제공 『사이언스』)

리터에 불과하다. 투과도가 이렇게 낮으면 어마어마한 면적의 막이 필요하므로 상업화는 먼 얘기다. 연구자들은 좀 더 얇고 효율적인 복합체 막을 개발해야 한다고 덧붙였다.

열이 필요 없는 분리법 비중 높여야

지난 2016년 학술지 『네이처』에는 '7가지 화학적 분리가 세상을 바꾼다'는 제목의 기고문이 실렸다. 저자 두 사람 가운데 한 명이 이번에 논문을 발표한 조지아텍 화학공학과의 라이언 라이블리 교수다. 기고문에서 저자들은 미국의 경우 전체 에너지의 10~15%가 혼합물을 분리하는 데 쓰인다며 이를 줄일 방법을 찾는 게 시급하다고 주장했다.

혼합물 분리법을 에너지 소비량이 많은 순서에 따라 보면 증류가 49%로 단연 1위이고 건조(20%)와 증발(11%)이 뒤를 잇는다. 다들 열이 필요한 방법이다. 반면 열이 필요 없는 방법은 불과 20%를 차지하고 있다. 저자들은 7가지 분리 분야를 선정해 열이 필요 없는 방법을 개발해야 한다고 촉구했다.

앞에 소개한 원유 분리는 당연히 포함돼 있고 그다음 단계인 알칸 알켄 혼합물에서 알켄을 분리하는 새로운 방법이 절실하다. 폴리에틸렌과 폴리프로필렌의 원료인 알켄(각각 에텐과 프로펜)은 연간 생산량이 2억 톤을 넘는다(1인당 30kg). 현재는 영하 160℃의 저온에서 고압증류하는 방식으로 에탄과 에텐을 분리하고 있어 에너지가 엄청나게 들어간다.

해수에서 원자력 발전의 원료인 우라늄을 추출하는 방법도 새로운 돌파구가 절실하다. 현재 사용량 추세라면 육지 매장량 450만 톤은 100년이면 고갈된다. 바다에는 1,000배나 되는 40억 톤 이상이 녹아 있지만 ppt(10억 분의 1) 단위라 우라늄만을 콕 집어 분리해 낼 수 있는 기술이 개발돼야 써먹을 수 있다.

이밖에도 원광에서 희토류 금속 분리, 벤젠 유도체 혼합물에서 성분별 분리, 역삼투압 방식보다 더 효율적인 해수 담수화 방법, 배출된 온실가스 분리 회수법이 새로운 방법이 나오기를 기다리고 있다. 2019년 작고한 김우중 전 대우 회장이 남긴 유명한 문구를 패러디하며 글을 마친다.

"세상은 넓고 '화학자'가 할 일은 많다!"

2-3

플라스틱 리사이클링, 혁신은 가능할까

학술지 『사이언스』 2020년 9월 18일자에는 인류가 '제로 플라스틱 오염'의 시대로 나가는 길을 여러 시나리오를 상정해 검토한 논문이 실렸다. 결론부터 말하면 지금 당장 할 수 있는 모든 행동에 들어가더라도 2040년까지 지구 생태계에 플라스틱 쓰레기라는 짐을 7억 톤이나 추가로 지운다고 한다. 최악의 경우 지금 추세대로 매년 플라스틱 쓰레기가 늘어난다면 2040년 배출량은 2016년의 2.7배에 이른다. 논문엔 코로나19의 영향이 반영돼 있지 않으므로 더 최악의 시나리오도 가능하다.

이대로 가면 30년 뒤 배출량 지금의 2배 넘어

미국 퓨자선기금The Pew Charitable Trusts이 주축이 된 다국적 공동 연구팀은 플라스틱 오염에 대한 대응 방향을 네 가지 측면으로 나누었다. 먼저 플라스틱 사용량을 줄이는 것으로 딱 봐도 쉽지 않아 보인다. 다음은 다른 재료로 대체하는 것으로 역시 만만치 않다. 세 번째는 리사이클링으로 현재는 배출되는 플라스틱의 14%만이 재활용되고 있는데 이 비율을 높인다는 목표다. 끝으로 사용한 플라스틱을 처리하는 과정을 개선해 토양이나 해양 생태계로 흘러 들어가는 양을 줄인다는 것이다.

이 네 가지 방법이 모두 성공적으로 진행되더라도 2040년 플라스틱 배출량은 2016년 배출량에서 40% 줄어드는 수준이다. 그때는 지구촌 인구는 2016년보다 20억 명 가까이 더 많고 평균 소비 수준도 더 높을 것이기 때문에 결코 쉽지 않은 목표다. 그런데 이렇게 해도 이 기간 동안 지구에 플라스틱 쓰레기가 7억 톤 더 쌓인다는 것이다.

물론 지금처럼 안이하게 대처하면 2040년 플라스틱 배출량은 2016년의 2.7배가 되고 이 사이 추가된 플라스틱 쓰레기도 수십억 톤이 될 것이다. 이런 최악의 시나리오로 가지 않기를 바라는 마음이 간절하지만 코로나19로 플라스틱 쓰레기 대란이 벌어지는 광경에 왠지 가슴이 싸하다.

그렇다고 손 놓고 있을 수는 없다. 오늘날 지구촌이 플라스틱 쓰레기로 몸살을 앓게 한 데 화학자들이 한몫한 게 사실이지만 플라스틱 쓰레기를 줄이기 위한 여러 해법들 가운데 특히 리사이클링의 비율을 높이는 데 화학자들이 적극 손을 보태야 할 것이다.

현재 플라스틱 재활용 비율이 14%에 불과한 건 쓰레기 수거와 분리 등 여러 단계에서의 문제도 있지만, 플라스틱 재활용에 한계가 있다는 게 본질적인 문제다. 즉 플라스틱은 여러 종류가 있을 뿐 아니라 같은 유

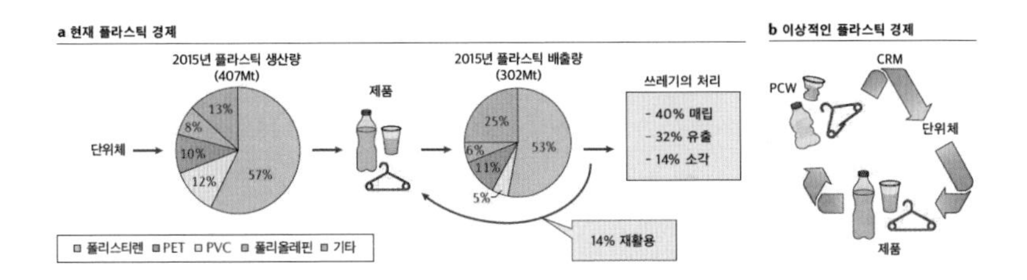

2015년 기준 세계 플라스틱 생산량은 4억 톤에 이르고 배출량은 3억 톤에 이른다. 생산량과 배출량 모두 폴리올레핀(폴리에틸렌과 폴리프로필렌)이 절반 넘게 차지한다. 배출된 플라스틱 쓰레기의 40%는 매립되고 14%는 소각되고 14%만이 재활용된다. 나머지 32%는 땅과 바다로 흩어져 지구를 오염시킨다. 최근 플라스틱 쓰레기(PCW)를 단위체로 리사이클링하는 방법(CRM)을 개발하는 연구가 활발하다. (제공 『네이처 리뷰스 재료』)

형이라도 제품에 따라 색소나 유연제 등 다양한 첨가물이 들어있다. 그리고 열을 가해도 녹지 않은 열경화성 수지는 사실상 재활용이 안 된다.

그 결과 재활용한 플라스틱으로 만든 제품은 '신선한' 플라스틱으로 만든 제품에 비해 물성이 떨어지기 마련이다. 그나마 페트PET의 재활용 비율이 높고 그밖에 폴리에틸렌PE 등이 일부를 차지하고 있다.

기계적 재활용에서 화학적 재활용으로

학술지 『네이처 리뷰 재료』 2020년 7월호에는 기존 재활용법의 한계를 극복할 수 있는 새로운 재활용법의 최신 연구 현황과 미래를 조명한 미국 코넬대 지오프리 코르테즈Geoffrey Cortez 교수와 케년대 유탄 게츨러Yutan Getzler 교수의 리뷰논문이 실렸다.

이들은 논문에서 '단위체를 만드는 화학적 재활용Chemical Recycling to Monomer, CRM' 연구의 현주소를 짚어봤다. 즉 기존 재활용이 플라스틱 쓰레기를 녹여 다시 성형하는 것이라면(이를 '기계적 재활용'이라고 부른다) CRM은 해중합depolymerization 반응을 통해 중합체polymer를 그 재료인 단위체로 바꾸는 과정이다. 이렇게 얻은 단위체를 분리 정제하면 석유에서 얻은 단위체와 똑같다. 즉 CRM으로 재활용해 만든 플라스틱은 물성이 떨어지지 않는다는 말이다. 화학 지식이 없는 사람이 봐도 당연한 얘기다. 그런데 왜 이런 해결책이 아직까지 상용화되지 않았을까.

저자들은 리뷰에서 그 이유를 들고 있다. 먼저 경제성으로, CRM으로 만든 단위체는 석유에서 만든 단위체보다 아직은 비용이 훨씬 더 든다는 구조적 문제다. 해중합 반응에 에너지가 많이 들어갈 뿐 아니라 촉매도 고가이기 때문이다. 따라서 에너지 효율적인 반응을 촉매하면서도 값은 싼 촉매 개발이 시급하다.

그리고 CRM에는 구조적인 한계가 있다. 배출되는 플라스틱 쓰레기의 절반을 차지하는 폴리에틸렌과 폴리프로필렌PP은 CRM이 사실상 어렵기 때문이다. PE나 PP의 해중합은 많은 에너지를 투여해야 하는 흡열반응이라 온실가스 배출량이 상당하고 게다가 단위체를 높은 수율로 얻을 수도 없다. 오르막인 CRM 반응 대신 내리막인 엉뚱한 반응들이 더 쉽게 일어난다는 말이다. 그리고 플라스틱 쓰레기의 5%를 차지하는 PVC는 구조상 아예 CRM이 안 된다.

연구자들은 리뷰 말미에서 앞으로는 새로운 CRM 방법을 개발하는

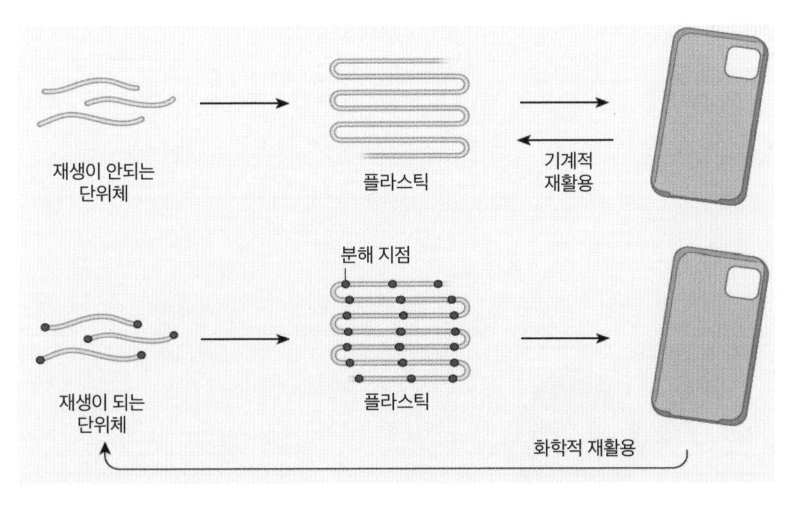

플라스틱 쓰레기의 14%만이 재활용되고 있고 그나마 기계적 재활용, 즉 플라스틱에 열을 가해 녹인 뒤 다시 성형하는 방식이라 물성이 떨어진다(위). 최근 화학자들은 플라스틱을 구성 단위체로 해중합한 뒤 이를 원료로 해중합반응으로 새 플라스틱을 만드는 화학적 재활용 기술을 연구하고 있다. 이렇게 만든 플라스틱은 물성을 유지한다(아래). (제공 『네이처』)

것과 동시에 CRM이 쉽게 되는 새로운 구조의 고분자를 만들어 폴리올레핀 같은 플라스틱을 대체해야 한다고 강조했다.

까다로운 쓰레기 선별 필요 없어

리뷰 논문이 나간 뒤 7개월 만에 이 요청에 응답하는 논문이 나왔다. 독일 콘스탄츠대 화학과 스테판 멕킹Stephan Mecking 교수팀은 일상생활에 널리 쓰이는 플라스틱인 고밀도폴리에틸렌HDPE을 대신할 수 있는 물성을 지니면서도 CRM이 쉽게 되는 플라스틱을 만드는 데 성공했다고 학술지 『네이처』 2021년 2월 18일자에 발표했다. 게다가 이 플라스틱은 석유가 아니라 식물 기름을 원료로 해서 만들기 때문에 화석연료 고갈 염려도 없다.

PE나 PP를 단위체로 바꾸기 어려운 이유는 고분자 사슬이 모두 안정한 탄소-탄소 결합(-C-C-)으로 이뤄져 있기 때문이다. PE 1kg의 탄소 원자 사이의 결합을 끊어 단위체인 에틸렌으로 만들려면 800℃까지 온도

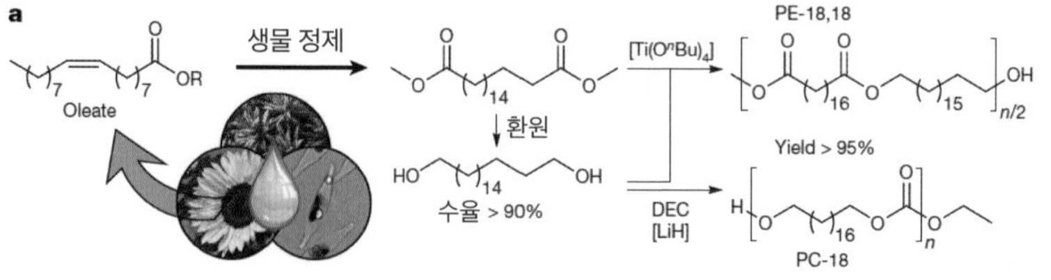

최근 독일의 화학자들은 석유가 아닌 식물 또는 미세조류의 기름(왼쪽)에서 단위체를 얻어(가운데) 이를 중합해 고밀도폴리에틸렌과 물성이 비슷한 플라스틱 2종(PE-18,18과 PC-18)을 만들었다(오른쪽). 이들 플라스틱은 다 쓴 뒤 가용매분해를 통해 다시 단위체로 바꿀 수 있어 화학적 재활용이 가능하다. (제공 『네이처』)

를 올려야 하고 300만 줄(J)의 반응에너지가 들어가야 한다.

연구자들은 해바라기씨나 야자 같은 식물이나 페오닥틸럼 트리코누툼*Phaeodactylum tricornutum* 같은 해양 미세조류microalgae에서 얻은 기름에 효소를 처리한 뒤 정제해 단위체 분자인 C18다이에스터와 C18다이올을 얻었다. 그리고 단위체에 적당한 분자를 더해 물성이 HDPE와 비슷한 플라스틱을 만드는 데 성공했다. 예를 들어 C18다이올과 디에틸카보네이트를 반응시키면 폴리카보네이트-18PC-18이 만들어진다.

PC-18은 섬유 형태로 뽑거나 3D 프린팅을 할 때 전혀 문제가 없고 응력 변형률(힘이 가해졌을 해 변형되는 정도)이나 강도가 HDPE와 비슷해 이를 대신할 수 있다. 그리고 다 쓴 뒤에는 에탄올 용액에 담가 120℃까지만 온도를 높여도 플라스틱이 녹아 사라진다. 용매인 에탄올 분자가 참여해 고분자 사슬을 끊는 가용매분해solvolysis가 일어나 PC-18이 단위체인 C18다이올과 디에틸카보네이트로 돌아간 것이다.

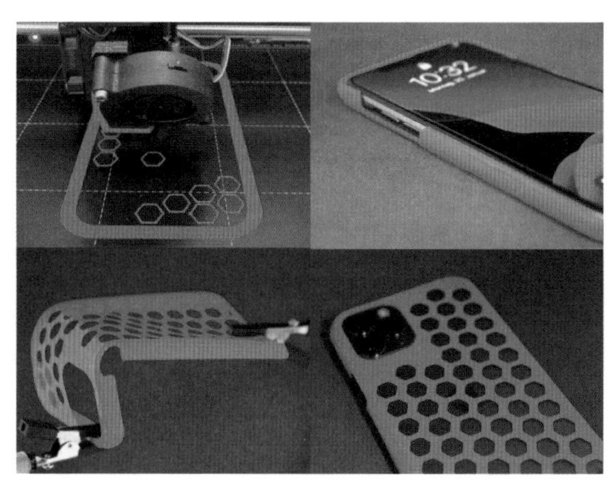

식물 또는 미세조류의 기름에서 얻은 C18다이에스터와 C18다이올을 단위체로 해 만든 플라스틱 PE-18,18은 고밀도폴리에틸렌과 물성이 비슷하다. 3D프린팅으로 PE-18,18 스마트폰 커버를 만들어 물성을 평가하는 장면이다. (제공 『네이처』)

이렇게 얻은 C18다이올과 디에틸카보네이트를 다시 원료로 해서 중합반응을 하면 새로운 PC-18 플라스틱을 만들 수 있다. 이 과정이 수차례 반복돼도 만들어진 플라스틱의 물성은 떨어지지 않는다.

기계적 재활용과는 달리 화학적 재활용 과정에서는 불순물이 포함돼도 별문제가 안 된다는 것도 큰 장점이다. 다른 유형의 플라스틱이나 색소 같은 첨가물이 섞여 있어도 해중합반응 뒤 혼합물에서 단위체만 쉽게 분리정제할 수 있기 때문이다. 예를 들어 PP 재질 플라스틱과 HDPE 재질 플라스틱, 파란색 PC-18 플라스틱이 섞인 쓰레기를 통째로 메탄올 용액에 넣고 가열하면 PC-18만 해체되면서 다른 플라스틱과 파란색 안료가 빠진 단위체 용액을 얻을 수 있다.

이번 연구는 플라스틱 재활용 분야를 혁신할 수 있는 신기술을 제시했지만 물론 기뻐하기에는 이르다. 무엇보다도 HDPE와 가격경쟁이 안 되기 때문이다. 석유에서 얻는 에틸렌(PE의 단위체)은 여전히 가장 저렴한 플라스틱 원료라 HDPE의 가격은 kg당 1~3달러에 불과하다. 그럼에도

플라스틱 쓰레기에 여러 유형이 섞여 있거나 안료 같은 첨가물이 있으면(왼쪽) 기계적 재활용이 쉽지 않고 설사 만들어도 물성이 떨어진다. 반면 화학적 재활용에서는 특정 플라스틱만 단위체로 바꿔 다른 유형의 플라스틱이나 첨가물을 쉽게 분리할 수 있고(가운데) 순수한 결정 상태로 얻은 단위체를 새 플라스틱의 원료로 쓸 수 있다(오른쪽). (제공 『네이처』)

석유는 언젠가 고갈될 것이고 플라스틱 쓰레기에 값(탄소세처럼)을 매기는 시대가 올 것이기 때문에 CRM이 상용화되는 건 시간문제일 것이다.

부가가치 높은 물질로 업사이클링

그렇다면 플라스틱 쓰레기의 절반을 차지하는 PE나 PP는 일부를 품질이 떨어지는 플라스틱으로 재활용할 뿐 매립하거나 소각하는 게 그나마 최선일 수밖에 없는 걸까. 『사이언스』 2020년 10월 23일자에는 PE를 세제(계면활성제) 분자로 업사이클링하는 반응을 소개한 논문이 실렸다. 업사이클링upcycling은 쓰레기를 원래 제품보다 더 가치가 있는 제품으로 재활용하는 것을 일컫는 말이다.

샌타바버라 캘리포니아대 화학공학과 연구진이 주축이 된 미국의 공동연구자들은 백금/알루미나 촉매를 써서 PE를 분해해 다이알킬벤젠dialkylbenzene으로 바꾸는 반응을 개발했다. 다이알킬벤젠은 술폰화 반응을 통해 세제 분자로 만들 수 있다. 이렇게 만든 세제는 같은 무게의 PE에 비해 고부가가치 제품일 뿐 아니라 사용 뒤에는 생분해가 돼 환경에 미치는 영향도 작다.

게다가 반응은 280℃라는 그렇게 높지 않은 온도에서 진행되고 이 과정에서 용매나 수소를 첨가할 필요가 없다. 그리고 수율도 80% 수준으로 높아 메탄 같은 가벼운 기체가 부산물로 약간 나오는 정도다. 이 과정을 상용화하는 데 최대 걸림돌은 역시 비싼 촉매다. 따라서 백금을 대신할 수 있는 저렴한 촉매를 개발하는 것이 관건이다.

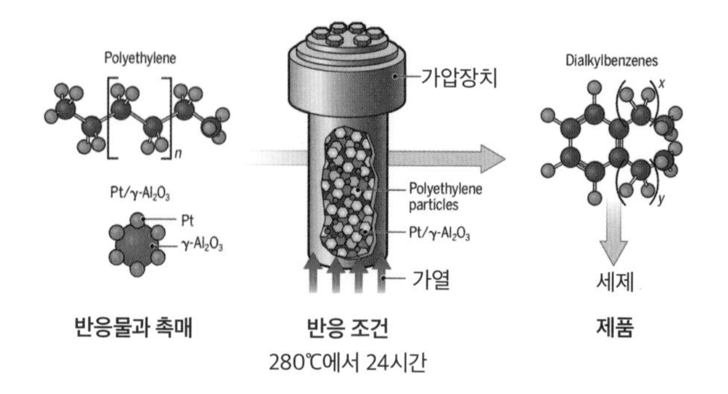

2020년 미국의 화학자들은 백금/알루미나 촉매를 써서 PE를 다이알킬벤젠으로 바꾸는 효율적인 반응을 개발했다. 다이알킬벤젠은 술포화 반응을 통해 세제로 업사이클링될 수 있다. (제공 『사이언스』)

사실 화학자들이 아무리 리사이클 연구를 열심히 한다고 하더라도 사람들이 플라스틱 사용을 자제하거나 분리수거에 동참하지 않는다면 플라스틱 쓰레기 대란을 막을 수는 없을 것이다. 과연 인류가 이 문제를 극복할 수 있을지 걱정과 기대가 교차한다.

2-4

일회용 플라스틱 급증, 해결할 수 있을까

코로나19로 비대면 문화가 일상이 되면서 택배와 배달 포장이 크게 늘고 일회용품 사용이 급증하면서 플라스틱 쓰레기가 폭증하고 있다. 백신 접종으로 인해 코로나19가 물러나더라도 팬데믹이 남긴 트라우마로 사람들의 소비 행태는 예전으로 돌아가지 않을 것 같다. 플라스틱 쓰레기 배출량도 지금보다야 줄겠지만 코로나19 이전에 비하면 더 많을 것이다.

코로나19 이후 늘어난 택배 물량으로 인해 택배기사들의 과로사가 잇따르자 업계가 인력을 충원하기로 하면서 최근 택배비를 인상한다는 뉴스가 나왔다. 보통 이런 얘기에는 눈살을 찌푸리기 마련이지만 이번에는 '차라리 잘됐다'는 생각이 들었다. 택배비가 오르면 아무래도 택배 주문을 자제할 테니까.

택배 상자를 열었는데 뽁뽁이로 물건을 세 겹 네 겹씩 싸놓았거나 심지어 빈 공간을 스티로폼 조각으로 채워놓은 게 보이면 '이건 아니다…'라는 생각이 들게 마련이다. 포장 식품이나 배달 식품의 용기로 쓰이는 일회용 플라스틱 문제는 더 심각해 보인다. 그릇을 걷어가는 동네 중국집에 친환경 식당 표시를 해줘야 하는 것 아닌가 하는 생각이 들 정도다.

두 가지 섬유의 상승효과

그런데 며칠 전 처음 주문한 사이트에서 보낸 택배 상자를 열고 깜짝 놀랐다. 물건을 싸고 있는 게 뽁뽁이가 아니라 종이였기 때문이다. 물론 그냥 종이는 아니고 칼집을 내서 공간을 만들어 완충효과를 갖게 한 것이다. 유리병이 아닌 다음에야 이 정도면 충분해 보였다. 그리고 보니 상자를 고정한 테이프도 종이 재질이다.

우리는 플라스틱 쓰레기 대란을 걱정하지만, 막상 적극적으로 대안을 모색하는 움직임은 아직 미미한 것 같다. 그런데 마음만 먹으면 주름을 만든 종이(일종의 종이접기?)로 플라스틱 포장재를 대체한 것처럼 간단한 아이디어로도 변화를 이끌 수 있는 게 아닐까. 문득 얼마 전 학술지 『물질Matter』에 실린 한 논문이 떠올랐다. 사탕수수와 대나무를 재료로 만든 식품 용기가 플라스틱을 대체할 수 있다는 내용이다.

사탕수수 줄기에서 즙을 짜고 남은 찌꺼기, 즉 버개스(사진)에는 양질의 섬유가 들어있음에도 대부분 공장에서 연료로 쓰이고 있다. 최근 사탕수수 섬유와 대나무 섬유로 만든 몰드펄프가 플라스틱 식품 용기를 대신할 수 있다는 연구결과가 나왔다. (제공 위키피디아)

미국 노스이스턴대 기계·산업공학과 홍리 주Hongli Zhu 교수팀은 설탕을 얻고 남은 사탕수수 찌꺼기, 즉 버개스bagasse의 섬유와 대나무 섬유를 섞어 튼튼하면서도 물이 새지 않는 식품 용기를 만드는 데 성공했다. 이들은 섬유 혼합물을 1차로 저온에서 압축 성형한 뒤 2차로 고온에서 압축 건조해 원하는

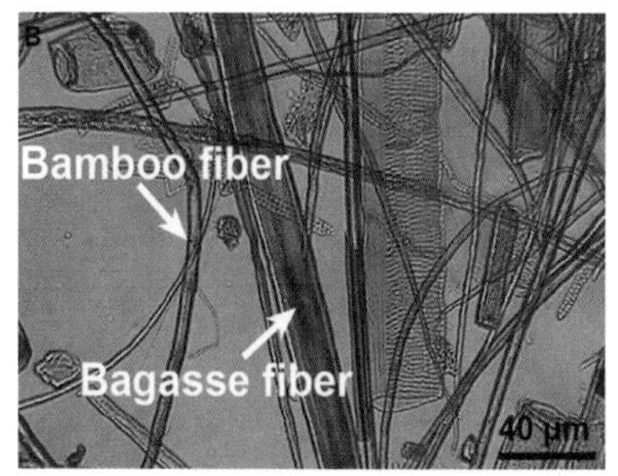

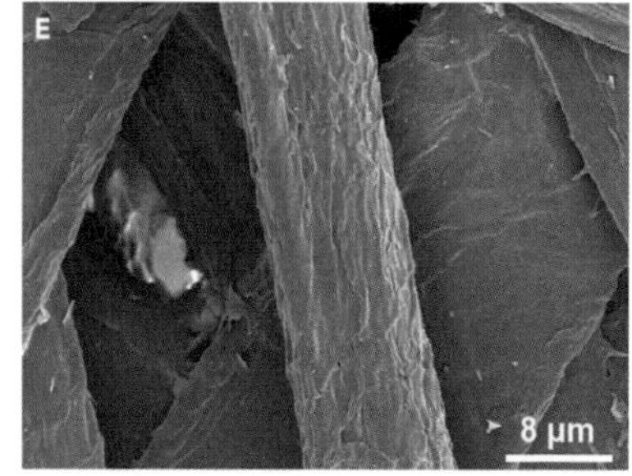

사탕수수 섬유 대나무 섬유가 섞여 있는 상태를 보여주는 광학현미경(왼쪽)과 전자현미경(오른쪽) 이미지다. 길고 얇은 대나무 섬유 주변에 짧고 굵은 사탕수수 섬유가 얽혀 있다. (제공 『물질』)

모양의 식품 용기를 만들었다. 이렇게 모양을 찍어낸 펄프, 즉 섬유의 복합체를 몰드펄프 molded pulp 라고 부른다.

주변에서 흔히 볼 수 있는 몰드펄프 용기는 달걀곽일 것이다. 달걀곽은 신문이나 헌책을 재활용해 얻은 '2차 섬유'를 재료로 해서 만든 몰드펄프로 값이 저렴한 대신 물성은 좋지 않다. 즉 강도도 약한 편이고 특히 물에 취약하다. 또 잉크나 화학약품을 완전히 제거하지 못해 냄새도 있고 안전성도 장담할 수 없어 식품 용기로 쓰기에는 부적절하다.

이에 비해 사탕수수 찌꺼기는 합성 화학물질을 포함하고 있지 않은 '1차 섬유'로 셀룰로스와 헤미셀룰로스, 리그닌으로 이뤄져 있다. 오늘날 세계에서 한 해에 사탕수수 18억 톤을 수확해 설탕 1억 8,500만 톤을 만든다(2017년). 이 과정에서 사탕수수 찌꺼기가 4억 톤 넘게 나온다. 사탕수수 찌꺼기 대부분은 공장에서 연료로 쓴다. 사탕수수 업계가 스스로를 탄소 제로 산업이라고 주장하는 이유다. 일부는 펄프로 만들어 쓰기도 하지만 아직 제대로 활용되지 못하고 있는 실정이다.

연구자들은 사탕수수 찌꺼기로 만든 펄프의 물성을 더 좋게 하기 위해 대나무 섬유를 섞는 아이디어를 떠올렸다. 사탕수수 섬유는 길이가 짧고

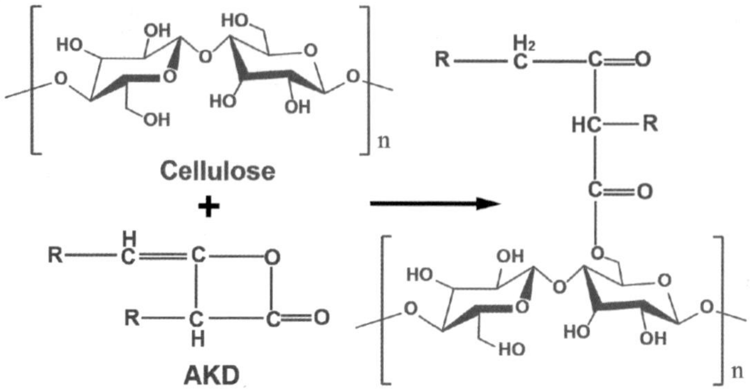

연구자들은 사탕수수 대나무 혼합 섬유의 물에 대한 저항성을 높이기 위해 친환경 분자인 AKD를 넣어 셀룰로스의 수산기와 반응시켜 소수성 부분이 섬유 바깥쪽에 놓이게 변형했다. 그 결과 몰드펄프는 뜨거운 물을 30분 동안 담고 있어도 젖지 않는다. (제공 『물질』)

굵지만, 대나무 섬유는 길고 얇다. 따라서 둘을 적정 비율(실험결과 7:3)로 섞어주면 사탕수수 섬유가 대나무 섬유 사이에 걸쳐 네트워크를 이루면서 더 튼튼하면서도 물이나 기름에 잘 젖지 않는 펄프가 만들어진다.

연구자들은 물에 대한 저항성을 더 높이기 위해(식품 용기에서 중요한 물성이다) 친환경 분자인 알킬케텐다이머AKD를 첨가했다. AKD는 셀룰로스의 수산기와 반응해 결합하면서 구조가 바뀌어 소수성, 즉 물을 싫어하는 부분이 섬유의 바깥쪽을 향하게 된다. 그 결과 섬유가 물에 더 안 젖는다.

사탕수수 대나무 하이브리드 몰드펄프의 물성은 플라스틱 용기에 버금가거나 때로는 더 뛰어났다. 즉 무게 7.9g인 컵 위에 3kg 짐을 올려놓아도 찌그러지지 않았다. 반면 같은 무게의 폴리스티렌 컵은 3kg을 견디지 못한다. 걱정스런 부분인 물과 기름에 대한 저항성도 뛰어나 저온은 물론 90℃의 뜨거운 물이나 기름도 30분은 펄프에 스며들지 않았다.

두 달 만에 절반 분해돼

사탕수수 대나무 하이브리드 몰드펄프의 가장 큰 장점은 물론 친환경 재료라는 것이다. 다 쓴 용기를 땅에 묻으면 토양 미생물에 의해 빠르게 분해된다. 그 결과 두 달이 지나면 형태를 알아볼 수 없고 무게도 절반 수준이 된다. 반면 폴리스티렌 플라스틱 용기는 60일이 지나도 흙을 깨끗이 털면 원래 모습 그대로다. 플라스틱이 분해되는 데 수백 년이 걸린다는 말이 실감나는 결과다.

재료를 만드는 과정에서 나오는 이산화탄소 배출량도 큰 차이를 보인다. 석유에서 폴리스티렌 플라스틱 1kg을 만드는데 이산화탄소로 환산해 7.36kg이 배출된다. 반면 사탕수수 대나무 몰드펄프 1kg에는 고작 0.22kg이 배출돼 플라스틱의 3% 수준이다.

논문을 읽다 보니 상용화된 버개스 식기와 물성을 비교한 실험도 있다. 물론 하이브리드 식기가 좀 더 낫다는 내용인데, 문득 상용화된 제품

사탕수수 대나무 몰드펄프 컵을 흙에 묻으면 토양미생물이 생분해를 시작해 60일이 지나면 형태를 알아보기 어렵고 무게도 절반으로 준다(왼쪽). 반면 폴리스티렌 식기는 매립 뒤 60일이 지나도 겉에 묻은 흙을 씻어내면 변화를 느낄 수 없다(오른쪽). (제공 『물질』)

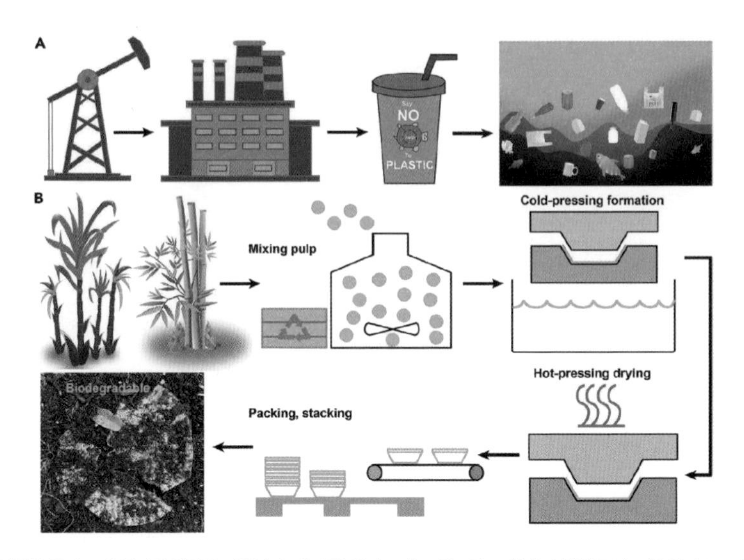

일회용 플라스틱 식기와 일회용 사탕수수 대나무 하이브리드 몰드펄프 식기의 일생을 비교한 일러스트다. 석유를 원료로 해 만드는 플라스틱 식기는 사용 뒤 쓰레기 매립장에 묻히면 분해되는 데 수백 년이 걸린다(A). 반면 사탕수수 찌꺼기와 대나무를 원료로 만든 펄프를 저온 압착 성형과 고온 압착 건조를 통해 만드는 몰드펄프 식기는 사용 뒤 매립되면 수달 내 분해된다(B). (제공 『물질』)

이 궁금해져 검색해봤다. 영국의 벡웨어Vegware라는 회사가 맨 위에 나오는데, 버개스를 포함해 다양한 식물성 재료로 식품 용기를 만드는 곳으로 2006년 설립됐다. 벡웨어는 플라스틱 매립량을 200만kg 가까이 줄이고 탄소 배출량을 200만kg 넘게 줄인 공로로 2016년 영국여왕 혁신상을 수상하기도 했다.

우리나라에서도 벡웨어 같은 회사가 하루빨리 나와 노스이스턴대 연구진처럼 좀 더 혁신적인 기술을 개발해 플라스틱 쓰레기를 조금이라도 줄일 수 있었으면 하는 바람이다.

SCIENCE CAFE SEASON 10
Part. 3
심리학·
신경과학

3-1

스트레스를 받으면 열나는 이유

일본 큐슈대 의대 심신의학과 오카 타카카주 교수에게 어느 날 한 소녀 환자가 왔다. 중학교에 다니는 15세 소녀는 특이한 증상에 시달리고 있었다. 집에 있을 때는 멀쩡한데 학교에만 가면 가슴이 답답해지면서 열이 치받치고 극도의 피로감에 조퇴하기가 일쑤였다. 소아과에서는 해열제를 처방했지만 소용이 없었고 심리적인 문제라고 판단해 오카 교수를 소개한 것이다.

오카 교수는 소녀에게 온도계를 주며 하루 네 차례(오전 8시, 12시, 오후 4시, 8시) 겨드랑이 온도를 기록하라고 부탁했다. 며칠 뒤 소녀가 갖고 온 체온 데이터로 그래프를 그리자 정말 학교에만 가면 체온이 2℃나 오르는 것으로 밝혀졌다. 소녀가 느낀 열감이 진짜라는 말이다. 오카 교수는 소녀의 증상을 '심인성 발열'이라고 진단했다.

심인성 발열 100여 년 전 발견

심인성 발열psychogenic fever이란 심적 요인, 즉 스트레스가 체온을 올리는 현상으로 1914년 처음 보고됐고 1930년에 이런 이름을 얻었다. 과거 시집살이가 심하던 시절 며느리들이 만성 스트레스로 마음고생을 하며 얻은 '화병火病'도 심인성 발열이 주요 증상이었을 것이다. 그렇다면 소녀

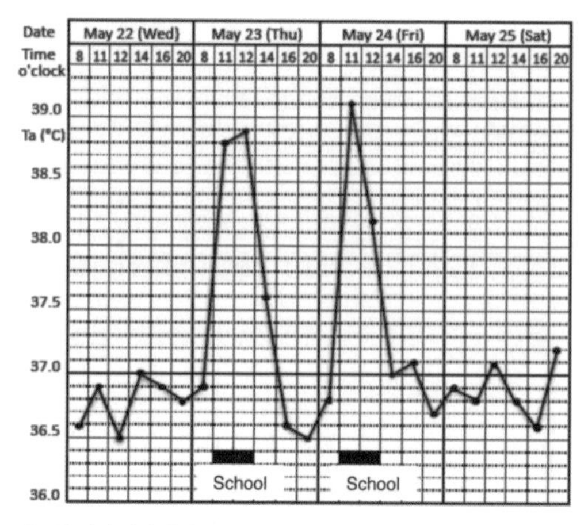

학교생활에서 스트레스를 받아 심인성 발열 증상을 보이는 15세 소녀의 심부 체온(겨드랑이에서 측정) 그래프다. 학교에 머무는 동안 평소보다 체온이 2℃나 높다. (제공『온도』)

는 왜 학교에만 가면 열이 났을까.

얼핏 보면 이해하기 어려웠다. 소녀는 온순하고 차분한 모범생 스타일로 등교를 거부하는 불량소녀가 아니었기 때문이다. 심리 상담을 한 결과 뜻밖의 사실이 밝혀졌다. 소녀는 학교생활을 좋아했지만, 신체장애가 있는 친구가 같은 반 아이들에게 괴롭힘을 당하는 모습을 무력하게 지켜볼 수밖에 없는 게 너무 괴로웠던 것이다. 오카 교수는 부모에게 아이의 전학을 권유했고 학교를 옮긴 뒤에는 등교 발열 증세가 사라졌다.

심인성 발열은 사람뿐 아니라 스트레스를 받은 포유류와 조류에서도 관찰된다. 즉 진화적으로 보존된 현상으로, '투쟁 도피 반응'의 하나로 설명된다. 짝짓기 철 라이벌이 나타났을 때나 포식자가 다가올 때 몸은 일련의 생리적 반응을 통해 순간적으로 최대한의 힘을 낼 수 있게 대비한다. 몸속 갈색지방을 태워 체온을 올리는 것도 대사 반응 속도를 높이기 위함이다.

정온동물에서 체내 발열은 주위로 빼앗기는 열을 보충해 체온을 유지하는 역할을 한다. 그러나 병원체 감염이나 포식자 등장 등 위기 상황에서는 체온을 올려 이에 대응하기 위해 별도의 발열 반응을 일으킨다. 그런데 흥미롭게도 감염(염증 반응)과 스트레스(투쟁 도피 반응)가 발열을 일으키는 메커니즘이 다른 것으로 밝혀졌다. 염증 반응으로 인한 발열을 내리는 해열제가 심인성 발열에는 안 듣는 이유다. 전자의 메커니즘은 잘 알려져 있지만, 후자는 아직 잘 모르는 상태였다.

심인성 발열 뇌 회로 규명

학술지 『사이언스』 2020년 3월 6일자에는 스트레스가 발열로 이어지게 하는 뇌의 회로를 밝힌 연구결과가 실렸다. 일본 나고야대 의대 통합생리학과 나카무라 카즈히로 교수팀은 무려 20년 가까운 연구 끝에 'DP/DTT-DMH-rMR-갈색지방 회로'라고 명명한 심인성 발열 경로를 규명했다. 동물실험(쥐) 결과이지만 포유류의 뇌 구조 대부분이 진화적으로 보존돼 있기 때문에 사람에서도 별반 다르지는 않을 것이다.

이 회로의 구성요소가 발견된 순서는 신경 신호 진행 방향의 역순이다. 즉 2004년 rMR-갈색지방 경로가, 2014년 DMH-rMR 경로가, 그리고 이번에 DP/DTT-DMH 경로가 발견된 것이다. 이는 신경 신호가 진행하는 반대 방향으로 경로를 추적해 관련 부위를 찾는 연구방법 때문이다. 여기서는 이해를 돕기 위해 회로 순서대로 설명한다.

동물은 살아가면서 주위에서 다양한 물리적 심리적 스트레스 요인과

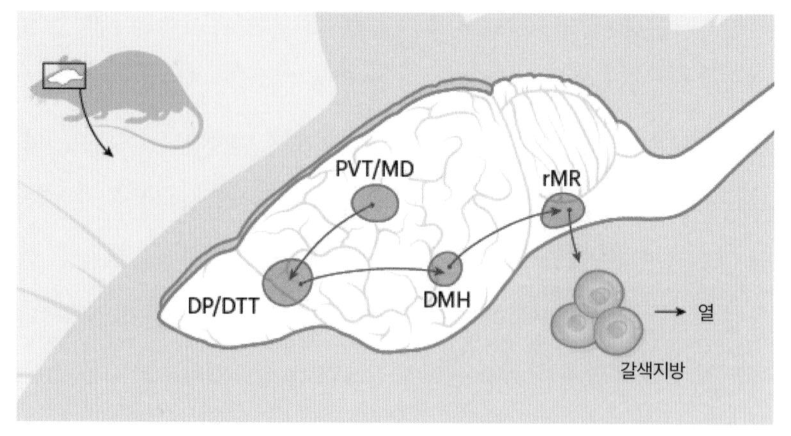

최근 일본 나고야대 연구자들은 쥐를 대상으로 스트레스로 인한 심인성 발열의 배후에 있는 뇌 회로를 밝히는 데 성공했다. 시상의 PVT/MD 같은 스트레스 센서가 전두엽의 DP/DTT로 스트레스 정보를 보내면 시상하부의 DMH를 거쳐 뇌간의 rMR로 전달돼 몸에 있는 갈색지방을 태워 열을 낸다. (제공 『네이처』)

맞부딪치는데, 뇌의 시상에 있는 실방핵PVT이 '스트레스 센서'라는 사실이 2015년에 밝혀졌다. 한편 중앙내측시상핵MD라고 불리는 영역은 규칙 학습과 추상화, 평가, 상상력 같은 복합적인 인지 기능에 관여한다는 사실이 알려져 있다. 생각이 많아 자초한 '고차원적 스트레스'의 출처인 셈이다.

나고야대 연구자들은 시상실방핵과 중앙내측시상핵의 뉴런이 뇌의 전두엽에 있는 배측각피질DP과 배측덮개띠DTT로 연결된다는 사실을 발견했다(심인성 발열 회로를 완성한 뒤 DP/DTT로 들어오는 신경을 역추적해 밝혔다). DP/DTT 영역은 지금까지 거의 연구된 적이 없었는데, 이번에 PVT와 MD 등 모든 스트레스 센서가 감지한 정보가 모이는 허브로 밝혀진 것이다.

DP/DTT는 스트레스 정보를 배내측뇌하수체DMH로 보내고(이번에 규명) DMH는 이를 뇌간에 있는 문측수질솔기rMR로 중계한다(2014년 규명). rMR의 뉴런은 몸에 있는 갈색지방 조직에 연결돼 있어 신호를 받으면 발열 반응을 일으킨다(2004년 규명). 아울러 심박수도 늘리고 혈압도 올린다. 즉 투쟁 도피 반응을 준비하는 것이다. 여기에는 자율신경계의 교감신경이 관여한다.

스트레스가 투쟁 도피 반응을 준비하게 만든다는 사실이 오래전에 알려졌음에도 뇌의 관련 회로는 규명되지 못한 상태였는데 이번에 그 전모가 밝혀졌다. 특히 지금까지 주목하지 않았고 역할도 몰랐던 전두엽의 배측각피질DP과 배측덮개띠DTT가 알고 보니 스트레스 회로의 허브였다는 사실은 뜻밖의 성과다.

회로 차단하자 겁 없어져

'미국 심리학의 아버지'로 불리는 19세기 심리학자이자 철학자인 윌리엄 제임스William James는 감정에 관한 놀라운 통찰을 제시했다. 즉 감정이 몸의 생리적 반응을 촉발한다는 기존 이론에 맞서 제임스는 몸의 생리적 반응에 대한 해석이 감정이라고 주장했다. 우리가 곰을 보고 겁이 나 도망치는 게 아니라 곰을 보고 도망치기 때문에 두려움을 느낀다는 것이다.

얼핏 말이 안 되는 것 같지만 곰곰이 생각해보면 수긍이 간다. '호랑이 굴에 들어가도 정신만 차리면 산다'는 속담도 있듯이 위기 상황에 마주쳤을 때 몸의 본능적인 생리적 반응을 통제할 수 있다면 감정(공포)에 압도돼 혼비백산하는 대신 침착하게 해결책을 모색할 수 있기 때문이다.

미국 심리학의 아버지 윌리엄 제임스는 19세기에 이미 감정이 몸의 생리 반응을 일으키는 게 아니라 생리 반응의 해석이 감정임을 간파했다. 심인성 발열 회로가 차단돼 생리 반응을 일으키지 않게 된 쥐는 큰 쥐를 봐도 공포 반응을 보이지 않아 그의 주장을 뒷받침했다. (제공 위키피디아)

연구자들은 이번에 발견한 스트레스 회로로 윌리엄 제임스의 이론을 검증해보기로 했다. 즉 스트레스 정보의 허브인 DP/DTT에서 중계지인 DMH로 가는 신경을 억제해 발열과 심박수 증가 같은 생리적 반응이 제대로 일어나지 않게 하면 정말 스트레스 관련 감정이 유발되지 않는가를 본 것이다.

연구자들은 실험 대상인 쥐에게 '사회적 실패 스트레스'를 경험하게 했다. 즉 쥐의 우리에 덩치가 훨씬 큰 다른 품종의 수컷 쥐를 넣고 한 시간을 같이 두면 쥐는 침입자에게 쫓기며 어쩔 줄을 모른다. 그 뒤 우리 가운데 철망으로 칸막이를 친 뒤 그 안에 큰 쥐를 넣고 밖에 작은 쥐를 두면 앞서 패배감을 맛본 작은 쥐는 최대한 멀리 머무르며 잘 움직이지도 않는다. 그리고 꼬리의 체온이 꽤 떨어진다. 스트레스를 받으면 심부 체온은 올라가지만 말단은 정맥이 수축해 체온이 내려간다.

그런데 유전적 처리를 해 일시적으로 DP/DTT-DMH 경로를 차단하자 작은 쥐가 겁이 없어져 큰 쥐가 안에 있는 칸막이 근처까지 주저하지 않고 기웃거리며 돌아다녔다. 꼬리의 온도도 칸막이 너머에 큰 쥐가 없을 때와 비교해 차이가 없었다. 즉 스트레스 센서 PVT/MD가 스트레스 요인(큰 쥐의 존재)을 감지해 DP/DTT로 정보를 보냈지만 DMH로 중계가 되지 않으면서 교감신경이 관여하는 몸의 생리 반응(발열, 심박수 증가, 혈압 상승)이 뒤따르지 않자, 별거 아니라고 판단해 두려움이 촉발되지 않은 것이다. 즉 감정은 생리 반응의 해석이라는 제임스의 주장을 뒷받침하는 결과다.

행동으로 부정적 감정 줄일 수 있어

인류가 문명사회를 이루면서 스트레스 대다수가 투쟁 도피 반응이 필요 없는 심리 영역에서 벌어지고 있음에도 우리 몸은 여전히 투쟁 도피 반응을 대비해 생리적 변화를 일으킨다는 게 문제다. 물론 인류는 이에 대처하는 방법도 모색했다.

예를 들어 사람들 앞에서 발표를 하거나 면접을 하기 전에 우리는 긴장을 낮추기 위해 심호흡을 한다. 만성 스트레스에 시달리는 사람들을 위한 '마음챙김 명상에 기반한 스트레스 감소MBSR'라는 프로그램도 있다. 지금 생각해보면 부교감신경을 활성화해 'DP/DTT-DMH-rMR-갈색지방 회로'를 약화시켜 스트레스로 인해 발생하는 부정적 감정의 세기를 줄이는 방법이 아닌가 싶다.

심리학에서 생리학의 중요성을 강조한 윌리엄 제임스는 『한 권으로 읽는 심리학의 원리』에서 다음과 같이 쓰고 있다. 심인성 발열을 일으키는 뇌 회로 관련 실험을 보니 그의 선견지명이 더욱 돋보인다.

> "달아나면 공포가 더 강화되고, 슬픔이나 화의 징후에 굴복하면 그 감정이 더욱 깊어진다는 것을 우리는 모두 알고 있다. (중략) 만약에 바람직하지 못한 감정적 성향을 극복하길 원한다면, 우리는 배양하고자 하는, 반대되는 성향을 외적으로 표현하도록 끊임없이 노력해야 한다."

3-2

코로나19에 걸리면 왜 냄새를 못맡을까

2021년 3월 25일 0시 기준으로 우리나라 코로나19 확진자가 10만 명을 돌파했다. 첫 확진자가 나오고 14개월 동안 인구의 불과 0.2%만 확진됐으니(세계 평균은 1.6%) 우리나라 사람들의 방역 실천 노력이 대단하다는 생각이 든다. 물론 이 과정에서 다들 마음고생이 심하겠지만.

그래서인지 지금까지 지인 가운데 확진된 사람은 한 명뿐이다(가족 네 명이 다 걸렸다). 다행히 다들 증상이 가벼워 생활치료센터에서 보름을 지낸 뒤 퇴소했다고 한다. 딴 분을 통해 이 얘기를 듣고 궁금한 게 있어 전화할까 했지만 연락을 꺼리는 눈치라고 해서 말았다. 내가 궁금한 건 네 명 가운데 혹시 후각을 잃은 사람이 있는가이다.

코로나19의 여러 증상 가운데 가장 특이한 게 후각 상실이기 때문이다. 조사에 따라 다르지만 확진자의 절반 정도가 후각 상실을 경험하는데 이 가운데 상당수는 다른 증상은 없다고 한다. 즉 후각 상실이 아니라면 자신이 코로나19에 걸렸는지도 모르고 넘어갔을 거라는 말이다. 그래서인지 갑작스러운 후각 상실은 발열, 기침과 함께 코로나19를 의심하는 대표적인 증상으로 기술돼 있다.

물론 감기나 독감, 비염, 특히 부비동염(축농증) 같은 병에 걸리면 종종 냄새를 못 맡는다. 그러나 이 경우는 대부분 이런저런 이유로 코가 막혀 코로 숨을 들이쉴 수 없어 냄새를 못 맡는 것이다. 즉 후각 자체의 문제는 아니라는 말이다. 반면 코로나19는 다른 증상이 없는 경우에도(따라서 코로 숨 쉰다) 냄새를 못 맡는 것으로 명백히 후각의 문제다.

후각 상실보다 빈도는 낮지만 미각을 잃는 사람도 있고 개중에는 매운맛이나 청량감(박하사탕을 먹었을 때)을 못 느끼는 사람도 있다. 즉 코로나19 바이러스에 감염되면 화학 감각chemical sense을 상실할 수 있다는 말이다. 반면 시각이나 청각 같은 물리 감각은 영향을 받지 않는다(다만 이명이 생기는 사례가 있다). 그렇다면 코로나19는 왜 화학 감각을 잃게 만들까.

지지세포에 수용체 많아

이런 현상이 알려지고 1년이 넘게 지났지만 아쉽게도 미각과 피부자극(매운맛/청량감)에 대해서는 실마리를 찾지 못하고 있다. 반면 후각은 유력한 메커니즘이 밝혀졌다. 2020년 6월 학술지 『ACS 화학 신경과학』에는 후각상피를 이루는 여러 세포 가운데 지지세포가 코로나19 바이러스에 감염되면서 후각 상실이 생길 수 있다는 연구결과가 실렸다.

숨을 들이쉴 때 콧구멍을 통해 들어오는 공기에 실린 냄새분자는 비강의 천정에 있는 동전 넓이의 후각상피에 도달해 표면을 덮고 있는 점막에 녹아든다. 점막에는 후각뉴런(신경세포)의 섬모(작은 털 모양의 말단)가 있다. 점막에 녹은 냄새분자가 섬모 표면에 있는 후각수용체에 달라붙으면 신호가 발생해 축삭을 타고 후각망울olfactory bulb로 전달되어 1차로 정리된 뒤 대뇌의 후각피질로 보내져 우리는 어떤 냄새를 '맡는다'.

그런데 후각상피에는 후각뉴런 뿐 아니라 지지세포sustentacular cell도

함께 존재한다. 지지세포는 후각뉴런의 사이사이에 놓여 물리적인 지지대 역할을 할 뿐 아니라 영양도 공급한다. 또 상피 표면을 덮고 있는 점막의 이온 균형을 유지하는 일도 하고 이물질을 식작용으로 끌어들여 분해하는 청소부 역할도 한다.

과거 사스가 유행했을 때 연구결과 후각상피에는 사스 코로나바이러스가 침투할 때 문의 역할을 하는 ACE2 단백질이 존재하는 것으로 밝혀졌다. 따라서 사스 코로나바이러스와 마찬가지로 ACE2 단백질을 인식하는 코로나19 바이러스(정식 명칭은 '사스 코로나바이러스 2') 역시 후각상피를 통해 침투할 수 있고 이 과정에서 후각 상실이 일어날 수도 있다.

그런데 후각상피에는 후각뉴런이 존재하고 축삭이 뻗어 전뇌의 아래쪽에 있는 후각망울에 이른다. 후각상피의 뉴런이 감염되면 뇌에 바이러스가 퍼지는 건 시간문제라는 말이다. 그런데 후각을 잃은 사람들 대다수가 무증상이거나 경증이고 중증으로 사망한 사람을 부검해봐도 뇌

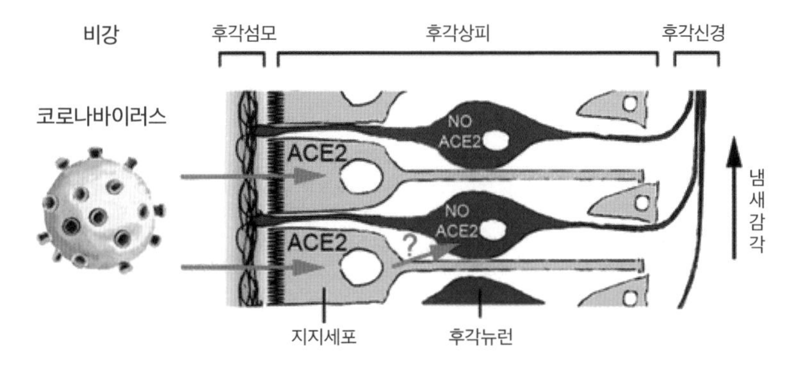

숨을 들이쉴 때 들어온 코로나바이러스는 비강 천정에 있는 후각상피의 점막에 녹아들어 지지세포 표면의 ACE2 단백질에 달라붙어 세포 안으로 침투하는 것으로 보인다. 반면 후각뉴런 표면에는 ACE2 단백질이 없어 바이러스에 감염되지 않는다. 그러나 최근 연구결과에 따르면 드물게 후각뉴런도 감염돼 바이러스가 뇌로 침투하는 경로가 될 가능성이 있다. (제공 『ACS 화학 신경과학』)

까지 바이러스가 침투한 경우는 10% 내외다.

폴란드 니콜라스코페르니쿠스대 라팔 부토우트 교수팀은 이 모순을 규명하기 위해 생쥐의 후각상피에서 후각뉴런과 지지세포 각각의 ACE2 유전자 발현을 조사했다. 그 결과 후각뉴런에서는 거의 발현되지 않았고 지지세포에서는 많이 발현된다는 사실을 발견했다. 즉 바이러스가 지지세포에 침투한다는 뜻이다.

생쥐와 사람은 유전자 발현 패턴이 비슷하므로 사람에서도 이럴 가능성이 크다. 한 달 뒤 학술지 『사이언스 어드밴시스』에 실린 논문에는 사람의 후각상피에서 발현을 본 결과가 실렸는데 생쥐와 같은 결과였다.

대다수는 완전히 회복되지만

지지세포 안으로 들어온 바이러스는 세포의 자원을 써서 증식하므로 지지세포는 제 기능을 할 수 없게 된다. 그 결과 점막의 이온 균형이 깨지면서 후각뉴런의 섬모가 기능을 잃어 냄새분자가 있어도 신호를 만들어내지 못해 후각 상실로 이어진다는 것이다.

감염되고 2주 정도 지나면 대부분 완쾌되고 이 과정에서 지지세포도 복구되므로 점막이 다시 균형을 찾으면서 후각이 조금씩 돌아와 수주 뒤에는 정상으로 회복된다. 그러나 몇몇 사람들은 완쾌된 뒤 수개월이 지나도 후각이 돌아오지 않아 애를 먹는다. 때로는 후각이 왜곡되는 증상, 즉 착후각parosmia이 나타나기도 한다. 예를 들어 모든 음식에서 인공 딸기향이 느껴지거나 산패한 기름 냄새가 나는 식이다.

코로나19로 후각을 잃은 뒤 회복되면서 후각이 왜곡되는 착후각 증상이 나타나는 경우도 있다. 이럴 때 냄새 훈련을 하면 정상 후각을 찾는 데 도움이 된다

먼저 후각 상실이 계속되는 건 후각뉴런의 상당 부분이 손상된 결과일 수 있다. 즉 지지세포가 감염으로 기능을 잃으면서 영양을 제대로 공급받지 못한 후각뉴런이 죽어 다시 채워지는 데 시간이 걸리기 때문이다. 심할 경우 후각뉴런을 만드는 신경줄기세포까지 손상돼 다시는 후각뉴런을 만들어 내지 못하면 영구적인 후각 상실이 될 수도 있다. 실제로 후각을 잃은 채 2년이 지나면 돌아올 가능성은 희박하다고 한다.

한편 착후각은 신경줄기세포가 분화해 새로 만들어진 후각뉴런의 축삭이 후각망울에서 배선되는 과정에서 오류가 생겨 후각피질의 엉뚱한 자리로 정보를 보낸 결과로 추정된다. 다행히 시간이 지나면 착후각이 서서히 사라지는 경향이 있고 냄새를 맡는 훈련을 하면 이 과정을 앞당길 수 있다. 아마도 어긋난 배선이 올바르게 재배치되는 것으로 보이는데, 자세한 메커니즘은 미스터리다.

후각뉴런 통해 뇌에 침투할 수도

후각뉴런 표면에 ACE2 단백질이 없지만 그렇다고 바이러스가 전혀 침투하지 못한다고 단정적으로 말할 수는 없다는 연구결과가 학술지 『네이처 신경과학』 2021년 2월호에 실렸다. 베를린의 샤리테대학병원이 주축이 된 독일 공동연구팀은 코로나19로 사망한 33명을 부검한 결과 6명(18%)에서 미세혈전을 발견했고 이와 관련된 것으로 보이는 허혈성 중추신경계 손상을 확인했다. 바이러스가 뇌까지 침투했다는 뜻이다.

이 가운데 3명의 후각망울에서 코로나19 바이러스 RNA에 대한 양성반응이 나왔다. 한편 후각상피 점막에서는 20명이 양성반응이었다. 즉 이 가운데 3명에서 점막에 녹아든 바이러스가 어떤 식으로든 후각뉴런으로 들어가 축삭을 타고 두개골을 가로질러 후각망울까지 이르렀을 가능성이 있다는 뜻이다. 뇌에 바이러스가 침투한 사례 가운데 일부는 후각상피가 진입 경로일지도 모른다. 코로나19 바이러스 감염이 일시적인

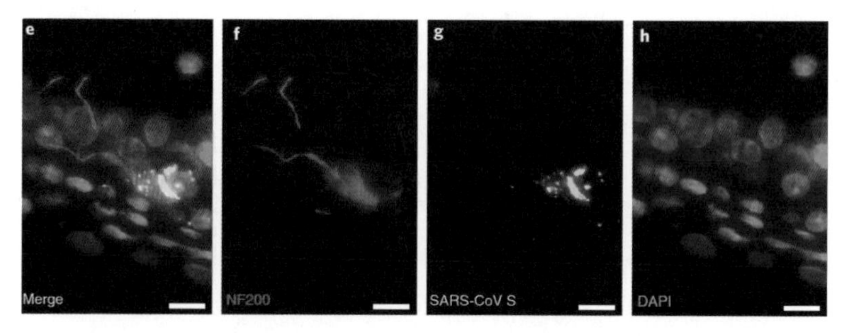

코로나19 사망자의 후각상피 점막을 조사한 결과 후각뉴런도 바이러스에 감염될 수 있음이 밝혀졌다. 왼쪽에서 두 번째는 뉴런을 나타내는 형광(빨간색)이고 세 번째는 바이러스 S단백질을 나타내는 형광(노란색)이고 맨 오른쪽은 세포핵을 나타내는 형광(녹색)이다. 맨 왼쪽은 세 이미지를 합친 것으로 뉴런이 바이러스에 감염됐음을 보여준다. (제공 『네이처 신경과학』)

후각 상실로 그치는 게 아니라 운이 없으면 뇌 손상으로 이어져 목숨을 잃을 수도 있다는 말이다.

갈수록 상실감 커져

후각을 잃는 건 괴로운 일이겠지만 그래도 시각이나 청각을 잃는 것에 비하면 '불행 중 다행'이라고 생각하기 쉽지만 실상은 그 반대일 수도 있다. 후각은 정서와 밀접한 감각이기 때문이다. 냄새의 심리학을 연구하고 있는 미국 브라운대 레이첼 허즈Rachel Herz 교수의 책 『욕망을 부르는 향기』를 보면 후각 상실의 고통이 생생히 묘사돼 있다.

현대사회에서는 교통사고로 후각을 잃는 경우가 가끔 있다. 머리가 부딪칠 때 충격으로 후각상피에서 후각망울로 가는 뉴런의 축삭이 끊어진 결과다. 다른 곳은 부상이 경미해 다행이라고 생각했던 사람들은 하루하루 생활하면서 후각 상실이 심각한 일이라는 걸 깨닫게 된다. 냄새를 못 맡으니 음식 맛을 제대로 느낄 수 없을 뿐 아니라(후각은 미각 이상으로 맛에 기여한다) 음식의 상태도 파악하지 못한다(상한 냄새를 못 맡으므로). 자신과 타인의 체취도 맡을 수 없어 내 몸에서 냄새가 나는 게 아닌지 신경을 쓰게 되고 타인과 친밀한 관계를 맺기도 어려워진다. 그 결과 후각 상실은 우울증으로 이어질 가능성이 높다.

1997년 호주 출신의 록 밴드 인엑세스INXS의 리드 싱어 마이클 허친스Michael Hutchence가 한 호텔에서 목을 맨 채 발견됐다. 조사 결과 자살로 밝혀졌지만 이유를 찾지 못했다. 그러나 한 기자의 추적 조사 결과

호주 유명 록밴드 가수 마이클 허친스는 1997년 37세에 자살했다. 1992년 교통사고로 후각을 잃은 뒤 삶에서 즐거움을 찾지 못하고 극심한 우울증을 겪었다는 사실이 밝혀졌다. (제공 위키피디아)

1992년 일어난 교통사고로 후각을 잃은 뒤부터 허친스가 인생의 즐거움이라고 했던 미식과 여성편력을 더 이상 즐길 수 없게 되자 극심한 우울증이 생겼음이 드러났다. 허즈는 책에서 "후각 상실이 허친스가 자살하게 된 결정적인 요인이었다"며 "후각을 담당하는 신경과 감정을 담당하는 신경이 서로 긴밀하게 연결되어 있다"고 설명했다.

미국의학협회가 펴낸 『영구적 신체장애 평가지침』에 따르면 감각에서 시각이 인생의 가치에 차지하는 비중은 무려 85%인 반면 후각과 미각은 1~5%에 불과하다. 그러나 실제 살다가 감각을 잃은 사람들을 조사해보면 시각 상실의 경우 처음에는 무척 힘들지만 서서히 적응하는 반면 후각 상실은 처음에는 잘 모르다가 시간이 지날수록 불안과 우울증 등 감정적 동요가 심해지는 것으로 나타났다. 찬찬히 생각해보면 수긍이 가는 현상이다. 시각은 청각이나 촉각으로 불완전하나마 일부 기능을 대신할 수 있는 반면 후각을 잃으면 다른 감각으로 1%도 대신할 수 없기 때문이다.

코로나19 장기화에 백신 접종 시작으로 개인 방역이 느슨해졌다. 특히 젊은이들은 어차피 걸려도 감기나 독감 수준이라고 생각하기 쉽다. 그러나 감염으로 인한 후각 상실은 수 주 동안 삶의 질을 꽤 떨어뜨리고 만에 하나 회복 불능이 되면 남은 평생을 일상생활뿐 아니라 감정 측면에서도 힘들게 살아가야 한다는 걸 떠올리며 백신으로 인한 집단면역을 얻을 때까지 경계를 늦추지 말아야겠다.

3-3

파란빛과 코로나 블루

코로나19가 장기화되면서 심리적으로 힘들어하는 사람들도 늘고 있다고 한다. 이런 상태를 나타내는 코로나 블루corona blues라는 용어도 만들어졌다. 여기서 블루는 물론 파란색이 아니라 우울감을 뜻한다.

코로나 블루의 주원인으로는 감염 예방을 위한 사회적 거리두기로 인한 고립감을 꼽고 있다. 특히 은퇴한 노인들이 심각하다. 코로나 환자 수가 통제 범위에 들어온 뒤 종교 활동이 재개되는 등 다소 나아지고는 있지만 여전히 교류에 제약이 많다.

수면장애도 코로나 블루에 기여할 것이다. 코로나19 이후 낮에 야외 활동이나 운동이 줄고 밤늦게까지 TV나 노트북, 스마트폰을 보면서(최근 반년 사이 온라인동영상서비스인 OTT 이용자가 급증했다) 생체리듬이 깨져 수면장애를 호소하는 사람들이 크게 늘었다고 한다. 잠을 제대로 못 자면 기분도 처지기 마련이다.

기분에 영향 주는 직접 경로 있어

지난 2002년 미국 브라운대 데이비드 베르슨David Berson 교수팀은 이 현상을 설명하는 길을 연 놀라운 발견을 했다. 햇빛의 신호에 따라 뇌의 생체시계가 하루 24시간 주기의 리듬, 즉 일주리듬circadian rhythm을 갖

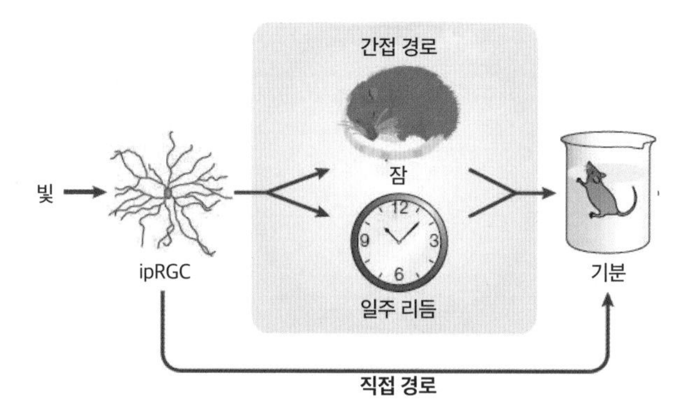

지난 2002년 빛의 정보가 감광신경절세포ipRGC를 통해 시교차상핵으로 전달돼 일주리듬과 수면에 영향을 준다는 사실이 밝혀졌다. 부적절한 시간대의 빛은 생체시계를 교란해 수면장애를 일으키고 그 결과 기분이 우울해질 수 있다(간접 경로). 그런데 2012년 파란빛이 생체시계를 거치지 않고 기분에 영향을 줄 수도 있다는 사실이 밝혀졌다(직접 경로). (제공『네이처 리뷰 신경과학』)

게 하는 제3의 빛수용체인 '감광신경절세포ipRGC'를 망막에서 찾은 것이다.• 이전까지 빛수용체는 빛의 세기를 감지하는 막대세포와 빛의 색을 감지하는 원뿔세포 두 가지였다.

감광신경절세포에는 빛을 감지하는 분자인 멜라놉신이 존재하는데, 파란빛인 파장 480nm(나노미터)에서 가장 민감하게 반응한다. 해가 진 뒤에도 인공조명과 디스플레이에서 나온 파란빛이 어느 강도 이상 존재하는 한 감광신경절세포는 뇌의 기준 생체시계인 시교차상핵SCN으로 계속 정보를 보내므로 생체리듬에 혼란이 일어난다. 그 결과 수면장애가 생겨 고생하다 보면 우울해진다. 결국 부적절한 시간대의 파란빛이 '울적한 기분blues'으로 이어지는 셈이다.

10년이 지난 2012년 베르슨 교수팀은 타이밍이 부적절한 파란빛이 생

• 감광신경절세포에 대한 자세한 내용은『과학을 취하다 과학에 취하다』137쪽 '본다는 것의 의미' 참조

체리듬을 교란하는 간접 경로 외에 직접적으로도 우울한 행동을 유발할 수 있다는 사실을 발견했다. 그리고 수년에 걸친 연구 끝에 2018년 이 경로를 규명했다.

파란빛의 신호 경로를 추적한 결과 감광신경절세포의 일부가 뇌 시상의 특정 영역(pHb)으로 연결되고 이곳의 뉴런이 기분 조절에 관여하는 내측전전두피질mPFC과 중격의지핵NAc으로 가지를 뻗는 것으로 밝혀졌다. 그럼에도 당시 실험은 하루 길이가 7시간(낮과 밤이 각각 3.5시간)이라는 극단적인 상황 설정 아래 이뤄졌다는 문제가 있었다.

밤이 되면 파란빛 정보에 예민해져

학술지 『네이처 신경과학』 2020년 7월호에는 하루 24시간 조건에서도 밤의 파란빛이 위의 경로로 직접 우울감을 유발함을 보인 중국과기대(허페이) 연구자들의 동물실험 결과가 실렸다. 연구자들은 먼저 12시간은 낮(조도 200럭스의 백색광), 12시간은 밤(빛이 없는 상태)인 하루 24시간 주기의 조건에 생쥐를 뒀다. 야행성인 생쥐는 낮에는 잠을 자고 밤에는 활발히 움직인다.

이 상태에서 밤이 시작되고 한 시간이 지난 뒤에 강한 파란빛(400럭스)을 두 시간 켠 뒤 끄는 조건으로 바꾸었다. 어두워져 돌아다니던 생쥐들은 파란빛이 비치는 두 시간 동안 움직임이 미미해졌고 파란빛이 사라진 뒤에야 다시 활발해졌다. 밤이 시작되고 1~3시간 사이 파란빛의 교란을 받았지만 나머지 9시간 동안 밤이 유지돼서인지 생체시계는 영향을 받지 않았다.

그럼에도 새로운 조건에서 3주 정도 지내자 사람으로 치면 우울증에 해당하는 행동의 변화가 나타났다. 즉 물에 빠뜨렸을 때 벗어나려는 움직임이 약해졌고 설탕물에 대한 선호도도 낮아졌다. 한마디로 삶의 의욕이 떨어진 것이다. 원래 밤 조건으로 돌아간 뒤에도 이런 행동의 변화가 3주 정도 이어졌다.

연구자들은 신경 전달 경로를 추적하는 기법을 써서 감광신경절세포의 일부가 시상의 pHb를 거쳐 내측전전두피질과 중격의지핵으로 가지를 뻗는다는 사실을 재확인했다. 그리고 둘 가운데 중격의지핵으로 가는 경로가 부적절한 타이밍의 파란빛에 반응해 우울증에 해당하는 행동을 유발하는 것으로 밝혀졌다.

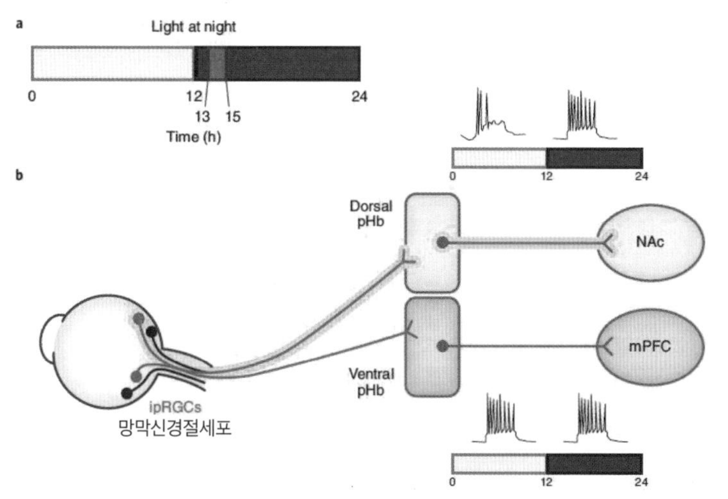

최근 중국의 연구자들은 낮과 밤이 각각 12시간인 하루 주기에서 밤의 앞부분에 두 시간 파란빛을 켜는 조건을 만들어 생체시계의 교란 없이도 생쥐에서 우울증에 해당하는 행동을 유발할 수 있음을 보였고 이 과정에 관여하는 신경회로도 규명했다. 즉 망막에서 파란빛을 감지한 감광신경절세포ipRGC의 일부가 뇌 시상의 등쪽dorsal pHb로 신호를 보내고 여기서 중격의지핵NAc으로 이어진다. 밤에 활동성이 큰 중격의지핵의 담당 뉴런은 부적절한 타이밍의 빛에 반응해 기분을 조절하는 것으로 보인다. (제공 『네이처 신경과학』)

pHb의 신호를 받는 중격의지핵의 담당 뉴런은 생체리듬을 탄다. 즉 낮에는 활동성이 약하고 밤에는 강하다. 그 결과 밤에 들어오는 파란빛 신호에 민감하게 반응한 것이다. 약물로 pHb-중격의지핵 경로를 파괴하자 생쥐는 밤에 두 시간 동안 파란빛이 켜져도 행동의 변화를 보이지 않았다. 반면 pHb의 신호를 받는 내측전전두피질의 뉴런은 생체리듬을 타지 않아 낮과 밤의 파란빛에 모두 반응했다. 부적절한 타이밍의 파란빛이 유발하는 우울증과는 관련이 없다는 말이다.

그런데 생쥐는 왜 파란빛의 정보를 뇌의 생체시계뿐 아니라 기분을 조절하는 부위에도 전달하는 복잡한 시스템을 진화시켰을까. 연구자들은 이 역시 생존 확률을 높이기 위한 진화의 결과라고 해석했다. 즉 이중 안전장치라는 말이다.

생쥐는 잡아먹히기 쉬운 밝은 낮에는 잠을 자고 상대적으로 안전한 밤에 깨어 먹이활동을 한다. 그런데 밤에 밝은 빛을 접하면 위험할 수 있다는 신호이므로 덜 움직이고 먹이활동도 자제하는 게 낫다. 이번 연구에 따르면 감광신경절세포→pHb→중격의지핵 경로가 이런 행동의 변화를 일으킨다. 연구자들은 인류의 마음이 복잡하게 진화하는 과정에서 이 경로가 차용돼 부적절한 타이밍의 빛이 우울증을 일으킨다고 추정했다. 비활동성과 식욕부진은 흔히 보이는 우울증의 행동적 증후다.

낮의 파란빛은 우울감 줄여줘

연구자들의 추측대로 설사 사람에서도 파란빛이 위의 경로를 통해 기분을 울적하게 만든다고 할지라도 이는 어디까지나 타이밍의 문제다.

즉 파란빛이 없어야 할 밤에 존재할 때 일어나는 현상이다. 반면 낮의 파란빛은 오히려 우울증을 완화하는 효과가 있다.

북유럽 같은 고위도 지역에 사는 사람들은 낮이 극단적으로 짧은 겨울철에 계절성우울증을 호소하는 경우가 많은데, 낮에 강한 인공조명을 쪼여주는 게 꽤 효과가 있다. 바로 '빛 치료light therapy'다. 빛 치료 역시 감광신경절세포가 뇌에 신호를 보내 효과가 나타난 결과일 가능성이 크고 그렇다면 이 세포가 민감한 파란빛 영역이 중요할 것이다.

2009년 학술지 『우울 불안』에 실린 논문에 따르면 실제 파란빛이 같은 조도의 빨간빛보다 계절성우울증을 개선하는 효과가 큰 것으로 나타났다. 빛 치료의 효과가 낮을 재현해 생체리듬을 회복하게 한 결과일 뿐인 건지 아니면 적절한 타이밍의 파란빛이 다른 경로를 통해 직접적으로 기분을 좋게 만든 효과까지 더해진 것인지는 아직 밝혀지지 않았다.

지난 수년 사이 파란빛의 유해한 작용이 알려지면서 블루라이트 차단 기술이 널리 쓰이고 있다. 디스플레이나 야간 조명에 적용되는 건 바람직한 현상이지만 무분별하게 적용되는 건 곤란하다.

예를 들어 올해처럼 장마가 길어지면 낮에도 실내가 어두컴컴한 날이 많은데 이 경우 실내조명을 켜야 기분이 처지는 걸 막을 수 있다. 그런데 파란빛 영역을 없애거나 줄인 주황색 조명을 쓰면 이런 효과가 반감될 것이다. 낮 조명과 밤 조명이 따로 필요한 이유다.

최근 인기가 있는 블루라이트 차단 안경도 마찬가지다. 조사를 안 해봐서 파란빛 차단 효과가 어느 정도인지는 모르겠지만 꽤 효과가 있다면 착용에 신경을 써야 한다. 즉 해가 진 시간대에 쓰면 생체리듬을 유지하는 데 도움을 주지만(인공조명이나 디스플레이의 파란빛을 차단해주므로)

해가 뜬 시간대에 쓴다면 오히려 생체리듬을 교란할 것이다. 실내에서 지내는 시간이 많은 현대인들은 안 그래도 낮에 파란빛이 부족한데 블루라이트 차단 안경까지 쓰면 24시간 내내 어스름에서 보내는 셈이기 때문이다.

다음 주 역대 최장이라는 이번 장마가 끝나고 나면 모처럼 바닷가를 찾아 수평선 위아래 온통 파란빛을 실컷 바라보며 코로나 블루를 털어버려야겠다.

3-4

항우울제 패러다임이 바뀔 수 있을까

지난 가을 드라마 <불새>가 리메이크된다는 기사를 읽었다. 2004년에는 미니시리즈였지만 이번에는 아침드라마라고 한다. 기사는 2004년 정혜영 씨(윤미란 역)의 신들린 악역 연기(단순히 악역이라기보다는 영화 <미저리>의 애니 윌킨스의 자학 버전 아닐까)를 얼마나 재현할 수 있을까를 시청 포인트로 삼았다. 당시 드라마를 보지는 않았지만 정 씨가 깨진 유리 조각이 널린 바닥을 맨발로 걸으며 피를 철철 흘리던 충격적인 장면은 얼핏 기억이 났다.

혹시나 해서 한 OTT 서비스 사이트에서 '불새'를 검색해봤는데 있었다. 드라마는 꽤 재미있었는데, 정 씨의 연기도 뛰어났지만 메인 주인공인 이은주 씨의 연기에 깊은 인상을 받았다. 불과 스물네 살의 나이에 이토록 강렬한 자기만의 색깔을 보여줬다는 게 놀라웠다. "향기가 없는 여성은 미래가 없다"는 코코 샤넬의 말에 따르면 이 씨는 분명 앞날이 밝은 배우일 텐데 그 이듬해 자살했다는 게 새삼 안타까웠다. 이 씨 역시 다른 많은 사례처럼 우울증이 깊어진 게 배경이라고 한다.

우울증 환자 연평균 7% 늘어

자살이라는 최악의 결말까지 가지 않더라도 우울증은 당사자뿐 아니라 주변인들의 삶에 깊은 그늘을 드리운다. 힘들게 치료가 돼도 80%는 5

년 이내에 재발하고 우울증 환자의 30% 이상은 기존 약물이 듣지 않는다. 지구촌의 우울증 환자는 매년 늘고 있고 우리나라는 증가율이 연평균 7%에 이른다. 세계보건기구에 따르면 우울증은 사회 경제적 부담이 두 번째로 큰 질병이다.

그렇다고 우울증과 관련된 얘기가 모두 우울한 건 아니다. 지난 달 (2020년 11월) 강력한 차세대 우울증 치료제가 국내에서 출시됐다. 이 약은 기존 약물에 제대로 반응하지 않는 치료 저항성 우울증TRD 환자의 치료에 쓰인다고 한다. 참고로 TRD 환자의 자살률은 일반인의 20배에 이른다. 무려 30년 만에 완전히 새로운 메커니즘을 지닌 항우울제 신약이 나온 것이라고 하니 기대가 된다.

'프로작'이 대표하는 기존의 '선택적 세로토닌 재흡수제'가 뇌의 신경전달물질인 세로토닌의 수치를 높여 효과를 내는 약물이라면(과연 그런지 논란이 있지만), 이번 신약은 우울증과 관련된 뇌의 신경회로를 재구축해 효과를 내는 정신가소제psychoplastogen라고 한다. 이 약물 외에도 현재 다양한 정신가소제가 개발되고 있어 머지않아 우울증이나 중독을

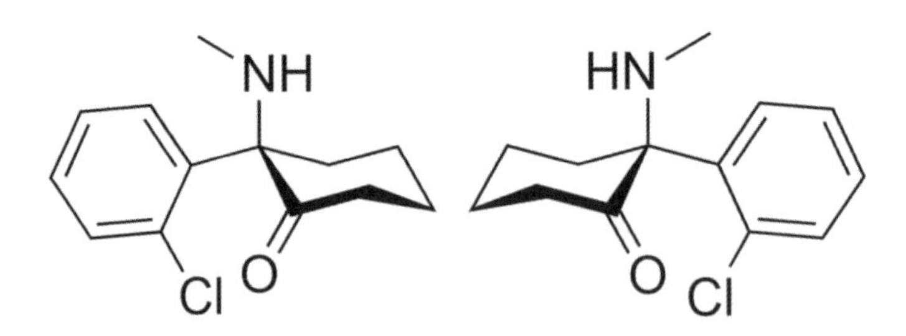

지난 2000년 마취제인 케타민을 저용량으로 쓰면 우울증에 효과가 크다는 사실이 처음 밝혀졌다. 케타민은 광학이성질체 두 분자가 섞여 있는 상태로, 19년 만에 광학이성질체인 에스케타민(오른쪽)이 항우울제로 출시됐다. (제공 『2019 Pharmacist Answers』)

치료하는 데 획기적인 전기가 마련될 것으로 보인다. 이름도 낯선 정신가소제의 세계에 들어가 보자.

치료 당일부터 효과 나타나

이번에 국내에 허가가 난 신약의 성분은 에스케타민esketamine으로 2019년 미국식품의약국FDA이 항우울제로 처음 허가한 약물이다. FDA는 2020년 8월 에스케타민을 자살 충동을 막는 약물로 추가 승인했다.

에스케타민은 마취제인 케타민의 광학이성질체다. 분자를 장갑이라고 치면 케타민은 오른손 장갑과 왼손 장갑이 섞여 있는 상태이고 에스케타민은 왼손 장갑만 있는 상태다. 광학이성질체 하나로 이뤄진 약물은 약효는 높아지고 부작용은 줄어드는 장점이 있지만 대신 값이 훨씬 비싸진다(수율이 절반으로 떨어지고 분리하기도 어렵다).

1970년부터 마취제로 쓰이던 케타민이 항우울제 특성이 있다는 건 2000년 처음 알려졌다. 저용량을 정맥주사하자 즉각적으로 우울증 증상이 개선됐고 그 효과가 꽤 오래 지속됐다. 그 뒤 많은 연구가 이어졌고 19년 만인 2019년 에스케타민이 항우울제로 승인이 난 것이다. 다만 에스케타민은 기존 항우울제와는 달리 병원에서만 투약할 수 있다. 의식분열(해리), 중독성 등 여전히 부작용이 크기 때문이다. 그런데 에스케타민은 어떻게 즉각적이고 효과가 오래 가는 항우울 특성을 보이는 걸까.

2019년 학술지 『사이언스』에는 케타민의 작동 메커니즘을 밝힌 미국 코넬대 연구팀의 논문이 실렸다. 연구자들은 생쥐에게 수 주 동안 스트

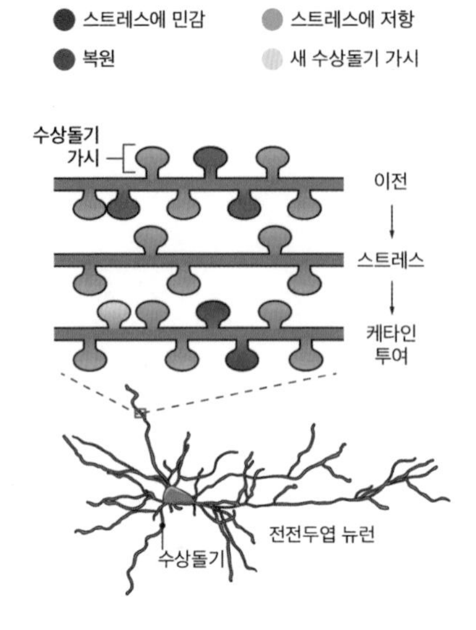

에스케타민은 기존 항우울제와는 달리 전전두엽 뉴런의 신경가소성을 활성화해 신경회로를 정상으로 회복시켜 효과를 낸다. 예를 들어 지속적인 스트레스로 뉴런 수상돌기 가시의 일부가 손상된 상태에서 케타민을 투여하면 손상이 복원되고 새로 생기기도 해 정상적인 신경회로가 복원된다. (제공『사이언스』)

레스를 줘 우울증을 유발한 뒤 케타민을 투여했다.

놀랍게도 약물을 투여하고 불과 3~6시간이 지나자 전전두엽의 뉴런 활성 패턴이 바뀌고 우울증 행동이 개선됐다(활동성이 늘어났다). 그리고 12~24시간 뒤에는 뉴런의 수상돌기 가시dendrite spine가 스트레스 이전 패턴에 가깝게 복원됐다. 수상돌기 가시는 다른 뉴런과 시냅스를 형성하는 부위다. 즉 케타민은 뉴런의 신경가소성neuroplasticity을 높여 신경회로의 정상기능을 회복시키는 약물이다.

지속적인 스트레스로 수상돌기 가시 일부가 파괴되면서 신경회로가 바뀌어 우울증이 유발됐는데 케타민이 이를 하루 만에 복원시켰다는 것이다. 게다가 복원된 신경회로는 한동안 유지되므로 기존 항우울제처럼 지속적으로 복용할 필요가 없다.

사실 한두 번 투약으로 우울 증상을 바로 개선시키는 약물은 케타민 말고도 또 있다. 바로 사이키델릭이다. 우리나라에서는 흔히 환각제

hallucinogen라고 부르는 사이키델릭psychedelic은 정신에 심대한 영향을 미치는 약물로, LSD가 가장 유명하다.• 그런데 최근 수년 사이 케타민이나 사이키델릭의 즉각적인 우울증 개선 효과가 전전두엽의 신경회로를 바꾼 결과임을 시사하는 연구결과가 나오기 시작했다(지난해 발표된 케타민 논문은 이를 엄밀하게 입증한 것이다). 사이키델릭 연구자인 미국 데이비스 캘리포니아대 화학과 데이비드 올슨David Olson 교수는 2018년 발표한 논문에서 신경가소성에 작용해 정신 활동을 변화시키는 약물에 'psychoplastogen'이라는 이름을 붙였다(아직 공식 번역어가 없어 내가 '정신가소제'로 번역했다).

지난해(국내는 11월) 에스케타민이 승인을 받으며 새로운 항우울제 시대가 열리기는 했지만 아직은 널리 쓰이기 어렵다. 정신가소제는 다들 부작용이 만만치 않기 때문이다. 따라서 부작용을 없애거나 줄인 정신가소제가 개발돼야 우울증이나 중독 치료제의 진정한 혁신이 일어날 것이다.

분자구조 바꿔 부작용 100분의 1로

12월 9일 학술지 『네이처』 사이트에는 사이키델릭 이보가인ibogaine의 분자구조를 바꿔 약효는 유지하면서 부작용은 100분의 1로 줄이는 데 성공했다는 연구결과를 담은 올슨 교수팀의 논문이 공개됐다. 이보가인은 아프리카에 자생하는 나무인 이보가(학명 *Tabernanthe iboga*)의 뿌리에 존재하는 알칼로이드 분자다.

•사이키델릭에 대한 자세한 내용은 『과학을 기다리는 시간』 168쪽, 'LSD의 르네상스를 꿈꾸는 사람들' 참조.

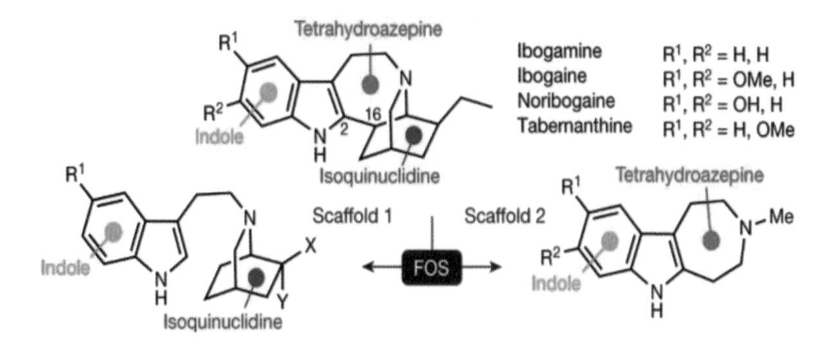

아프리카 자생 식물인 이보가의 뿌리에서 추출한 알칼로이드 이보가인(위)은 사이키델릭으로 우울증과 중독을 완화하는 효과도 있지만 환각이나 심장부정맥 같은 부작용이 문제다. 최근 연구자들은 기능적 지향 합성(FOS) 접근법으로 효과는 유지하면서도 부작용은 크게 줄인 약물(오른쪽)을 개발했다. (제공 『네이처』)

아프리카 부시맨은 이보가 뿌리 추출물을 집단의식이나 치료에 써왔다. 19세기에 이보가는 유럽에 소개됐고 그 주성분인 이보가인이 우울증이나 중독에 효과가 있다는 사실이 밝혀졌다. 중독 역시 뇌 보상회로의 변형에서 비롯되기 때문에 이보가인이 이를 복원하는 게 치료 효과를 낸 것일 수 있다.

이보가인은 특히 알코올중독이나 마약중독에 효과가 커서 한때 프랑스에서는 치료제로 쓰이기도 했지만, 부작용이 심해 지금은 사용이 금지된 약물이다. 환각 작용과 함께 심장에도 악영향을 미쳐 약물 투여 뒤 심부전으로 사망 사례도 여럿 보고됐다. 그러나 버리기엔 아까운 약물이다.

올슨 교수팀은 '기능성-지향 합성' 접근법으로 이보가인에서 부작용을 최소화한 분자를 만들어보기로 했다. 기능성-지향 합성function-oriented synthesis이란 분자의 구조와 기능을 연관시켜 구조를 바꿈으로써 특정 기능(약효나 부작용)을 더하거나 빼는 합성법이다. 이보가인은 세 부분(인돌indole, 테트라하이드로아제핀tetrahydroazepine, 이소퀴누클리딘

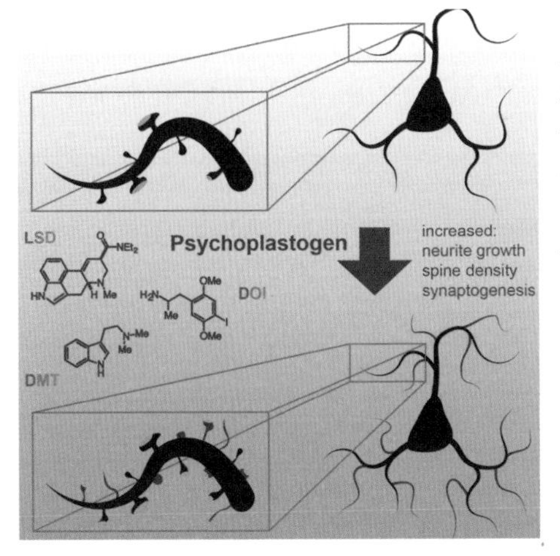

LSD를 비롯한 여러 사이키델릭은 정신가소제psychoplastogen로 신경돌기neurite 성장과 수상돌기 가시spine 밀도, 시냅스생성에 즉각적인 영향을 미친다. 현재 이들 물질의 부작용을 줄인 약물을 설계하는 연구가 활발하게 진행되고 있다. (제공 『셀 리포츠』)

isoquinuclidine)으로 이뤄진 분자다.

인돌은 많은 사이키델릭 분자에 공통으로 들어있는 부분이라 연구자들은 인돌과 이소퀴누클리딘을 골격으로 한 일련의 분자와 인돌과 데트라하이드로아제핀을 골격으로 한 일련의 분자를 만들었다. 시험 결과 이보가인에서 이소퀴누클리딘 부분을 뺀 분자인 IBG는 환각성이 약해졌고 심장에 미치는 악영향도 10분의 1 수준이라는 사실이 밝혀졌다.

추가로 IBG의 구조를 살짝 바꿔 만든 분자인 TBG는 환각성이 더 약해졌고 심장 독성도 10분의 1 수준으로 떨어졌다. 즉 TBG는 이보가인에 비해 환각성이 미약하고 심장 독성은 100분의 1에 불과하다. 그럼에도 신경가소성을 높이는 활성은 여전히 유지하고 있었다.

연구자들은 TBG의 항우울제 가능성을 보기 위해 우울증 상태로 만든 생쥐를 대상으로 강제헤엄시험을 실시했다. 강제헤엄시험이란 생쥐를 물에 빠뜨렸을 때 벗어나려는 노력을 측정하는 방법으로 우울증인 생쥐는 금방 자포자기하는 경향을 보인다. 우울증 생쥐는 TBG를 투여하고 하루 뒤 시험에는 벗어나려는 움직임이 활발했지만, 일주일 뒤에는 원래대로 돌아갔다. 반면 케타민을 투여한 그룹은 일주일 뒤에도 움직임이 활발했다. 항우울제로서는 약효가 상대적으로 떨어진다는 말이다.

다음으로 중독 치료제 가능성을 보는 실험을 했다. 먼저 알코올중독으로, 처음 술(에탄올 20%를 함유한 물)을 접한 생쥐는 쓴맛에 피하지만 반복적으로 노출되면 결국 중독이 된다. 이런 생쥐에 TBG를 투여하자 알코올 섭취량이 2일차까지는 유의미하게 줄었고 5일차에는 원래 수준으로 돌아갔다. 한번 투여로 약효가 이틀은 간다는 말이다. 한편 헤로인 중독 실험을 한 결과 약효가 12~14일 지속됐다. 따라서 TBG는 약물 중독에 효과적인 치료제가 될 가능성이 크다.

2020년 겨울에 접어들면서 예상대로 코로나19 3차 유행이 시작됐고 겨울이 끝날 때까지 이어질 것 같다. 그나마 몇 건 안 되는 연말모임도 다 취소하다 보니 '이러다 나도 코로나 블루에 걸리는 거 아닌가'하는 우울한 생각이 든다. 아마 올해와 내년 우울증 환자가 많이 늘어날 것이다. 지난 달 에스케타민 출시를 시작으로 효과는 크면서도 부작용은 작은 정신가소제가 속속 개발돼 우울증의 덫에 걸린 사람들이 빠져나가는 데 도움을 주기를 바란다.

SCIENCE CAFE SEASON 10
Part. 4
건강·의학

4-1

구강미생물이 대장에 진출할 때 일어나는 일들

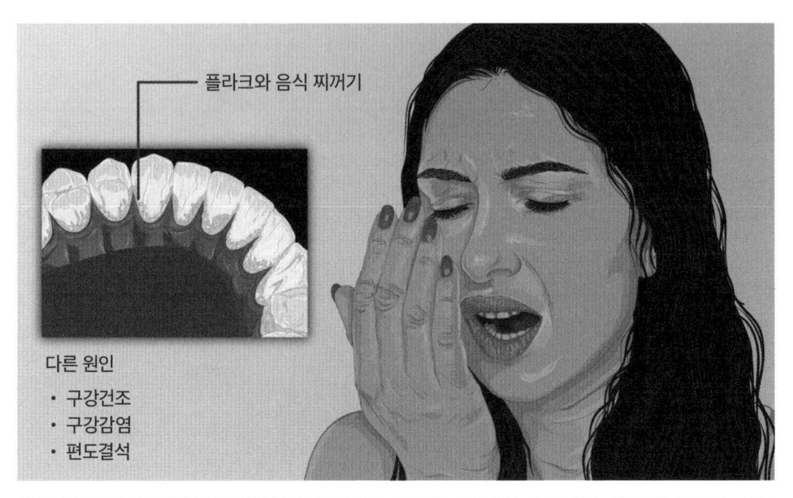

코로나19로 마스크 착용이 일상화되면서 입 냄새로 고민하는 사람들이 늘고 있다. 입 냄새의 90%는 혀나 치아, 잇몸에 존재하는 막인 플라크(바이오필름)에 거주하는 구강미생물이 먹이(음식물 찌꺼기나 죽은 세포)를 대사하는 과정에서 나오는 휘발성 분자 때문이다. (제공 위키피디아)

코로나19가 장기화하면서 외출할 때 마스크를 챙기는 게 일상이 됐다. 마스크를 쓰는 것 자체가 스트레스지만 이로 인해 과거에는 생각지도 못한 스트레스에 시달리고 있는 사람들이 많다고 한다. 바로 구취, 즉 입 냄새다. 마스크 한 장으로 최소한 하루는 버티다 보니 오후에서 저녁으로 갈수록 마스크를 착용할 때 구취로 추정되는 냄새가 점점 더 분명하게 느껴지기 때문이다.

예전에는 내 입에서 입 냄새가 날 거라는 생각을 하지 않았던 사람들이 마스크에 배어있는 냄새에 신경이 쓰여 양치질을 열심히 하고 구강청

결제까지 찾는다고 한다. 이 가운데는 실제로 별 문제가 없는데 과민 반응을 하는 경우도 꽤 있을 것이다. 사실 입 냄새로 고민하는 사람의 절반은 대화할 때 상대방이 알아차리지 못하는 수준이라고 한다.

입 냄새 주범 밝혀져

위나 폐에 문제가 있어도 입 냄새가 날 수 있지만, 십중팔구는 구강미생물이 입 냄새의 원인이다. 즉 혀나 치아, 잇몸에 사는 미생물 가운데 일부가 먹이(음식물 찌꺼기나 죽은 세포)를 대사하는 과정에서 달걀 썩는 냄새가 나는 황화합물 같은 휘발성 물질을 내놓기 때문이다. 혀에 백태가 많이 끼는 사람일수록 입 냄새가 날 확률이 높다.

지난 2007년 혐기성 세균 솔로박테리움 무레이*Solobacterium moorei*가 입 냄새의 주범으로 밝혀졌다. 즉 입 냄새가 있는 사람 13명의 구강미생물 메타게놈 분석 결과 13명 모두에게서 이 박테리아가 존재했다. 반면 입 냄새가 없는 사람 8명 모두 이 박테리아가 없었다. 솔로박테리움 무레이가 치주염과 밀접한 관계가 있다는 사실도 드러났다.

사실 나 역시 입 냄새에서 자유롭지 못하다. 양치질로는 불충분하다고 해서 2~3년 전부터 치실을 쓰기 시작했는데, 어느 날 무심코 왼쪽 위 어금니 사이를 지나간 치실을 코에 가져가 보니 냄새가 꽤 났다. 그런데 왼쪽 아래와 오른쪽 위아래 어금니 사이를 청소한 치실에서는 그런 냄새가 없었다.

그 뒤에도 이런 현상이 계속됐다. 심지어 다른 쪽에서는 치실에 음식

몇몇 구강미생물이 입 냄새를 유발하는 것으로 알려진 가운데 2007년 혐기성 세균인 솔로박테리움 무레이가 주범으로 드러났다. 녹차에 들어있는 폴리페놀 성분인 EGCG가 솔로박테리움 무레이의 바이오필름 형성을 억제한다는 연구결과가 있다. 녹차를 마시는 게 입 냄새를 줄이는 데 효과가 있을까? (제공 위키피디아)

물 찌꺼기가 묻어나와도 냄새가 안 나는 반면 왼쪽 위 어금니 사이는 치실이 깨끗해도 냄새가 났다. 즉 치아 또는 부근 잇몸 표면에 냄새가 배어 있다고 볼 수밖에 없는 결과다.

이런 현상은 구강미생물의 생태계를 다시 생각해보는 계기가 됐다. 구강미생물도 장내미생물처럼 박테리아(세균)와 아케아(고세균) 수십~수백 종이 얽히고설켜 입안이라는 거주지에서 살아가고 있다. 다만 구강에는 늘 액체(침)가 존재하고 혀가 움직이기 때문에 미생물 조성은 동적 평형을 이뤄 전체적으로 비슷할 것이라고 생각했다. 음식물 찌꺼기의 양에 따라 미생물 밀도와 이들이 만들어내는 냄새 분자의 양이 다를 뿐이라는 말이다.

그런데 구강의 특정 영역에서만 냄새가 난다는 건 한 사람의 입안에서도 구강미생물 생태계가 여럿 존재한다는 뜻 아닐까. 마치 성을 차지한 것처럼 어떤 계기로 나의 왼쪽 위 어금니 주변에 솔로박테리움 무레이 같은 입 냄새 미생물이 자리를 잡았고 다른 곳에서는 우점종인 미생물도 이를 공략하지 못하는 상태가 이어진 것으로 보인다.

냄새에 신경이 쓰이고 치주질환이 있는 게 아닌가 걱정이 되기는 했지만, 딱히 아프지도 않은데 괜히 병원에 갔다가 긁어 부스럼이 될 것 같아 망설이고 있었다. 그런데 얼마 전 왼쪽 아래 어금니가 약간 욱신거리고 잇몸도 좀 부은 것 같아 치과를 찾았고 간 김에 코로나19로 올봄엔 건너뛴 스케일링도 받았다.

다행히 약을 먹고 하루 만에 왼쪽 아래 어금니 상태가 좋아졌다. 그런데 이상한 일이 생겼다. 위 어금니 사이를 청소한 치실에서 더 이상 냄새가 나지 않는 것이다! 코가 잘못됐나 싶어 저녁에 치실을 쓸 때마다 확인하고 있는데 확실히 안 난다. 양치질, 치실질에 치간칫솔질까지 해봤지만 소용이 없던 입 냄새가 홀연히 사라진 원인이 무엇일까.

가능성은 두 가지로 보인다. 먼저 처방받은 항생제가 입 냄새 유발 미생물을 죽인 것이다. 실제 솔로박테리움 무레이가 복용한 항생제의 한 성분인 메트로니다졸에 취약하다는 연구결과가 있다. 다른 하나는 치아 표면에 붙은 플라크, 즉 음식물 찌꺼기와 미생물의 혼합물인 바이오필름biofilm이 스케일링으로 제거되면서 입 냄새 유발 미생물의 근거지가 사라진 것이다.

나의 왼쪽 위 어금니 주변 영토를 지키며 살아가던 입 냄새 유발 미생물이 항생제(또는 스케일링)라는 천재지변을 만나 세력이 크게 약해진 상태에서 미처 회복되기 전에 이 땅을 호시탐탐 노리고 있던 다른 구강 미생물의 침입에 궤멸된 게 아닐까. 만일 그렇다면 나로서는 이 냄새 나는 녀석들을 쫓아낸 미생물들이 고마울 따름이다.

그런데 구강미생물이 입안에서만 영토싸움을 하는 건 아니다. 때로는 대장까지 진출해 그곳의 거주민들(장내미생물)과 싸움을 벌이고 드물게 승리를 거두기도 한다. 그 결과 이들이 정복한 영토(대장)까지 초토화시킨다는 게 문제이기는 하지만.

매일 1조 마리 넘게 삼켜

사실 구강미생물은 본인들의 의지와 무관하게 끊임없이 소화관으로 진출한다. 우리가 침이나 음식물을 삼킬 때 딸려 들어가기 때문이다. 최근 연구에 따르면 성인이 하루에 삼키는 구강미생물이 무려 1조 5,000만 마리로 추정된다. 다만 위가 강산성으로 워낙 혹독한 환경이라 중성인 입안에 적응해 살던 미생물은 대부분 목숨을 잃는다.

그럼에도 소수는 살아남아 소장을 거쳐 대장에 이르기도 한다. 여기에는 구강점막과 비슷한 대장점막이 있어 정착할 수 있을 것도 같지만 장내미생물이라는 거주민이 침입자를 그냥 두지 않는다. 그 결과 구강미생물과 장내미생물은 인체를 나눠 각자의 영토에서 삶을 영위하고 있다.

그런데 염증성장질환IBD 환자의 장내미생물 메타게놈을 분석한 결과 몇몇 구강미생물이 꽤 높은 비중을 차지하고 있다는 사실이 밝혀졌다. 클렙시엘라*Klebsiella*속屬과 엔테로박터*Enterobacter*속에 속하는 종들로, 구강에서도 염증이 있을 때 우점종이 되는 경향이 있다. 즉 입안에서 염증을 일으키는 녀석들이 대장에서도 말썽을 부린다는 말이다.

2020년 7월 23일 학술지 『셀』에 이들 구강미생물이 대장에 염증을

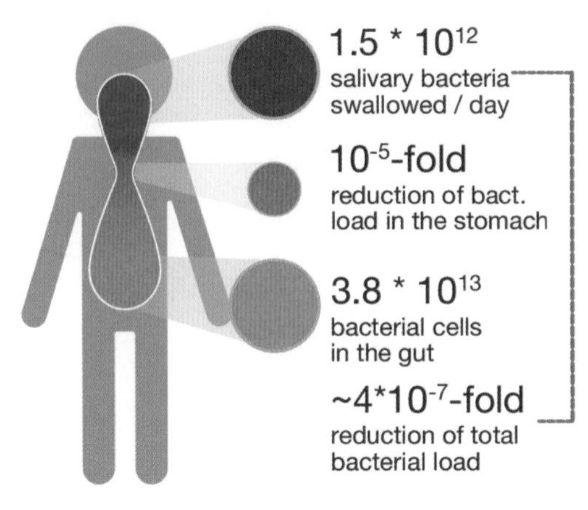

2019년 학술지 『이라이프』에 발표된 논문에 따르면 매일 구강박테리아 1조 5,000만 마리가 침에 섞여 위로 들어가지만 강산 조건에서 10만 마리에서 1마리만 살아남아 장까지 간다. 장내박테리아는 38조 마리나 되므로 장내박테리아 1,000만 마리당 구강박테리아 4마리 비율이다. 건강한 장내 생태계에서는 침입한 구강박테리아가 힘을 쓰지 못하는 이유다. (제공 『이라이프』)

일으키는 메커니즘을 규명한 논문이 실렸다. 미국 미시건대 내과학과 카마다 노부히코Nobuhiko Kamada 교수팀은 평소 장 건강이 안 좋은 사람이 구강 건강까지 안 좋아지면 구강미생물이 장으로 넘어와 장의 문제가 악화될 수 있음을 동물실험(생쥐)을 통해 보여줬다.

연구팀은 무균 생쥐를 대상으로 구강의 건강상태에 따라 구강미생물이 장에 어떻게 영향을 미치는지 알아봤다. 먼저 구강에 문제가 없을 경우 무주공산인 대장에 진출한 구강미생물이 별다른 문제를 일으키지 않았다. 반면 어금니 하나를 실로 묶어 치주염을 유발한 생쥐의 구강미생물은 대장에 가서도 염증을 일으켰다. 치주염이 생기는 과정에서 우점종이 된 미생물은 앞서 언급한 클렙시엘라속 3종과 엔테로박터속 2종으로 밝혀졌다.

그렇다면 장내미생물 생태계가 존재하는 생쥐에서는 어떨까. 구강이 건강한 생쥐는 말할 것도 없고 치주염이 있는 생쥐에서도 대장염이 유발되지 않았다. 즉 장내미생물 생태계가 건강하다면 염증 유발 구강미생물의 침입을 거뜬하게 막을 수 있다는 말이다. 성인의 절반 이상이 치은염이나 치주염을 지니고 있지만, 대부분은 대장염으로 이어지지 않는 이유다.

다음으로 DSS라는 약물을 투여해 대장염을 유발한 생쥐를 대상으로 구강미생물의 영향을 조사했다. 그 결과 구강이 건강한 상태에서 대장염이 유발된 생쥐에 비해 치주염이 있는 상태에서 대장염이 유발된 생쥐는 증상이 더 심했다. 분변의 메타게놈을 분석한 결과 후자에서 클렙시엘라속과 엔테로박터속 구강미생물이 훨씬 더 많았다. 이 녀석들이 대장염을 악화시켰다는 말이다. 연구자들은 여러 분석 기법을 써서 치주염 관련 구강미생물이 대장염 증상을 악화시키는 메커니즘을 규명했다.

구강미생물에 면역계가 휘둘려

치주염은 미생물과 면역계 활동의 부정적인 결과다. 즉 어금니를 실로 묶어 클렙시엘라속과 엔테로박터속 구강미생물이 서식하기 좋은 환경이 조성돼 이 녀석들의 밀도가 높아지면 면역계가 이를 인식해 대응하는 과정에서 염증이 유발된다. 여기에는 수지상세포DC와 Th17세포라는 면역세포가 관여하는 것으로 밝혀졌다.

침이나 음식물과 함께 삼켜져 위로 들어가 운 좋게 살아남은 치주염 유발 구강미생물이 대장염으로 장내미생물 생태계가 부실한 장 환경에 놓이면 어렵지 않게 대장점막에 자리를 잡게 되고 때때로 장벽 세포 사

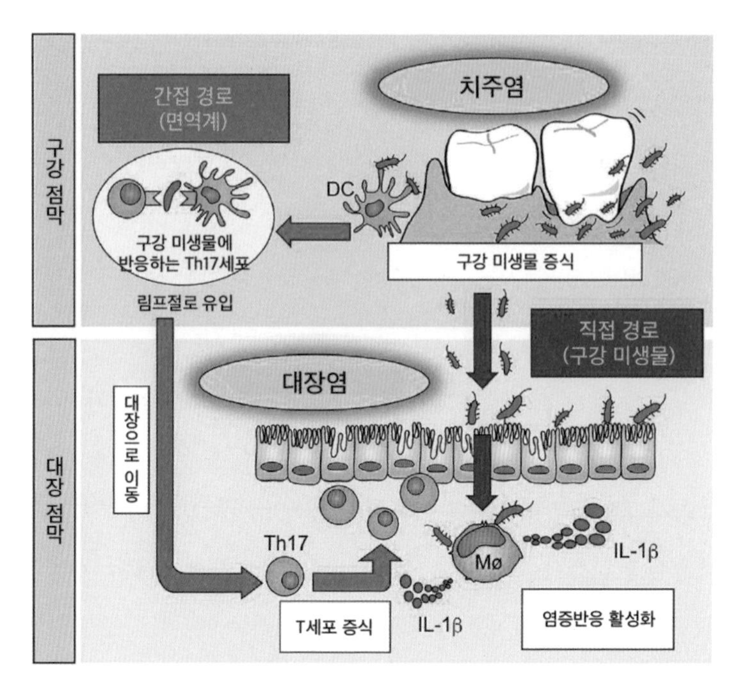

최근 미국 미시건대 연구자들은 치주염을 일으키는 구강미생물이 대장염 증세도 악화시키는 메커니즘을 규명했다. 먼저 직접 경로로, 구강미생물이 대장으로 이동해 정착하면서 이곳의 대식세포(Mφ)를 자극해 염증 반응을 유발한다. 다음은 간접 경로로, 구강미생물에 반응하는 면역세포(Th17)가 림프관을 따라 장으로 이동해 이곳에 정착한 구강미생물을 발견하고 염증 반응을 일으킨다. 그 결과 대장의 염증이 심해진다. (제공 『셀』)

이를 넘나들기도 한다. 이때 골목을 지키고 있는 면역세포인 대식세포가 이 녀석들을 만나면 염증 반응을 유발하는 물질(IL-1β)을 분비한다.

한편 구강에서 치주염 유발 구강미생물에 반응한 Th17세포는 림프관을 통해 대장벽에 이르기도 한다. 대장이 건강한 경우는 별 문제를 일으키지 않지만, 염증이 있어 치주염 유발 구강미생물이 자리를 잡은 상태에서는 이를 인식해 역시 염증 반응을 일으킨다. 그 결과 대장염 증세가 악화되는 것이다.

'이가 좋은 게 오복의 하나'라는 말이 있지만 사실 오복五福에는 치아 건강이 포함돼 있지 않다. 치아를 잃으면 음식을 제대로 먹을 수 없었던 옛날 치아 상태가 오복의 하나인 장수와 밀접한 관계가 있었기 때문이리라. 참고로 오복의 나머지 넷은 부, 평생 건강, 덕을 좋아함, 깨끗한 죽음이다. 그런데 이 속담은 오늘날에도 여전히 유효하다.

치주염 같은 구강질환이 구강의 문제에 그치는 게 아니라 건강 전반에 악영향을 미칠 수 있다는 연구결과들이 많이 나오고 있다. 관련 구강미생물이 혈관으로 들어가 전신으로 퍼지면서 심혈관계질환이나 당뇨병, 심지어 치매도 유발할 수 있다는 것이다.

이번 연구에 따르면 대장처럼 기존 미생물 생태계가 존재하는 장기조차 상황에 따라서는 구강미생물의 공격에 취약할 수 있다. 평소 대장이 안 좋은 사람은 물론이고 위산분비 과다로 위산억제제를 자주 복용하는 사람들도(위에서 살아남는 구강미생물의 비율이 높아진다) 구강 건강에 각별히 신경을 써야 하는 이유다. 코로나19로 매년 정기적으로 받던 스케일링을 건너뛰었다면 이번 기회에 구강 건강을 챙기기 바란다.

4-2

오줌의 재발견

얼마 전 이상한 기사를 읽었다. 대마초를 피워 실형(징역 3년에 집행유예 4년)을 선고받은 한 연예인이 집행유예 기간 불시 소변 검사에서 필로폰 양성반응이 나왔음에도 혐의없음으로 풀려났다는 것이다. 모발 검사에서는 음성으로 나왔기 때문이다.

죄가 있는 사람을 풀어줘도 문제지만 죄가 없는 사람을 유죄로 만드는 건 더 큰 문제이기 때문에 두 검사의 결과가 다를 경우 혐의없음으로 결론 내리는 건 올바른 판단으로 보인다. 그럼에도 이번 결정이 논란이 된 건 과거 이런 사례에서는 투약을 한 것으로 봤기 때문이다. 모발 검사가 소변 검사보다 감도가 낮아 투약 횟수가 적으면 이런 일이 생길 수 있다고 한다. 그렇다면 이번엔 왜 반대가 됐을까.

피의자 측은 소변 검사 결과 자체를 부정하는 대신 소변 시료를 얻는 과정에서 컵에 변기 물이 묻어 약물에 오염된 것이라고 주장했다. 변기 물에 필로폰이 녹아있을 가능성은 거의 없어 보임에도 이 주장이 받아들여졌다는 게 뜻밖이다.

백번 양보해 어떤 과정을 통해 필로폰 가루가 변기 물에 녹아들었다고 쳐도 검사결과를 설명할 수 없다는 게 또 다른 문제다. 소변 검사에서 필로폰(메스암페타민)뿐 아니라 그 대사산물인 암페타민도 검출됐기 때문이다. 만일 필로폰 가루가 변기 물에 녹은 것이라면 인체의 대사산물인 암페타민까지 나온 건 설명할 수 없다.

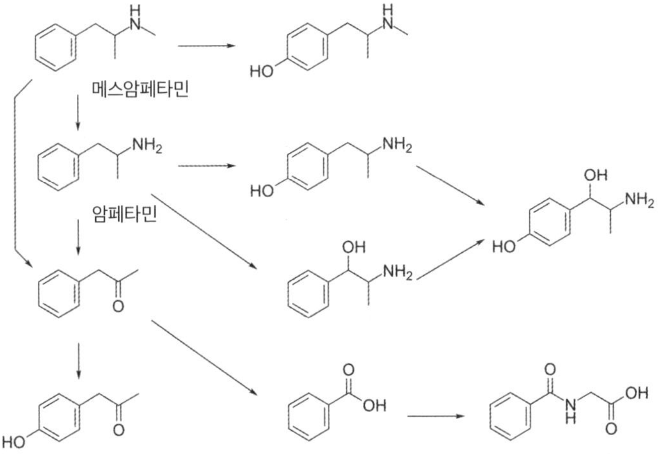

필로폰(메스암페타민. 왼쪽 맨 위)과 대사산물들의 분자구조다. 메스암페타민은 체내에서 대사되는 데 시간이 꽤 걸리기 때문에 복용한 메스암페타민의 30~54%는 그 자체로 오줌으로 배설되고 10~23%는 첫 번째 대사산물인 암페타민(왼쪽 위에서 두 번째)의 형태로 배설된다. 필로폰을 투약한 사람의 오줌을 분석하면 두 분자가 다 검출되는 이유다. (제공 위키피디아)

이번 사건은 누군가에게 피해를 준 건 아니라서 그 연예인이 운이 좋았다며 넘어갈 수 있지만 만일 마약을 한 뒤 교통사고를 낸 가해자에게 이런 식의 결론(단순 과실)이 나왔다면 피해자 측은 억울해서 밤잠을 설칠 것이다.

이번 해프닝을 보면서 지난 7월 학술지 『네이처 음식』에 실린 한 논문이 떠올랐다. 소변에 들어있는 음식물의 대사산물을 분석해 그 사람의 식단을 추정할 수 있다는 내용이다. 음식물에 들어있는 67가지 영양성분과 소변에 들어있는 46가지 대사산물 사이의 연관성을 규명했다는 것이다. 맥주가 연상되는 노르스름한 액체에 이토록 많은 성분이 들어있고 이를 분석해 유용한 정보로 활용할 수 있다니 놀랍다.

소변 내 음식 대사산물 46종 분석

인체가 유지되려면 들어온 만큼 나가야 한다. 즉 음식이 들어와 대사되고 남은 찌꺼기가 배설물로 나간다. 땀은 물론 날숨(이산화탄소)으로도 배설물이 나가지만 주된 통로는 똥과 오줌이다. 우리는 매일 평균 1.4리터의 소변을 보는데, 물이 91~96%를 차지한다. 겉모습뿐 아니라 물의 구성비도 맥주와 비슷한 셈이다. 다만 맥주에서는 알코올(에탄올)이 4~5%를 차지하지만, 오줌에서는 단백질 대사산물인 요소와 미네랄인 나트륨, 칼륨, 칼슘 등이 주성분이다.

오줌 속에는 이 밖에도 수많은 대사산물이 들어있는데, 어떤 음식을 먹었느냐에 따라 종류와 상대적인 양이 다르다. 예를 들어 술을 먹은 날 소변에는 에탄올과 함께 그 대사산물인 에틸글루커로나이드ethyl glucuronide와 아세톤이 들어있다.

소변에 들어있는 음식 대사산물로는 각종 아미노산과 숙신산, 구연산은 물론 지방산도 포함돼 있다. 이런 물질들은 엄밀히 말하면 노폐물이 아니지만, 신장에서 혈액을 거르는 동적인 과정에서 불가피하게 소변으로 배출되는 영양성분이다. 그 결과 하루에 소변으로 빠져나가는 열량은 평균 78칼로리에 이른다. 대변으로 손실되는 열량이 평균 175칼로리이므로 우리가 섭취한 열량의 10% 이상이 에너지로 쓰이지 못하고 똥오줌에 실려 몸 밖으로 나가는 셈이다.

런던대가 주축이 된 영국과 미국의 공동연구자들은 NMR(핵자기공명) 분석법을 이용해 소변에 포함된 음식의 대사산물을 한 번에 분석해 식단을 추측하는 방법을 개발했다. 오늘날 만연한 만성질환의 주요인이 잘못된 식습관임에도 식단을 묻는 설문만으로는 사람들이 먹는 음식을 제대로 파악할 수 없고 따라서 제대로 된 조언을 해줄 수 없기 때문이다. 예를 들어 의사에게 혼날까봐 술을 마시고도 안 마셨다고 답하면 그냥 넘어가기 마련이다.

연구자들은 음식에 들어있는 모든 영양성분, 즉 영양체nutriome의 체내 대사과정 데이터를 통합해 소변에 들어있는 모든 대사산물, 즉 대사체metabolome와 연결했다. 그 결과 분석할 수 있는 67가지 영양성분과 46가지 대사산물 사이의 연관성이 드러났다. 앞서 예로 든 술의 영양성분인 에탄올과 소변 내 대사산물인 에탄올(대사를 거치지 않고 그대로 빠져나온 것)과 에틸글루커로나이드, 아세톤이 양(+)의 관계를 이루는 식이다.

의사가 육류(소고기/돼지고기)는 되도록 피하고 채소와 과일을 많이 먹으라고 조언을 했다고 하자. 환자는 의사의 말을 잘 따르고 있다고 했

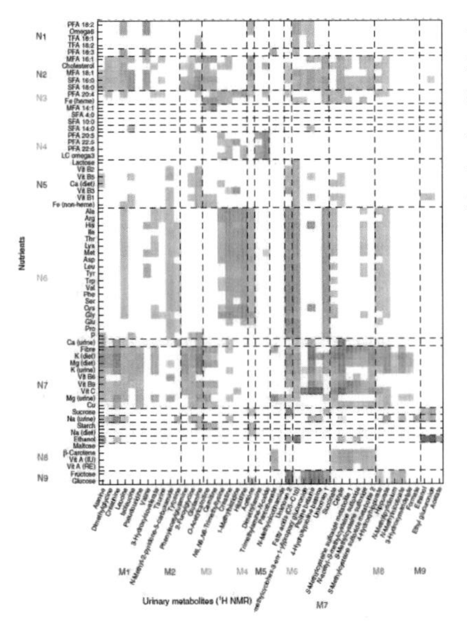

음식의 영양성분(세로축)과 소변의 대사산물(가로축)의 개별적인 관계를 보여주는 지도로 빨간색은 양의 관계, 파란색은 음의 관계다. 소변의 대사체를 분석해 이 관계를 적용하면 어떤 음식을 먹었는지 파악할 수 있다. (제공『네이처 음식』)

는데 막상 소변의 대사체를 보니 육류의 대사산물인 아세틸카르니틴 O-acetylcarnitine과 카르니틴의 수치는 높고 채소를 많이 먹을 때 만들어지는 메틸시스테인설폭사이드 S-methylcysteine sulfoxide와 히푸레이트 hippurate의 수치가 낮다면 역시 거짓말을 한 것이다. 이럴 때 데이터를 제시하며 "아직 부족하니 더 노력하자"며 바른길로 이끌 수 있다.

연구자들은 논문에서 "NMR로 소변 내 음식 대사산물을 분석하는 데 5분밖에 안 걸린다"며 "소변 대사체가 영양과 건강의 관계를 이해하는 열쇠가 될 것"이라고 내다봤다.

내 소변은 몇 점?

런던대 연구자들은 같은 학술지 6월호에 발표한 또 다른 논문에서 소변의 대사체를 분석해 이를 점수화하는 시스템을 선보였다. 연구자들은 소변의 대사체를 분석해 수치화한 식이 대사형 점수 Dietary Metabotype Score, DMS를 만들었다. 세계보건기구 WHO의 지침을 충실히 따르는 식단1을 먹었을 때 DMS는 +1이고 25%만 따르는 식단4를 먹었을 때는 DMS가 -1로 되게 각 대사산물의 계수를 맞췄다. 물론 이 값은 통계적인 평균으로, 똑같은 식사를 해도 개인에 따라 음식 성분별 대사율이 달라 소변에서 측정한 DMS도 다를 것이다.

연구자들은 DMS가 정말 식단을 제대로 반영하는가를 알아보기 위해 참가자들에게 네 가지 식단을 3일씩 주면서 소변의 DMS를 조사했다. 즉 식단1과 식단2(WHO 지침을 75% 따름), 식단3(WHO 지침을 50% 따름), 식단4다. 예를 들어 하루 섭취하는 채소와 과일의 양은 식단1에서 식단4로 갈수록 줄어들고 당분과 지방의 양은 늘어나는 식이다.

평소대로 먹었을 때 참가자들의 DMS가 제각각이었지만 실험에 참여해 식단1로 바꾸자 DMS 차이가 크게 줄면서 대체로 올라갔다. 한편 평소대로 먹다가 식단4로 바꾸자 DMS 차이가 크게 줄면서 대체로 내려갔다. 개인차가 존재함에도 음식의 질이 소변의 대사체에 미치는 영향이 즉각적이고 꽤 큼을 알 수 있는 결과다.

고대 그리스 의사들은 환자의 질병을 진단하기 위해 소변 시료를 담을 플라스크를 갖고 다녔다고 한다. 소변의 색과 투명도, 냄새, 맛, 거품 정도는 몸 상태를 반영하는 거울이었다. 서기 1세기에 활약한 의사 카파도키아의 아레테우스는 오줌의 맛이 달짝지근한 게 주요 특징인 대사질환에 '당뇨병diabetes'이라는 병명을 붙여주기도 했다. 동양의학에서도 오

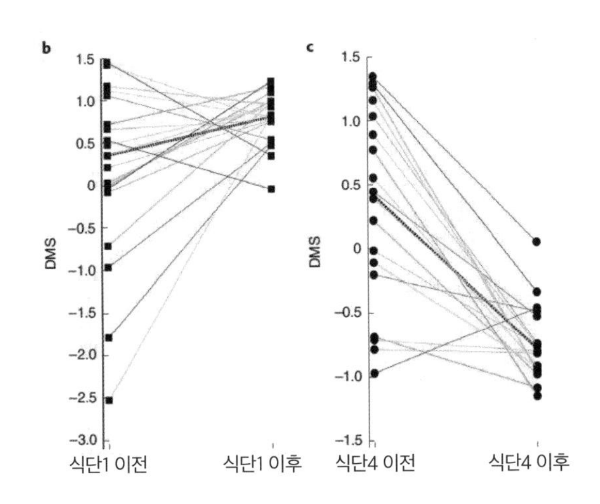

영국 런던대 연구자들은 소변의 대사체를 분석해 수치화한 식이 대사형 점수(DMS)를 만들었다. 사람들은 평소 식단이 제각각이라 DMS 값도 폭넓게 분포하지만, WHO 지침을 충실히 따르는 양질의 식단을 제공받자 상향평준화됐다(왼쪽). 한편 지침을 외면한 질 낮은 음식을 먹었을 때는 하향평준화됐다(오른쪽). DMS가 식단의 질을 평가하는 유용한 지표라는 말이다. (제공『네이처 음식』)

줌은 중요한 진단 지표로 쓰였다.

물론 현대의학에서도 소변 검사가 다양한 질병을 진단하는 데 쓰이고 있지만, 소변의 잠재력을 충분히 활용하지는 못하고 있어 소변의 감각 정보를 적극 활용한 옛 의사들에 비해 퇴보한 느낌도 있다. 이번에 연구자들이 개발한, NMR을 이용한 소변 대사체 분석법은 소변이 건강을 들여다보는 창이라고 믿었던 옛 의사들의 믿음을 현대과학으로 재현하는 첫 발걸음이 아닐까 하는 생각이 든다.

4-3

코로나19와 장내미생물

인도의 코로나19 상황이 서구권에 비해 덜 심각한 게 채식 위주의 식단 때문이라는 해석이 있다. 전형적인 인도의 채식 식단이다. (제공 위키피디아)

스페인독감 100년을 맞은 지난 2018년 독감을 주제로 한 책이 몇 권 나왔다. 나는 그 가운데 미 국립보건원 응급치료국 제레미 브라운Jeremy Brown 국장이 쓴 『Influenza: The Hundred Year Hunt to Cure the Deadliest Disease in History』를 읽어봤다. 3년이 지나 책 내용은 거의 잊어버렸지만 한 가지는 당시 워낙 뜻밖의 사실이었던지라 지금도 기억난다.

스페인독감으로 인도에서 무려 2,000만 명이 사망했다는 것이다. 이는 전체 사망자 5,000만 명의 40%에 해당하는 숫자다. 과거 기사에서 스페인독감을 언급할 때 미국과 유럽을 오가며 유행한 사실만 다뤄온 나로서는 팬데믹의 실상을 재인식하는 계기였다. 인도처럼 인구 밀도가 높고 의료기반이 부실한 나라가 가장 큰 피해를 볼 수 있다는 말이다.

2020년 3월 코로나19가 유럽에서 퍼지며 세계보건기구가 팬데믹을 선언했을 때, 인도에서 벌어질 상황을 예상하니 걱정이 앞섰다. 1년이 지난 지금 인도의 확진자는 1,100만 명이 넘어 미국에 이어 세계 두 번째이고 사망자도 15만여 명으로 미국, 브라질, 멕시코에 이어 4위다.•

스페인독감과 코로나19의 차이

그럼에도 나의 예상보다는 피해가 덜하다. 인도 인구는 14억 명에 가까워 세계 인구의 18%를 차지하지만, 확진자는 세계 확진자의 10%이고 사망자는 6%로 인구 대비 세계 평균보다 낮다. 스페인독감과는 전혀 다른 양상이다. 아프리카의 여러 나라들 역시 예상외로 선전하고 있다. 반면 소위 선진국이라는 서구 나라들이 큰 피해를 보고 있다. 이런 현상을 서구의 개인주의 만연이나 마스크 착용 거부감 같은 사회심리적 요인만으로 설명하기에는 역부족이다. 코로나19라는 병 자체의 특성이 주된 요인일지도 모른다는 말이다.

연령대별 사망률 그래프를 보면 코로나19가 정말 별난 팬데믹임을 알 수 있다. 다른 정보 없이 그래프 패턴만 보면 전문가들도 전체 사망률이나 노화에 따른 만성질환으로 인한 사망률일 것으로 생각하지 전염병의 결과라고는 상상하기 어려울 것이다. 반면 스페인독감의 사망률 그래프는 누가 봐도 무시무시한 전염병의 결과임을 알 수 있다. 즉 스페인독감

• 3월 하순부터 인도에서 코로나19가 폭발적으로 확산하고 있다. 방역이 느슨해진 데다 감염력이 큰 이중 변이 바이러스가 생겨났기 때문이다. 4월 27일 현재 누적 확진자가 1763만여 명, 사망자가 19만여 명에 이른다.

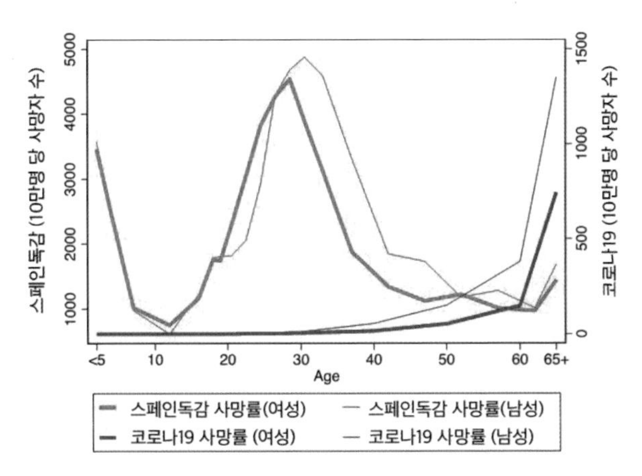

스페인독감과 코로나19의 남녀 연령대별 사망률을 나타낸 그래프다. 스페인독감은 청장년층 사망률이 높아 뫼 산(山)자 패턴을 보이는 반면 코로나19는 나이가 많을수록 사망률이 급증해 전체 사망률을 나타내는 그래프처럼 보인다. (제공 voxeu.org)

의 뫼 산山자 패턴에서 왼쪽(아이)과 가운데(청장년) 봉우리를 날린 게 코로나19의 패턴이다.

스페인독감이 닥치는 대로 칼을 휘두르는 무자비한 팬데믹이라면 코로나19는 강자에는 철저히 몸을 낮추고 약자, 그것도 유독 노인에게 온갖 진상을 부리는 야비한 팬데믹이다. 인도나 아프리카가 사망률이 낮은 것도 노인 인구의 비율이 낮기 때문이다. 즉 코로나19의 병원성은 바이러스보다 숙주의 몸 상태가 더 결정적인 변수라는 말이다.

채식 위주 식단 덕 본 듯

학술지 『사이언스』 2020년 12월 4일자에 실린, '인간의 유전적 적응에 있어 미생물총microbiota의 역할'이라는 제목의 리뷰를 읽다가 인체 거주

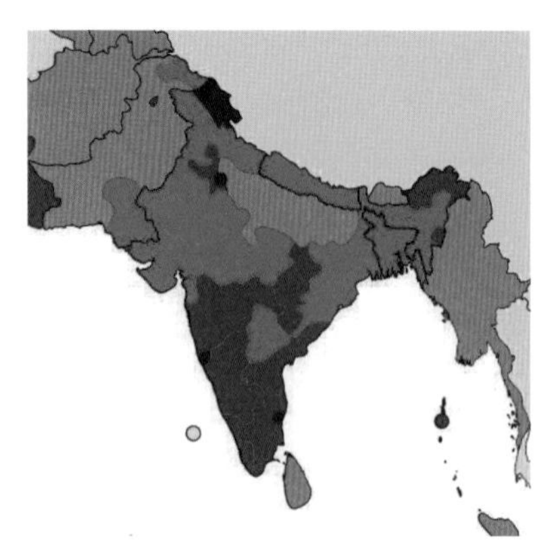

인도의 지역별 10만 명당 확진자 수를 보여주는 그래프로 색이 짙을수록 많다는 뜻이다. 채식 식단인 북인도와 중인도가 잡식 식단인 남인도에 비해 다소 적음을 알 수 있다. (제공 위키피디아)

미생물이 인간이 병원체에 대응해 진화하는 데 미친 영향을 다룬 부분에서 문득 '코로나19 증상에 장내미생물이 큰 역할을 하는 게 아닐까?'라는 아이디어가 떠올랐다.

장내미생물 연구를 보면 육류와 가공식품 섭취가 많은 서구인이 다양한 자연 식재료를 먹는 아프리카인에 비해 종 다양성이 떨어지고 유익균의 비율도 낮다. 채식 위주인 인도인 역시 장내미생물의 조성이 서구인보다 나을 것이다. 한편 나이가 듦에 따라 장내미생물 생태계가 나빠진다는 사실도 알려져 있다. 비만 역시 장내미생물 조성과 밀접한 관련이 있다. 즉 장내미생물 상태가 안 좋을수록 코로나19 증상이 심해지는 것 아닐까. 코로나19와 장내미생물을 키워드로 검색해보니 이미 관련 논문이 여럿 나와 있다.

이 가운데 학술지 『인도 미생물학저널』 2020년 10-12월호에 실린 리뷰가 눈길을 끌었다. 인도 펀잡대 연구자들과 우리나라 건국대 화학과 이정걸 교수가 공동저자로 발표한 '식단, 장내미생물과 코로나19'라는 제목의 논문이다. 논문의 요지는 식이섬유가 풍부한 식물성 식재료 위주 식단이 장내미생물 조성을 인체 건강에 유익하게 만들어주고 그 결과 코로나19 예방에 도움이 되고, 설사 감염되더라도 증상이 덜하게 할 것이라는 주장이다.

우리가 보기엔 인도의 코로나19 성적이 결코 자랑할 게 못 되지만 늘 서구와 비교하는 습관이 든 그들의 관점에서는 꽤 선전하고 있다. 예를 들어 1757년부터 1947년까지 무려 190년 동안 인도를 식민통치한 영국은 인구대비 확진자 수가 인도의 8배이고 사망자 수는 무려 15배에 이른다.

논문에 따르면 식이섬유가 풍부한 채식 위주의 식사를 하면 인체에 유익한 짧은사슬지방산SCFA을 만드는 프레보텔라Prevotella 같은 장내미생물 비율이 늘어난다. 그 결과 면역계 조절이 안정화돼 병원체에 감염됐을 때도 침묵하거나 과민하게 반응하지 않고 적절한 수준으로 대응해 인체에 피해를 최소화하며 넘어간다는 것이다.

한편 인도에서도 지역에 따라 식단이 좀 다르다. 즉 북인도와 중앙인도는 채식 식단이고 남인도는 잡식 식단이다. 그 결과 채식 식단 지역 사람들의 장에서는 프레보텔라가 우점종인 반면 잡식 식단에서는 박테로이데스Bacteroides가 많다. 같은 지역에서도 시골에서는 프레보텔라가도시에서는 박테로이데스의 비율이 상대적으로 더 높다.

흥미롭게도 인도의 지역별 10만 명 당 확진자 수 현황을 보면 남쪽이 좀 더 많다. 계절적 요인을 고려하면 연중 따뜻한 남쪽이 오히려 적어야 할 것 같은데, 정말 식단에 따른 장내미생물 조성 차이가 영향을 미친 결과인지 궁금하다.

장과 폐 연결돼 있어

2020년 11월 26일 학술지 『세포 및 감염 미생물학의 경계』에 발표된 리뷰는 코로나19에서 장내미생물의 역할이 아직 제대로 평가받지 못하고 있다는 주장을 담고 있다. 이탈리아 우르비노대 연구자들은 코로나19 증상의 극단적인 차이는 개인의 면역 항상성immune homeostasis 상태에 따른 것이고 여기에는 장내미생물이 큰 영향을 준다고 설명했다.

예를 들어 코로나19는 폐렴으로 진행하느냐 여부가 증상 경중의 갈림길인데, 장이 건강한 사람은 바이러스의 폐 침투를 억제하고 방어하는 면역계가 제대로 기능하지만 장내미생물에 문제가 있는 사람은 그렇지 못하다. 장내미생물이 내놓는 각종 대사산물이 혈액을 통해 폐에 이르러 면역계에 영향을 미치기 때문이다. 장과 폐가 연결돼 있다는 '장-폐축gut-lung axis'이론이다.

노인들이나 기저질환이 있는 사람들이 폐렴에 쉽게 걸리는 이유 가운데 하나도 이들의 장내미생물 조성이 다양성이 떨어지고 유익균의 비율이 낮기 때문이다. 최근 그 배경으로 주목 받는 것이 바로 다약제복용polypharmacy이다. 즉 고지혈증이나 고혈압, 당뇨 등 만성질환이 있는 사람들은 여러 가지 약을 복용하기 마련인데, 이들 약물이 장내미생물에도 영향을 미친다는 사실이 밝혀지고 있다. 예를 들어 다약제복용자의 장에는 유익균인 비피도박테리움*bifidobacterium*의 비율이 낮다. 항생제만 장내미생물 생태계를 교란하는 게 아니라는 말이다.

따라서 노인이나 평소 장 건강이 좋지 않은 사람은 코로나19를 예방하거나 만일 걸리더라도 증상 완화를 위해 프로바이오틱스나 이들의 먹이인 프리바이오틱스를 복용하는 게 도움이 될 것이다. 논문에서는 구강미생물 락토바실러스 람노서스*Lactobacillus rhamnosus*를 프로바이오틱스로 복용하면 폐렴을 막는 데 도움이 된다는 연구결과도 소개하고 있다. 폐에 상주하는 미생물의 조성이 폐렴 진행에 영향을 미치는데, 락토바실러

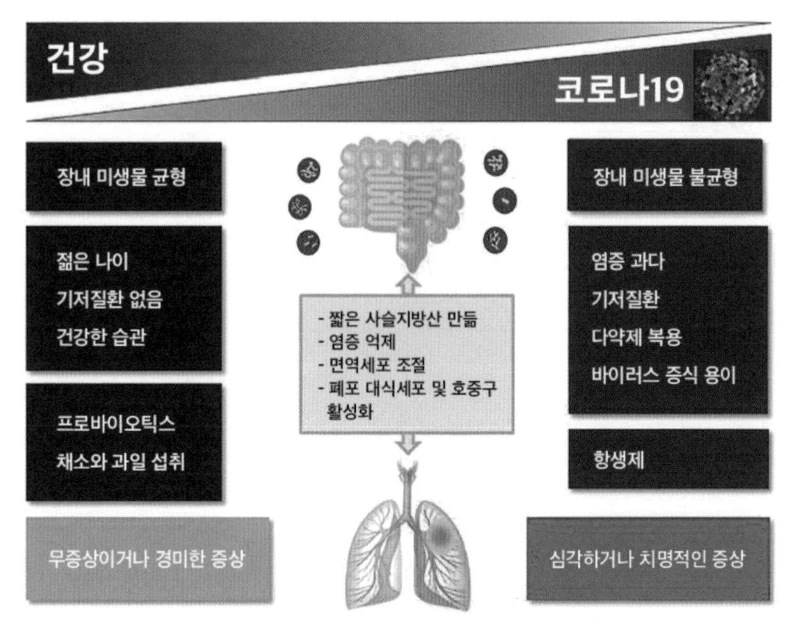

코로나19의 극단적인 증상 분포의 적어도 일부는 장 건강으로 설명할 수 있다는 주장이 잇달아 나오고 있다. 평소 채소와 과일을 많이 먹고 때에 따라 프로바이오틱스나 프리바이오틱스를 복용하면 코로나19를 예방하거나 증상을 완화하는 데 도움이 될 것이다. (제공 『세포 및 감염 미생물학의 경계』)

스 람노서스가 건강한 생태계 유지에 도움이 되기 때문이다.

한편 노년층이 근육 감소를 막기 위해 먹는 유청단백질이나 완두단백질이 장내미생물 생태계를 건강하게 만드는 데에도 도움이 된다는 사실이 밝혀졌다. 이들 단백질이 비피도박테리움과 유산균의 증식은 돕는 반면 박테로이데스 프라길리스 *B. fragilis*와 클로스트리디움 퍼프린젠스 *Clostridium perfringens* 같은 유해균의 증식은 억제하기 때문이다. 과일과 채소에 들어있는 폴리페놀도 비슷한 효과를 보인다. 결국 비만과 대사질환을 예방하는 건강한 식단이 코로나19에 대한 강력한 무기가 되는 셈이다.

인간 유전형도 변수일 듯

'인간의 유전적 적응에 있어 미생물총의 역할' 논문에 따르면 식단이 장의 건강에 미치는 영향이 개인에 따라 꽤 다를 수 있다. 예를 들어 서구인들은 채식 위주의 식사를 하더라도 우리보다 유익한 효과를 덜 볼 가능성이 크다. 이는 서구인과 동양인의 유전적 차이 때문이다.

예를 들어 탄수화물을 분해하는 효소인 아밀라아제 유전자의 복제수는 2~15개로 개인에 따라 편차가 크다. 목축 위주의 생활을 해온 서양인은 탄수화물을 덜 먹었기 때문에 아밀라아제를 많이 만들 필요가 없었고 따라서 복제수가 적게 진화했다. 반면 작물 농사 위주의 동양인은 복제수가 많다.

아밀라아제 효소가 부족한 사람이 채식 위주 식사를 하면 녹말이 미처 분해되지 못한 채 대장으로 넘어가므로 이를 분해하는 미생물이 증식하기 쉽다. 반면 한국인처럼 효소가 많이 분비되는 사람이 채식 위주

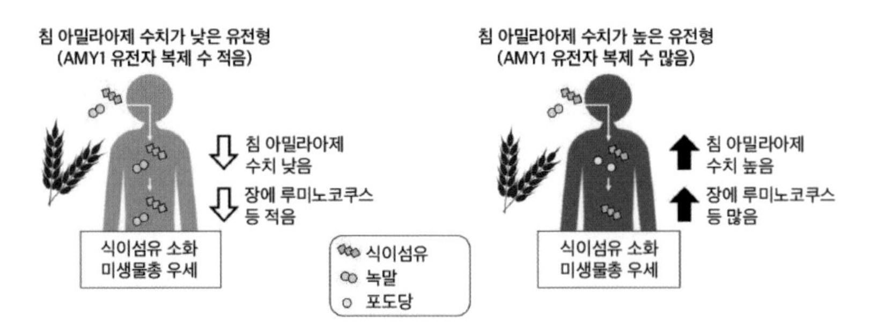

인간의 유전형과 미생물총에 따라 같은 음식을 먹어도 효과가 다르게 나타난다. 예를 들어 서구인들처럼 아밀라아제(AMY1) 유전자의 복제수가 적으면 탄수화물을 섭취했을 때 녹말이 채 소화가 안 돼 대장에서 이를 소화하는 미생물이 우점종이 되면서 식이섬유 소화 미생물이 밀린다. 반면 한국인처럼 복제수가 많으면 대장에 거의 식이섬유만 넘어오므로 이를 소화해 대사산물을 내놓는 미생물(루미노코쿠스 등)이 쉽게 증식해 인체에 더 큰 영향을 미친다. (제공 『사이언스』)

로 먹으면 녹말은 거의 소화가 되므로 식이섬유를 먹이로 하는 루미노코쿠스*Ruminococcus* 같은 장내미생물이 우점종이 돼 SCFA 같은 유익한 대사산물을 만들어 낸다. 동양인들은 식단에 조금만 신경을 써도 장을 건강하게 유지할 수 있게 진화한 셈이다. 반면 서양인들은 식단 개선과 함께 프리바이오틱스도 챙겨 먹는 게 좋을 것이다.

코로나19 확진자와 사망자 패턴의 동서양 비대칭성은 사회심리학과 식단, 유전학의 영향이 복합적으로 반영된 결과가 아닐까.

4-4

스타틴의 재발견

지난주부터 균류(곰팡이)의 세계를 다룬 책 『Entangled Life(얽힌 삶)』를 읽고 있는데 꽤 재미있다. 책의 서론에서 균류에서 얻은 유명한 약물들을 소개하는데 이 가운데 콜레스테롤 저하제인 스타틴Statin도 보인다. 균류 유래 약물로는 알렉산더 플레밍Alexander Fleming이 1928년 푸른곰팡이의 한 종(학명 페니실리움 크리소게눔*Penicillium chrysogenum*)에서 추출한 항생제 페니실린 정도만 알고 있던 나에겐 뜻밖이었다. 게다가 최근 스타틴에 부쩍 관심이 생긴 터라 이참에 스타틴에 대해 좀 더 알아봤다.

콜레스테롤은 우리 몸에 꼭 필요한 생체분자이지만 지나치면 심혈관 질환의 위험성을 높인다. 따라서 콜레스테롤이 많은 음식을 피해야 하지만 몸이 스스로 만들기도 해 과학자들은 일찌감치 이를 억제하는 약물을 찾았다. 특히 1960년대 콜레스테롤 생합성 메커니즘이 밝혀지면서 HMG-CoA 환원효소가 아킬레스건이라는 사실이 밝혀졌다. 즉 이 효소의 작용을 억제하는 약물을 찾으면 혈중 콜레스테롤 수치를 낮출 수 있을 것이다.

푸른곰팡이에서 억제제 발견

1971년 일본 제약회사 산쿄의 연구원이었던 생화학자 엔도 아키라도 HMG-CoA 환원효소 억제제를 찾는 과학자들의 대열에 합류했다. 평소 플레밍을 흠모했던 엔도 박사는 균류에서 새로운 항생물질을 찾는 프로젝트를 하며 덤으로 억제제를 발견할 수도 있지 않을까 기대했다. 균류가 경쟁자인 박테리아를 물리치기 위해 세포벽을 제대로 만들지 못하게 하는 페니실린을 만들었듯이 박테리아가 생존에 필요한 스테롤(참고로 동물이 만드는 콜레스테롤은 스테롤의 하나다)을 만들지 못하게 박테리아의 HMG-CoA 환원효소를 억제하는 물질을 만들 수도 있다고 가정한 것이다.

1973년 일본 제약회사 산쿄의 생화학자 엔도 아키라 박사는 푸른곰팡이의 한 종에서 HMG-CoA 환원효소 억제 성분인 메바스타틴을 발견했지만 동물실험에서 장기 투여 독성이 나타나 제품화에는 실패했다. 만일 메바스타틴이 첫 스타틴 약물이 됐다면 엔도 박사는 노벨 생리의학상을 받지 않았을까. (제공 위키피디아)

엔도와 동료들은 2년이 넘게 균류 6,000여 균주에서 이런 물질을 찾았고 마침내 푸른곰팡이의 한 종(페니실리움 시트리눔*Penicillium citrinum*)에서 HMG-CoA 환원효소의 활성을 강력하게 억제하는 약물을 발견해 훗날 메바스타틴mevastatin이라고 명명했다. 메바스타틴은 박테리아뿐 아니라 동물의 HMG-CoA 환원효소도 억제했지만, 개를 대상으로 한 장기 독성 실험에서 부작용이 만만치 않아 임상시험으로 넘어가지는 않았다. 그 뒤 연구자들은 메바스타틴을 효소로 변형시킨 분자 프라바스타틴을 만들어 1991년 제품화에 성공했지만 '최초의 스타틴 약물'이라는 영예는 이미 다른 팀이 차지한 뒤였다.

1987년 시장에 나와

1978년 미국 제약회사 머크Merk의 연구자들은 역시 균류인 누룩곰팡이의 한 종(학명 아스페르길루스 테레우스*Aspergillus terreus*)에서 HMG-CoA 환원효소의 활성을 강력하게 억제하는 물질을 찾았다. 훗날 로바스타틴lovastatin으로 명명된 이 분자의 구조는 메바스타틴과 거의 똑같았다(세 번째 탄소에 수소(-H) 대신 메틸기($-CH_3$)가 붙어있는 것만 다르다).

동물실험 결과 효과가 뛰어났고 부작용이 거의 없어 1980년 건강한 사람을 대상으로 1상 임상시험을 진행해 긍정적인 결과를 얻었다. 그러나 산쿄의 메바스타틴 동물실험 장기 독성 결과가 알려지면서 겁을 먹은 경영자들은 2상 임상시험 계획을 중단시키고 동물실험을 더 해보기로 했다.

한편 로바스타틴의 효과를 들은 의사들은 심각한 고지혈증으로 상태가 위급한 환자들을 대상으로 이 약물을 적용해도 된다는 허가를 얻어 머크에 약물을 요청했다. 이렇게 진행된 몇몇 소규모 임상이 성공하자 자신감을 찾은 머크는 1983년 본격적인 임상시험에 들어갔고 1987년 미 식품의약국의 승인을 얻어 최초의 스타틴 약물이 탄생했다.

그 뒤 분자구조를 조금 달리해 약효와 부작용을 개선한 스타틴 계열 약물들이 여러 개 나와 오늘에 이르고 있다. 이 가운데 머크의 심바스타틴(로바스타틴을 살짝 바꾼 분자)과 미국 제약회사 화이자의 아토르바스타틴이 가장 널리 처방되고 있다(특허가 풀려 여러 복제약이 나와 있다). 화이자는 1996년부터 2011년까지 아토르바스타틴 독점판매 기간 동안 무려 1,250억 달러(약 140조 원)어치를 팔아 단일 의약품 매출액 기록을 세웠다.

그럼에도(어쩌면 그래서인지) 스타틴은 의료계와 제약업계에 비판적인 시각을 가진 사람들에게 표적이 돼 왔다. 제약업계와 결탁한 의사들이 고지혈증인 사람들에게 겁을 줘 안 먹어도 되는 스타틴을 평생 복용하게 한 결과 심각한 부작용만 얻게 했다는 것이다. 이런 관점에 물든 나도 최근까지 스타틴은 나쁜 약물이라고 막연히 생각하고 있었다. 그런데 최근 한 책을 읽으며 스타틴을 다시 보게 됐다.

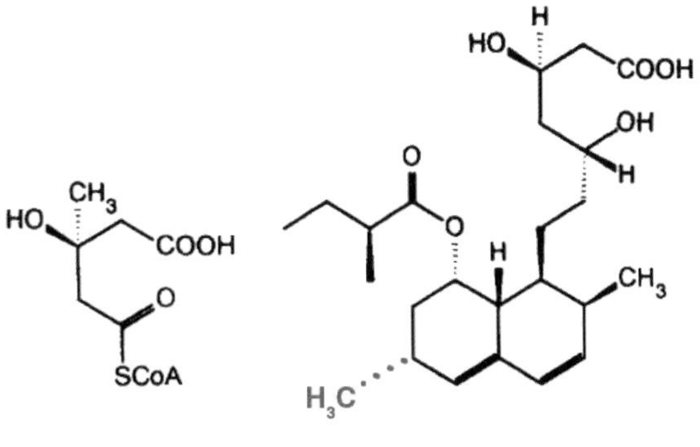

HMG-CoA

Mevastatin (acid form)
Lovastatin

메바스타틴(오른쪽)은 콜레스테롤 생합성의 초기 단계인 HMG-CoA(왼쪽)를 메발로네이트mevalonate로 바꾸는 효소의 작용을 억제한다. 메바스타틴의 분자구조를 보면 오른쪽 윗부분이 HMG-CoA와 매우 비슷해 효소가 더 잘 달라붙는다. 1987년 출시된 최초의 스타틴 의약품 로바스타틴은 메바스타틴 3번 탄소에 수소 대신 메틸기(-CH_3)가 붙은 것만이 다르다(빨간색). (제공 『지질연구저널』)

암 억제 효과 속속 밝혀져

반년쯤 전 개그맨 김철민 씨가 폐암 4기라며 동물 구충제 펜벤다졸을 복용하기 시작했다는 사실을 공개해 화제가 됐다. 당시는 그러려니 했는데 지난 달 근황을 소개한 기사를 우연히 봤다. 몸 상태가 많이 호전됐다는 내용으로 호기심이 생긴 나는 관련 기사를 좀 더 보다가 우연히 『How to starve cancer(암을 굶기는 치료법)』이라는 책을 알게 됐다.

진행성 암 진단을 받고 절망적인 상태에 놓인 저자 제인 맥렐런드Jane McLelland는 포기하지 않고 새로운 치료법을 시행하는 의사들을 찾고 최신 연구결과를 스스로 공부해 자신에게 적용한 결과 암에서 회복했고 2018년 그 과정을 담은 책을 펴냈다. 책 제목에서 짐작할 수 있듯이 저자는 대사의 관점에서 암을 바라보고 있다. 즉 암세포의 생존과 증식에 불리한 환경을 조성하면 암을 이길 수 있다는 것이다. 사이비 과학 같지만 놀랍게도 암의 대사는 최근 핫이슈로 2020년 3월 26일자 학술지 『네이처』에도 '암 치료에 도움을 주는 식이 조절'이라는 제목의 리뷰가 실렸다.

책과 논문에서 암을 굶기는 대표적인 식이 조절로 포도당을 제한하는 저탄수화물 고지방 식단을 소개하고 있다. 암세포는 증식을 위해 포도당에 크게 의존하기 때문이다. 저탄고지의 극단적인 형태가 '케톤식이ketogenic diet'로 암 억제 효과가 뛰어나다는 연구결과가 여럿 나왔다.

그럼에도 맥렐런드는 장기간 케톤식이를 유지하기는 어렵다며 저탄고지를 지향하는 식단을 짜며 아울러 암세포를 억제하는 효과가 있는 여러 약물을 동시에 복용해야 한다고 주장했다(칵테일 요법). 이 가운데 구충제인 메벤다졸(펜벤다졸과 같은 계열이다)도 보이지만 저자가 가장

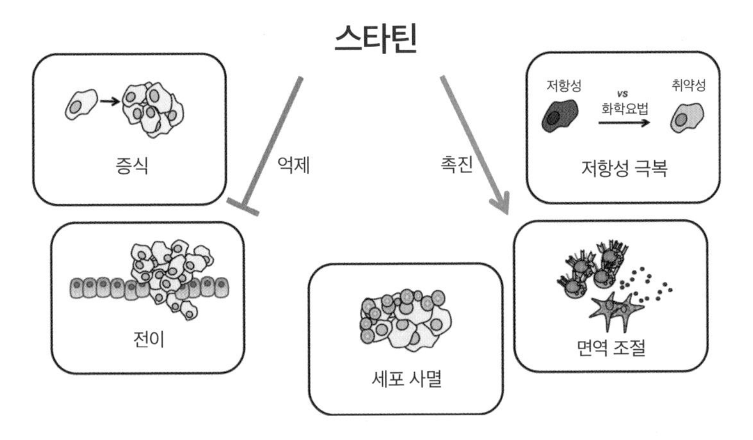

2000년대 들어 스타틴의 암 억제 효과에 대한 논문이 계속 나오고 있다. 2014년 학술지 『약리학 저널』에 발표된 리뷰에 실린 그림으로, 스타틴이 암세포 증식과 전이를 억제하거나(왼쪽) 암세포가 항암제에 취약하게 만들거나 세포사멸에 이르게 유도하거나 면역계를 조절하는 작용을 한다(오른쪽). (제공 『약리학 저널』)

높이 평가하는 약물은 메트포르민과 스타틴이다.

당뇨병 치료제인 메트포르민이 암 억제에 효과가 있다는 얘기는 알고 있었지만 스타틴은 뜻밖이었다.• 메트포르민은 암세포가 갈망하는 혈당을 낮추는 약물이므로 대사의 관점에서 쉽게 이해가 가지만 혈중 콜레스테롤을 낮추는 스타틴은 어떻게 효과를 낼까. 저자는 콜레스테롤이 세포막을 이루는 주요 성분이므로, 스타틴 복용으로 콜레스테롤 생합성에 방해를 받으면 세포 증식이 억제된다고 설명한다.

과연 그럴까 싶어 '스타틴 & 암'으로 검색해보니 스타틴의 암 억제 효과에 대한 연구결과가 꽤 된다. 2020년 초 미국 심장협회 학술대회에서 발표된 미국 듀크대 연구팀의 발표에 따르면 2001~2011년 사이에 대장

•메트포르민의 암 억제 효과에 대한 자세한 내용은 『과학의 위안』 12쪽 '메트포르민, 당뇨약에서 항암제로?' 참조.

암 진단을 받은 2만 9,498명을 5년 동안 추적 조사한 결과 진단 당시 스타틴을 복용하고 있었던 그룹이 복용하지 않은 대조군에 비해 대장암으로 인한 사망률이 38%나 낮은 것으로 나타났다.

2020년 2월 25일자 『미국립과학원회보』에 실린 논문에서 미국 존스홉킨스의대 연구자들은 스타틴이 암세포의 생존에 필요한 GGPP라는 생체물질의 합성을 방해해 암세포를 사멸로 이르게 한다는 연구결과를 발표했다. 이밖에도 최근 수년 사이 간암, 담도암, 전립선암 등 여러 암에 대해 억제 효과가 있다는 국내외 연구진의 논문이 여러 편 나왔다.

다만 이런 약물들은 암의 예방 또는 재발 방지에는 어느 정도 효과가 있을지도 모르지만 치료에서는 기존 항암제와 함께 쓸 때 항암제 단독보다 더 나은 결과를 내는 것으로 보인다. 김철민 씨도 항암제 타그리소(성분명 오시머티닙)와 함께 구충제 펜벤다졸을 복용하고 있다고 말했다.

장내미생물 조성에 영향 미쳐

『네이처』 2020년 5월 21일자에는 스타틴의 또 다른 측면을 밝힌 연구결과가 실렸다. 스타틴과 장내미생물 조성이 관련돼 있다는 것이다. 우리 장에는 수백 종의 미생물이 살고 있는데 그 조성은 사람마다 다르다. 지난 2011년 독일을 비롯한 다국적 연구팀은 33명의 대변에서 메타게놈을 분석한 결과 마치 혈액형처럼 장내미생물도 세 가지 장유형enterotype으로 나뉜다는 것을 발견했다. 즉 박테로이데스속 미생물이 가장 많이 사는 장유형1과 프레보텔라속 미생물이 가장 많이 사는 장유형2, 루미노코쿠스속이 미생물이 가장 많은 장유형3이다.

지난 2017년 벨기에 루뱅대 연구자들은 『네이처』에 발표한 논문에서 장유형을 네 가지로 나눠야 한다고 주장하며 새로 이름을 붙였다. 즉 기존 장유형1을 박테로이데스1형과 박테로이데스2형로 나누고 장유형2는 프레보텔라형, 장유형3은 루미노코카시형으로 명명했다.

이들이 박테로이데스 우점종인 그룹을 굳이 둘로 나눈 건 박테로이데스 비율이 좀 더 높고 종 다양성이 낮은 박테로이데스2형이 장의 염증과 밀접한 관계가 있기 때문이다. 즉 염증성 장질환이 있는 사람의 75% 이상이 박테로이데스2형인 데 비해 질환이 없는 사람은 이 유형이 15% 미만이다. 또 비만이 심해질수록 박테로이데스2형의 비율이 높다.

연구자들은 관련 데이터를 모아 분석하는 과정에서 특정 약물 복용이 이런 관계에 영향을 미치는가를 알아봤고 뜻밖에도 스타틴이 걸렸다. 즉 체질량지수BMI가 30 이상으로 비만인 사람 가운데 스타틴을 복용하지 않는 그룹의 박테로이데스2형의 비율이 17.7%인 데 비해 복용하는 그룹은 5.9%에 불과했다. 반면 BMI가 30 미만인 사람들에서는 복용 여부가 별 영향을 주지 않았다. 연구자들은 다른 데이터도 분석했는데, 스타틴 미복용 그룹은 박테로이데스2형이 16.3%인 반면 스타틴 복용 그룹은 4.7%로 역시 큰 차이가 났다.

박테로이데스2형인 사람은 장 건강이 나빠질 위험성이 큼에도 이를 다른 유형으로 바꿀 마땅한 방법이 없는 상황에서 이번 발견은 주목을 받았다. 다만 아직은 스타틴이 장유형에 영향을 주는 인과관계인지 그저 상관관계인 것인지 알 수 없어 추가 연구가 필요하다고 한다.

내 생각에는 인과관계일 가능성이 더 클 것 같다. 애초에 균류가 박테

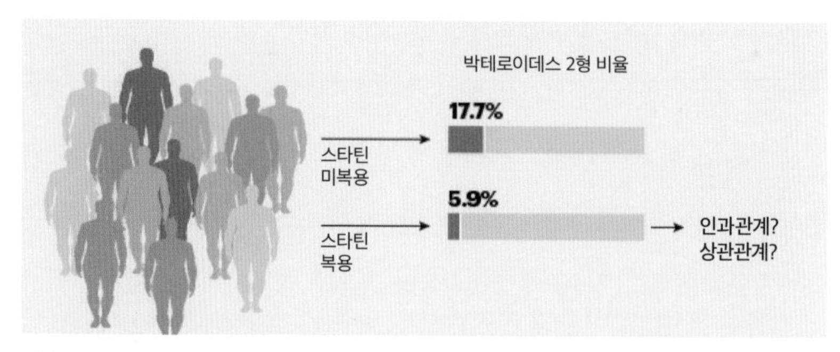

지난 2017년 연구결과에 따르면 네 가지 장유형 가운데 박테로이데스2형인 사람들은 장 건강이 나쁠 가능성이 크다. 예를 들어 염증성 장질환 환자의 75% 이상이 박테로이데스2형이다. 최근 분석 결과 비만인 사람에서 박테로이데스2형의 비율이 스타틴을 복용하지 않는 그룹은 17.7%인 반면 복용하는 그룹은 5.9%에 불과했다. 스타틴이 염증성 장질환 증상을 개선하는 효과가 있을지도 모른다는 말이다. (제공 『네이처』)

리아를 통제할 수단의 하나로 HMG-CoA와 구조가 비슷한 스타틴 분자를 만들어 박테리아의 HMG-CoA 환원효소를 속여 스테롤을 못 만들게 하는 전략을 개발했기 때문이다. 아마도 박테로이데스2형에서 우점종인 박테리아가 스타틴에 좀 더 취약해 세가 위축되면서 다른 장유형으로 바뀐 게 아닐까. 만일 그렇다면 스타틴은 난치병인 염증성 장질환을 치료하는 데 큰 도움이 될 수 있을 것이다.

스타틴 계열 약물의 시장이 워낙 크고 부작용 사례도 적지 않다 보니 어느새 스타틴은 약물에 의존하는 현대의학의 어두운 면을 상징하는 존재가 됐다. 그러나 거대 제약회사가 아무리 막강한 로비를 펼치더라도 보건당국이나 의사, 환자가 바보가 아닌 다음에야 효과는 미미하고 부작용이 큰 약물이 30년 넘게 확고하게 자리를 지킬 수는 없었을 것이다.

머지않은 미래에 메트포르민(유력한 노화 억제제 후보이기도 하다)과 함께 스타틴이 '약방의 감초'가 되지 않을까 하는 예감이 든다.

SCIENCE CAFE SEASON 10
Part. 5
환경·생태

5-1

대기 이산화탄소 농도 증가세를 멈출 수 있을까

우리는 대기 이산화탄소 농도가 두 배가 되면 지구 기온이 3℃ 가까이 오를 가능성이 가장 크고 오차 범위는 ±1.5℃라고 추정한다.
- 1979년 『차니 보고서』에서

'이런 연구가 어떻게…?'

주간 학술지 『사이언스』는 지난 해 마지막 호에서 '2020년 10대 과학 성과'를 발표했다. 그런데 목록을 보다가 고개를 갸우뚱했다. 1년 동안 나온 수많은 연구결과 가운데 뽑힌 열 개에 포함되기에는 너무 평범해 보이는 게 하나 있어서다. 세계기후연구프로그램WCRP의 연구자들이 2020년 7월 학술지 『지구물리학리뷰』에 실은 장문의 논문으로, 기후민감도의 범위가 2.6~3.9℃라는 결과를 얻었다는 내용이다.

기후민감도climate sensitivity란 대기 이산화탄소 농도가 산업혁명 이전의 두 배가 될 때 지구 기온 변화를 뜻한다. 즉 지구 온도가 2.6~3.9℃ 높아질 거라는 예측이다. 연구자들은 대기 이산화탄소 농도 및 지구 표면 평균온도의 변화를 예측하는 물리 모형과 산업혁명 이후 측정 데이터, 수백만 년에 이르는 고古기후 데이터를 종합해 이런 결론에 이르렀다.

이게 뭐 대단한 연구인가 싶었지만 1979년 처음 기후민감도 범위를

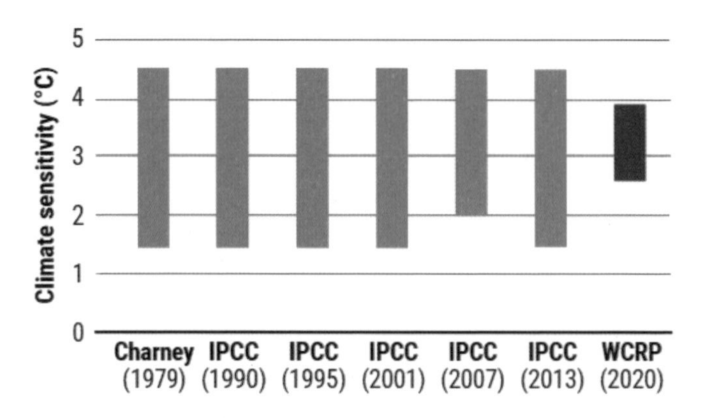

1979년 기후민감도 예측 연구결과가 처음 발표된 이래 40년 동안 범위가 좁혀지지 않았다. 그러나 2020년 마침내 범위를 2.6~3.9℃로 좁힌 연구결과가 발표됐다. (제공 『사이언스』)

1.5~4.5℃라고 예측한 연구가 나온 이래(당시 연구를 이끈 저명한 기상학자 줄 차니Jule Charney의 이름을 따서 『차니 보고서Charney report』로 불린다) 34년이 지난 2013년 기후변화에 관한 정부 간 협의체IPCC가 기후민감도 예측 결과를 발표했을 때도 여전히 이 값의 범위였다.

문제는 하한선과 상한선이 너무 다른 시나리오를 제시한다는 데 있다. 평균 기온이 산업혁명 이전보다 1.5℃만 올라가면 지구가 견딜 만하다. 반면 4.5℃ 상승은 지구를 핫하우스가 되기 직전의 상태로 만드는 값이다. 난방을 하는 온실을 뜻하는 핫하우스hot house는 5℃ 이상 높아져 돌이킬 수 없는 상태가 된 지구를 묘사하는 용어다.•

대기 이산화탄소 농도 증가가 지구온난화의 주범이라는 건 과장이라고 주장하는 사람들은 이 하한선을 근거로 든다. 과학의 예측 범위 안에 있다는 말이다. 그러나 이산화탄소 농도가 1.5배가 된 오늘날 이미 평균

• 핫하우스 지구에 대한 자세한 내용은 『과학의 구원』 13쪽 '핫하우스 지구, 더 이상 픽션이 아니다!' 참조.

기온이 1.1℃ 올라간 걸 생각하면 2배가 됐을 때 불과 1.5℃(지금보다 0.4℃) 더 높아질 것 같지는 않다. 따라서 기후민감도 범위를 좁힐 수 있는 좀 더 정교한 예측 프로그램의 개발이 시급했는데 이걸 해낸 것이다.

이제 하한선을 적용하더라도 2.6℃(지금보다 1.5℃) 더 높아지는 것이므로 지구가 꽤 타격을 입을 거라는 말이다. 따라서 이산화탄소 배출을 줄이는 게 지구촌의 절박한 과제라는 주장이 더 설득력을 얻게 됐고 각국이 좀 더 적극적으로 노력할 것이다. 그렇다면 대기 이산화탄소 농도가 2배에 이르기 전에 최고점을 찍고 내려갈 수 있을까.

내년에 1.5배 돌파할 듯

지금 추세대로라면 이럴 가능성은 낮아보인다. 2000년대 들어 대기 이산화탄소 농도 증가 폭이 오히려 더 커져 매년 2~3ppm씩 늘어나고 있기 때문이다. 이런 식으로 나가면 50년 뒤에는 기후민감도의 실제값을 확인할 수 있을 것이다.

2021년 4월 7일 영국기상청과 미국 스크립스연구소는 하와이 마우나로아관측소에서 측정한 대기 이산화탄소 농도의 3월 평균값이 417.64ppm으로 지난해 5월의 417.10ppm을 넘어섰다고 발표했다. 5월에는 420ppm을 넘을 수도 있다고 한다. 영국기상청은 올해 평균을 416.3(±0.6)ppm으로 예상했다. 따라서 내년이 산업혁명 이전 농도인 278ppm의 1.5배를 돌파하는 해로 기록될 것이다. 산불이나 가뭄 등 자연재해가 극심하면 올해가 될 수도 있다.

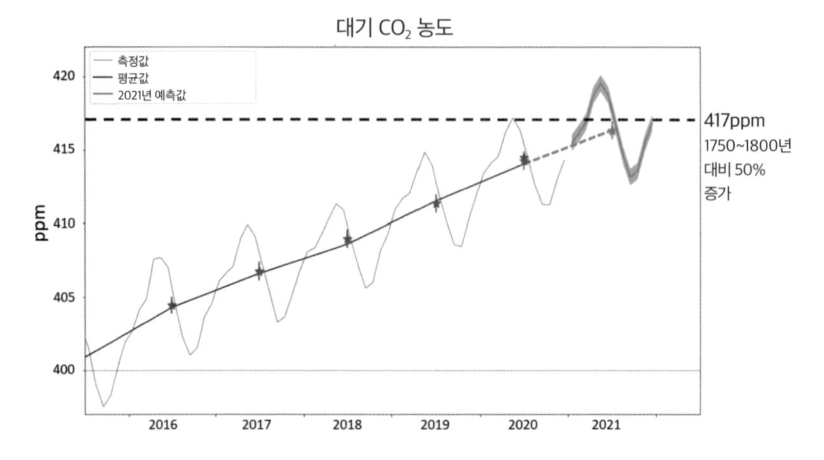

2016년부터 2020년까지 대기 이산화탄소 농도를 보여주는 그래프로 하와이 마우나로아관측소 데이터다. 2021년은 예측값이다. 대기 이산화탄소 농도는 식물 광합성량에 따라 계절 편차를 보이는데, 지난해 정점인 5월 417.1ppm을 기록해 산업혁명 이전 농도인 278ppm보다 50% 증가한 값인 417ppm을 돌파했다. 올해는 3월에 417.64ppm을 기록했고 5월에는 420ppm에 이를 것으로 보인다. (제공 영국기상청)

물론 1.5배인 417ppm을 돌파한 건 지난해 5월이지만 대기 이산화탄소 농도는 계절적 요인, 특히 광합성 양에 따라 오르내림이 있어 5월이 최고점이고 9월이나 10월이 최저점이다. 즉 육상식물과 사람이 훨씬 많은 북반구가 추워 광합성이 줄고 난방을 하는 7~8개월 동안 8ppm 정도 올라가다가 날이 따뜻해 광합성이 활발한 4~5개월 동안 5~6ppm 낮아진다. 즉 1년 주기로 톱니처럼 오르내리지만, 상승 폭보다 하락 폭이 작아 매년 그 차이(2~3ppm)만큼 평균값이 증가하는 것이다. 참고로 지난해 평균은 414ppm이다.

그렇다면 오른쪽이 높게 기울어져 있는 톱을 어떻게 평평하게 만들고 궁극적으로는 반대로 기울게 만들 수 있을까. 매년 이산화탄소가 어디서 얼마나 배출되고 어디서 얼마나 포집되는지 현 상황을 살펴보자.

포집량은 배출량 절반 수준

화석연료로 에너지를 얻은 과정에서 나오는 이산화탄소(CO_2)는 탄소(C) 무게만 따졌을 때 94억 톤에 이른다(이하 2010~2019년 평균). 여기에 토지 용도를 바꾸면서(예를 들어 숲을 파괴해 농지를 만들 때) 나오는 탄소 16억 톤을 더하면 매년 110억 톤의 탄소가 배출된다. 반면 식물의 광합성 등으로 육지에서 포집되는 탄소는 34억 톤이고 플랑크톤의 광합성 등으로 바다에서 포집되는 탄소는 25억 톤으로 둘을 합쳐도 59억 톤에 불과하다.

즉 매년 탄소 51억 톤이 이산화탄소의 형태로 대기에 더해진다는 말이다. 따라서 배출량을 줄이고 포집량을 늘려 51억을 0으로 만들어야 '탄소중립'이 실현된다. 언뜻 봐도 기후민감도의 결과를 확인하기 전에

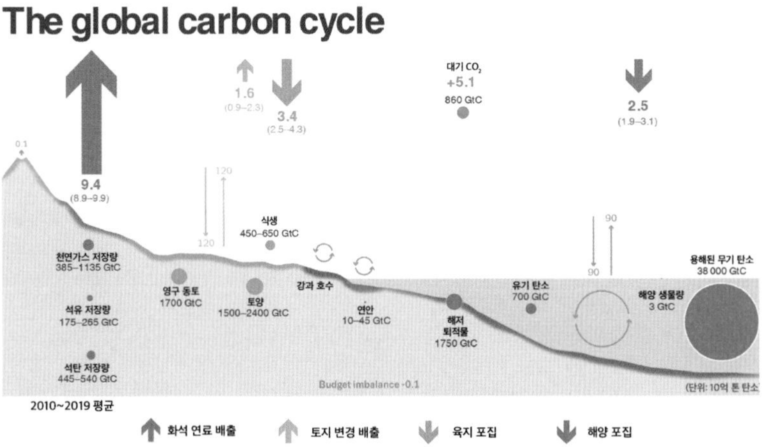

The global carbon cycle

지구 탄소순환을 보여주는 도식이다. 매년 화석연료 연소로 탄소 94억 톤이 배출되고 숲 개간 등 토지 용도 변경으로 16억 톤이 배출돼 총배출량은 110억 톤에 이른다. 반면 육지에서 34억 톤, 바다에서 25억 톤이 포집돼 총포집량은 59억 톤에 불과하다. 나머지 51억 톤은 이산화탄소의 형태로 대기에 더해진다. 그 결과 해마다 대기 이산화탄소 농도가 2~3ppm씩 올라가고 있다. (제공 『지구시스템과학테이터』)

탄소중립에 도달하기는 어려울 것 같다.

먼저 화석연료 발생량을 보면 각국이 재생에너지나 원전 확대 등 열심히 노력하고는 있지만 지구의 인구가 여전히 늘고 있고(현재 78억 명에서 2050년에는 100억 명 가까이 될 것으로 예상) 1인당 에너지 소비량도 늘고 있어 크게 줄이기는 어려워 보인다. 토지 용도 변경에서 나오는 탄소도 식량 및 사료 수요 증가세가 당분간 이어질 것이므로(인구 증가와 육식 선호) 늘지 않으면 다행이다.

그렇다면 포집은 어떨까. 육지 포집량을 늘리려면 나무를 많이 심어야 하지만 숲을 파괴해 경작지를 만드느라 사라지는 나무의 생물량이 더 많아 지금의 포집량을 유지하기도 버겁다. 바다의 포집량도 큰 변화를 기대하기는 어렵다. 자연의 포집만으로는 답이 안 나온다는 말이다.

이산화탄소 1톤 포집 비용 47달러로 낮춰

학술지 『사이언스』 3월 26일자에는 최근 탄소포집기술을 소개한 기사가 실렸다. 이 기술이 상용화에 성공하면 현재 4,000만 톤에 불과한 이산화탄소 포집량을 크게 늘릴 수 있을 것이라고 한다. 기사를 읽고 두 측면에서 놀랐다.

먼저 실증설비pilot plant 단계라고 알고 있었던 탄소포집기술이 이미 상용화돼 쓰이고 있다는 점이다. 현재 세계적으로 30곳이 추가로 지어질 계획으로, 실현되면 연간 포집량이 1억 4,000만 톤으로 늘어날 것이다. 화석연료를 쓸 때 나오는 이산화탄소의 연간 배출량이 350억 톤이므로

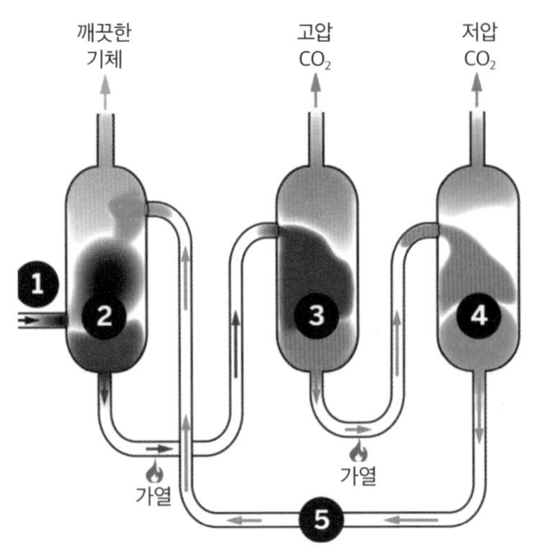

최근 미국 연구자들이 개발한 아민 용매 탄소포집 공정을 보여주는 도식이다. 화력발전소의 연소 기체(1)가 탱크로 들어와 올라가며 위쪽에서 뿌려져 내려오는 아민 용매 방울(청록색)을 만나면 이산화탄소가 흡수된다(2). 이산화탄소를 머금은 아민 용매(짙은 갈색)가 아래 파이프로 배출돼 가열되면 두 번째 탱크에서 고압의 이산화탄소(파란색)가 빠져나간다(3). 잔여 이산화탄소를 머금은 아민 용매(옅은 갈색)가 아래 파이프로 배출돼 가열되면 세 번째 탱크에서 저압의 이산화탄소가 빠져나간다(4). 이산화탄소가 제거된 아민 용매(청록색)가 재활용되면서(5) 위의 과정이 반복된다. (제공 『사이언스』)

그래 봐야 0.4%에 불과하지만 뜻밖이다.

다음은 현재 상용화된 포집 기술이 아민amine이라는 질소화합물을 이용해 이산화탄소를 흡수하는 방법이라는 것이다. 기사에서 소개한 최신 기술 역시 새로운 아민 분자를 만들어 효율을 높이고 비용을 크게 낮춘 것이다. 예전에 탄소포집기술을 소개하는 기사를 썼을 때 아민은 언급하지도 않았던 것 같아 좀 당황스러웠다.

뜻밖에도 아민 탄소포집은 1930년에 특허가 난 뒤 상용화돼 널리 쓰이는 오래된 기술이다. 주로 천연가스에 불순물로 들어있는 이산화탄소와 황화수소를 걸러내는 용도였지만, 1980년대부터 화력발전소에 적용되기 시작해 지금은 사실상 유일하게 상용화된 탄소포집기술로 자리매김했다.

아민 탄소포집의 원리는 간단하다. 화력발전소의 배출 가스가 파이프를 통해 탱크 아래쪽서 들어와 올라가고 탱크 위쪽에 연결된 파이프에서 아민을 20~30% 함유한 수용액 물방울이 분사돼 내려오면 둘이 만나며 이산화탄소가 아민 분자에 잡힌다. 그 결과 이산화탄소가 제거된 기체가 탱크 위로 빠져나가고 이산화탄소를 머금은 아민 수용액은 탱크 아래 파이프를 통해 빠져나간다.

아민 탄소포집의 단점은 아이러니하게도 에너지가 많이 들어가는, 즉 이산화탄소를 꽤 발생시키는 공정이라는 점이다. 이산화탄소를 머금은 아민 수용액에서 이산화탄소를 떼어내고 아민 수용액을 재활용하는 과정에서 열과 압력을 가하는 과정이 필요하기 때문이다. 즉 100℃ 이상 가열하면 수증기가 발생하면서 이산화탄소가 떨어져 나가고 압력을 가해 수증기를 응축시킨 뒤 남은 이산화탄소는 100기압 이상의 고압으로 압축해 보관한다.

현재 이산화탄소 1톤을 포집하는 비용은 58달러(약 6만 5,000원) 수준이다. 미국 에너지부는 2035년까지 이 비용을 30달러로 낮춰야 아민 탄소포집이 대기 이산화탄소 농도에 영향을 줄 수 있는 수준의 규모로 커진다고 보고 있다.

미국 에너지부 산하 퍼시픽노스웨스트국립연구소의 데이비드 힐데브란트 박사팀은 이 문제를 해결하기 위해 2009년부터 물이 필요 없는 아민 용매를 개발하는 연구에 뛰어들었고 지난해 마침내 이상적인 물성을 지닌 2-EEMPA라는 아민 분자를 합성하는 데 성공했다. 즉 기존의 아민 분자들은 물 없이 100%로 쓰면 이산화탄소를 머금으면서 점도가 높아지고 침전물이 생겨 연속공정이 불가능했다.

2-EEMPA는 독특한 분자구조 덕분에 이산화탄소를 머금어도 다른 분자와 서로 들러붙지 않고 침전물이 생기지도 않는다. 또 열을 약간만 가해도 이산화탄소가 쉽게 떨어져 나가 분리되므로 이 과정에 들어가는 에너지를 크게 줄일 수 있다. 지난 3월 학술지 『온실기체조절국제저널』에 발표한 논문에 따르면 기존 방법보다 에너지가 17% 덜 들고 이산화탄소 1톤을 포집하는 비용도 47달러로 계산됐다. 연구자들은 내년에 0.5메가와트급 소형 화력발전소에 2-EEMPA 용매를 쓴 아민 탄소포집기술을 적용한 실증설비를 만들어 시험할 예정이다.

기사에 따르면 미국은 이미 탄소포집저장을 하는 기업에 톤당 50달러의 보조금을 지급하고 있다. 또 지난 3월 의회는 탄소포집프로젝트에 49억 달러(약 5조 5,000억 원)를 지원하는 법안을 발의했다.

우리나라 역시 4월 7일 80여 개 민관기관이 참여한 'K-CCUS 추진단'이 발족했다. CCUS는 '탄소포집활용저장'의 영문 약자다. 탄소포집기술 덕분에 기후민감도의 실제값을 보기 전에 탄소중립을 실현할 수 있을 것 같은 예감이 든다.

5-2

비행기를 타는 게 부끄러운 사람들

우한폐렴(이하 코로나19) 사태가 걷잡을 수 없이 확산되고 있다. 중국은 통제의 범위를 넘어선 것 같고 이제 관심은 세계적인 확산 여부다. 이미 17개 나라에서 환자가 발생했고 일본과 독일에서는 지역사회의 2차 감염자까지 나왔다. 자칫 지구촌의 대재앙이 될까 걱정된다.•

사실 이번 사태가 나기 전까지 우한이라는 도시 자체를 몰랐는데, 1,100만 명으로 서울보다도 인구가 많은 대도시라는 걸 알고 좀 놀랐다. 그렇다 보니 국제적인 인적 교류 규모도 커 2019년 12월 30부터 노선이 중단된 2020년 1월 22일까지 24일 동안 우한에서 우리나라로 온 사람이 6,430명이나 된다.

코로나19 발생 국가와 환자 수를 표시한 지도를 보면 우한에서 시작한 화살표들이 우리나라를 포함한 세계 곳곳에 뻗어 있다. 문득 '해외여행만 아니라면 남(중국)의 이야기일텐데…'라는 생각이 들었다.

2000년대 들어 급증하고 있는 해외여행은 옛날이라면 지역 풍토병이었을 신종 전염성 질환이 순식간에 지구촌 팬데믹으로 격상될 수 있는 가능성을 크게 높이고 있다. 이번 우한발 호흡기 전염병은 이런 우려가 현실이 되는 최초의 사례가 될지도 모른다.

• 이 글은 2020년 1월 29일 발표했다. 나의 예상과는 달리 중국은 코로나19 확산을 완전히 통제하는 데 성공한 반면 다른 나라들, 특히 서구는 속수무책으로 뚫렸다.

코로나19 대유행 여파로 2020년 세계 비행 건수는 1,910만 편으로 전년의 절반 수준으로 급감해 온실가스 배출량도 그만큼 줄었을 것이다. 코로나19의 긍정적인 측면이라고 해야 할까.

이번 사태가 지나간 뒤에도 인류는 끊임없이 비슷한 위협에 시달릴 것이고 전염병의 확산 위험성은 더 커질 것이다. 병원체의 주요 전파 경로인 해외여행이 가파르게 증가하고 있기 때문이다.

전체 이산화탄소 배출량의 2.4% 차지

2019년 9월 국제청정교통위원회ICCT가 발표한 보고서에 따르면 2018년 지구촌의 비행 건수는 3,900만 편에 이르고 탑승객이 40억 명으로 세계 인구의 절반을 넘는다. 게다가 증가율이 연간 5% 수준으로 2050년에는 지금의 3배에 이를 것으로 예상했다.

이처럼 비행기 여행이 급증하면서 전염병 확산 위험성이 높아지는 것은 물론 지구 환경에도 빨간불이 켜졌다. 비행기는 엄청난 에너지(연료)가 들어가는 이동수단이기 때문이다. 보고서에 따르면 2018년 상업비행

상업비행 건수가 연 5% 내외로 가파르게 늘고 있어 2050년에는 현재의 3배에 이를 전망이다. 특히 개발도상국에서 비행기 여행이 급증해 세계에서 성장이 빠른 공항 30곳 가운데 12곳이 중국과 인도에 있다. 2019년 문을 연 중국 베이징 다싱공항의 전경으로, 2022년 세계 최대 규모가 될 것으로 보인다. (제공 위키피디아)

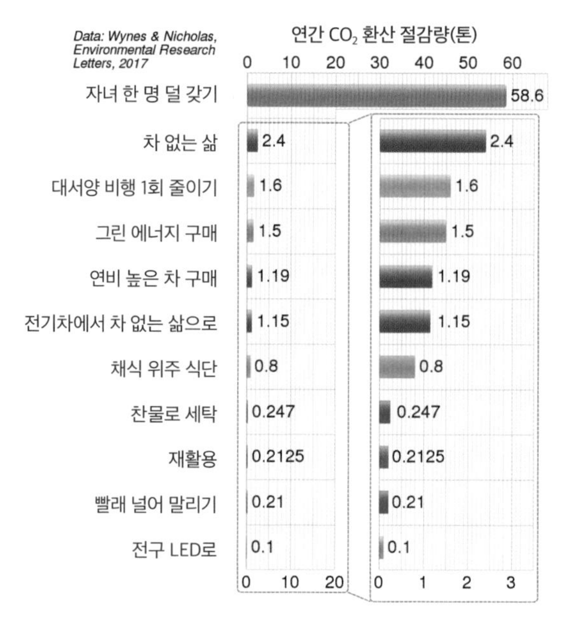

탄소발자국을 줄이는 효과를 비교한 그래프로 오른쪽은 클로즈업한 상태다. 자녀를 한 명 덜 가지면 연간 58.6톤의 CO_2e(이산화탄소 환산)를 덜 쓴다. 유럽과 북미를 오가는 비행기 여행을 한 번 줄이면 CO_2e를 1.6톤 절감해 1년 동안 차 없이 사는 것의 3분의 2에 해당하는 효과가 있다. (제공 위키피디아)

으로 배출된 이산화탄소는 9억 1,800만 톤으로 추정돼 전체 배출량의 2.4%를 차지하고 있다. 이 가운데 81%인 7억 4,700만 톤이 여객기에서, 나머지 19%가 화물기에서 나온다. 여객기 이산화탄소 배출의 40%를 국내선이 60%를 국제선이 차지한다.

국가별로는 세계 인구의 4%에 불과한 미국이 24%로 단연 1위다. 미국 사람은 세계 평균보다 비행기를 6배나 많이 타는 셈이다. 그다음이 중국으로 13%를 차지하고 있다. 인구는 18%이므로 1인당 배출량은 아직 세계 평균에 못 미치지만, 국내외 노선을 이용하는 사람들이 급증하고 있어 조만간 세계 평균을 넘어설 것으로 보인다(중국인 해외 여행자 수가 17년 사이 2,000만 명에서 1억 6,800만 명으로 8배 이상 늘었다!). 이어서 영국, 일본, 독일 순으로 비행기를 많이 타는데, 10위까지의 목록에서 다행히(?) 우리나라는 보이지 않는다.

스웨덴은 비행기 여행 줄어

이처럼 비행기 여행 급증이 세계적인 추세임에도 한 나라는 오히려 줄어들어 시선을 끌고 있다. 바로 스웨덴이다. 2015년 파리기후협약을 계기로 지구온난화의 심각성을 새삼 깨달은 스웨덴에서는 꼭 필요하지 않은 비행기 여행은 자제하자는 '비행 부끄러움 flight shame, 스웨덴어로 flygskam' 개념이 등장해 사람들이 실천하기 시작했다. 그 결과 2019년 비행기 탑승자 수가 전년에 비해 4% 감소했다. 특히 기차로 대체할 수 있는 국내선의 경우 9%나 줄었다(국제선은 2% 감소).

꼭 필요하지 않은 비행기 여행은 자제하자는 '비행 부끄러움' 개념이 확산되면서 스웨덴은 2019년 비행기 탑승자 수가 전년에 비해 4% 줄었다. (제공 emotionalgranularity.com)

한편 독일과 영국에서도 국내선을 없애자는 움직임이 시작되고 있다. 전국에 기차 노선이 거미줄처럼 잘 갖춰져 있으므로 이동에 몇 시간 더 걸리는 불편함을 감수하더라도 비행기 대신 기차를 이용하자는 것이다. 최근 수년 사이 기후변화가 워낙 급격하게 진행되고 있어 이처럼 과격해 보이는 발상이 어떤 식으로든 정책에 반영될 가능성이 있다(예를 들어 비행기 여행에 상당한 탄소세를 물리는 식으로).

가상 학술대회 열려

과학자들도 비행기 여행을 자제하자는 움직임에 동참하기 시작했다. 학술지 『네이처』 2020년 1월 2일자에는 2019년 11월 독일 뮌헨에서 열린 유럽생체시계학회의 컨퍼런스(학술대회) 현장을 소개했다. 대규모 국제

학술대회에는 세계 곳곳에서 수백 명의 과학자가 참석한다. 보통 대학교수들은 1년에 서너 차례 학회 참석차 해외여행을 다니고 초대가 끊이지 않는 저명한 과학자는 학회를 다녀와서도 짐을 풀지 않을 정도다.

그러다 보니 과학자들의 연구비 가운데 상당 부분이 학회 참석 경비에 들어가고 이들이 비행기 여행을 하면서 배출하는 이산화탄소의 양도 엄청나다. 최근 기후변화로 인한 지구의 위기가 턱밑까지 치고 올라오자 몇몇 과학자들이 이런 관행에 의문을 제기하기 시작했고 학술대회에 '화상회의' 방식을 도입하기 시작했다.

2019년 11월 열린 유럽생체시계학회 컨퍼런스는 이런 변화를 대규모 학술대회에 적용한 최초의 사례다. 학술대회가 진행되는 동안 세계 32개 나라에서 관련 연구자들이 대형 화면을 통해 발표를 지켜보고 토론

2019년 11월 독일 뮌헨에서 열린 유럽생체리듬학회 가상 컨퍼런스 현장을 촬영하고 있는 모습이다. 세계 32개 나라에서 450여 명이 참여했지만, 대다수는 자기 나라에서 화면으로 발표를 지켜보고 SNS를 통해 토론에 참여했다. (제공 Veronika Kallinger/Mediaschool Bayern)

을 했다. 학술대회에 '참석한' 과학자 450여 명 가운데 거의 60%가 트위터를 통해 의견을 개진했다.

주최 측은 심리학자까지 불러 가상 학술대회가 기존 학술대회의 이점인 '네트워크 구축과 대면 접촉'을 어느 정도까지 대신할 수 있는지 평가하게 했다. 아직 결론은 나오지 않았지만 주최 측은 가상 컨퍼런스에 만족하면서 앞으로도 가능한 한 해외여행이 필요 없는 학술대회를 늘려나간다는 방침이다. 다른 과학 분야에서도 가상 학술대회가 점차 도입될 것으로 보인다.•

불과 한 세대 전부터 본격적으로 해외여행이 시작된 우리나라 사람들에게 '비행 부끄러움' 같은 개념은 생소할 것이다. 이제 해외여행의 맛을 좀 알 것 같은데 전염병 확산이나 이산화탄소 배출 같은 부정적인 이미지를 덧씌우니 김이 샐 노릇일 수도 있다.

그러나 우리나라는 이산화탄소 배출 후진국으로 악명이 높다. OECD 국가들의 2017년 이산화탄소 배출량이 10년 전에 비해 평균 8.7% 감소한 데 비해 우리나라는 유독 24.6%가 증가했고 1인당 배출량은 세계 평균의 2배가 넘는다.

코로나19 대유행 때문에 해외여행을 취소하게 돼 속이 상한 사람들은 '비행 부끄러움' 개념을 떠올리면 조금이나마 위안을 얻을 수 있지 않을까.

• 코로나19 대유행으로 사실상 모든 학술대회가 가상으로 열리고 있고 사태가 끝난 뒤에도 가상 학술대회가 큰 비중을 차지할 것으로 보인다.

5-3

벼가 물에 잠겼을 때 일어나는 일들

2018년 기록적인 무더위로 지쳐갈 때 기상당국의 희망고문이 있었다. 처음에는 8월 10일 경이면 끝날 거라더니 15일, 20일, 25일로 몇 차례 연기되며 결국 폭염 일수와 열대야 일수 기록을 세웠다(서울은 각각 31.4일과 17.7일).

올 여름(2020년)은 장마 희망고문이 이어지고 있다. 8월 초면 끝난다더니 10일, 14일, 16일로 늦춰지고 있다. 8월 11일로 중부지방 최장 장마 기록인 49일에 이르렀고 16일에 끝난다면 무려 54일이라는 신기록을 세우게 된다.

기록적인 장마 덕분에 폭염과 열대야를 겪지 않아도 되는 게 그나마 다행이라고 위로해야 할까. 그러기에는 장마철 호우로 인한 피해가 너무 심하다. 특히 지난 주말 남부지방의 수해 광경은 충격적이었다. 물이 차올라서 떠내려가다 엉겁결에 한 주택의 지붕 위에 올라가 피신해 있던 소들이 물이 빠진 뒤 내려오지 못하고 두리번거리는 모습을 담은 사진 한 장이 모든 걸 말해주고 있다.

• 이 글은 2020년 8월 11일 발표됐다. 실제 중부지역의 장마가 이날 공식적으로 끝나 6월 24일부터 8월 16일까지 54일이라는 기록을 남겼다. 장마철 전국 평균 강우 일수도 28.3일로 가장 길었다. 전국 평균 강우량은 693.4mm로 1973년 699.1mm에 근소하게 뒤진 2위를 기록했다.

침수로 인한 피해 막대

그래도 사람이나 소 같은 동물은 피할 수라도 있지 식물은 꼼짝없이 침수를 견뎌야 한다. 올해 장마 폭우로 침수된 농경지는 8월 9일 14시 현재 2만 4,387헥타르로 추산되는데 이 가운데 85%인 2만 655헥타르가 논이었다.•

이번 주도 폭우가 계속되고 있어 장마가 끝날 때까지 침수 면적이 더 늘어날 것으로 보인다. 우리나라 전체 논 면적이 83만 헥타르이므로 이번 장마로 대략 3%는 물에 잠기지 않을까.

그러나 이게 곧 쌀 수확량이 3% 준다는 걸 뜻하지는 않는다. 폭우로 벼가 완전히 물에 잠기더라도 대부분 24시간 이내에 물이 빠지기 때문이다. 만일 하루 이틀 침수가 이어지면 물이 빠진 뒤에도 벼가 완전히 회복하지 못하고 따라서 수확량에 차질이 생긴다. 침수가 3일 이상 이어지면 벼가 죽기 시작해 농사를 완전히 망친다.

우리나라에서는 이런 극단적인 일이 거의 일어나지 않지만, 우기에 많은 비가 내리는 남아시아와 동남아시아에서는 침수로 인한 수확량 감소로 매년 10억 달러(약 1조 1,000억 원)가 넘는 손실을 보고 있다. 최근 급격한 기후변화로 침수로 인한 피해가 점점 더 늘어나는 추세다.

그런데 벼 가운데는 장기간 침수에도 살아남는 품종이 몇 가지 있다. 이들 품종의 전략은 두 가지로 나뉜다. 먼저 물에 잠긴 채 버티는 전략을 쓰는 종류로 완전히 잠긴 채 2주 동안 생존할 수 있다. 다른 하나는 물에 잠겼

• 긴 장마와 수차례의 태풍으로 2020년 침수나 낙과로 피해를 입은 농경지는 12만 3,930헥타르에 이르렀다.

긴 장마 동안 폭우로 침수된 논의 면적이 2만 헥타르를 넘었다. 다행히 대부분 24시간 내에 물이 빠져 벼의 생장에 큰 지장을 주지는 않을 것으로 보인다.

을 때 줄기가 급격히 자라게 해 수면 위로 머리를 내밀어 살아남는 종류다.

기후변화로 인한 침수 피해가 늘어나면서 이들 벼의 생존 메커니즘을 규명하려는 연구가 진행됐다. 물에 잠긴 채 버티는 전략의 비밀은 2006년 일찌감치 밝혀졌고 키를 키워 윗부분이 물 밖으로 나오게 하는 메커니즘이 최근 규명됐다. 이를 계기로 벼가 물에 잠겼을 때 일어나는 일들을 살펴보자.

뿌리에 통기조직 발달

육상 동물은 물에 빠져 산소를 공급받지 못하면 수 분 만에 죽는다. 육상 식물도 물에 잠기면 마찬가지로 산소 부족으로 죽는다. 다만 동물에 비해 그 과정이 훨씬 느리게 진행될 뿐이다. 사실 벼는 물과 친한 식물이기 때문에 비교적 침수에 강한 편이다. 논을 보면 알 수 있듯이 벼는 뿌리와 줄기 일부가 늘 물에 잠겨 있어도 생존이나 성장에 전혀 지장이 없다.

벼는 뿌리에 통기조직aerenchyma이라는, 기체로 채워진 공간이 잘 발달해 있다. 물 위에 노출된 줄기와 잎에 존재하는 산소가 통기조직을 통해 뿌리로 확산하므로 논에서도 별 탈 없이 잘 자란다. 그러나 홍수로 식물 전체가 물에 잠기면 얘기가 달라진다. 산소의 공급이 끊기기 때문이다. 게다가 십중팔구는 흙탕물이어서 잠긴 벼에서는 광합성이 일어나지 않아 산소를 발생시키지도 못한다.

침수로 광합성을 못하면 포도당이 만들어지지 않지만 한동안 버틸 수 있다. 식물체에 저장해 둔 녹말을 포도당으로 분해해 쓰면 되기 때문이다. 포도당은 세포 내에서 피루브산으로 바뀌는데, 이를 해당과정이라고 부른다. 그 뒤 피루브산은 세포 내 발전소인 미토콘드리아로 들어가 에너지 분자인 ATP를 만드는 연료가 된다. 그런데 문제는 이 과정에 산소가 필요하다는 것이다. 침수로 산소 공급이 끊기면 미토콘드리아가 연료인 피루브산을 태울 수 없어 작동이 멈춘다. 동물은 이런 상황에서 얼마 버티지 못하고 죽지만 식물은 이를 대신할 비책을 마련해 뒀다. 바로 에탄올 발효 경로를 켜는 것이다.

즉 산소가 없어 미토콘드리아가 무용지물이 돼 피루브산 농도가 올라가면 이를 아세트알데히드로 바꿔주는 효소와 아세트알데히드를 에탄올로 바꿔주는 효소가 늘어난다. 이 과정에는 산소가 필요하지 않기 때문에 발효라고 부른다. 식물은 에탄올 발효 경로를 통해 포도당 한 분자에서 ATP 세 분자를 얻을 수 있다. 미토콘드리아 세포 호흡의 10분의 1 수준이지만 생존에 큰 도움이 된다. 그러나 침수가 길어지면 쓸 수 있는 녹말도 고갈되고 발효로 세포질의 산성도가 커지면서 세포 손상이 일어나 결국 식물체가 죽게 된다.

벗어나는 대신 견디는 전략 택해

벼는 이렇게 얻은 에너지의 일부를 줄기를 생장시키는 데 사용한다. 키를 키워 윗부분이라도 물속을 벗어나게 하려는 전략이다. 이게 성공해 식물체의 일부라도 공기와 만날 수 있게 되면 광합성이 재개되고 산소도 공급받을 수 있어 죽음의 위협에서 벗어날 수 있다. 우리나라에서 재배하는 벼를 비롯해 벼 대부분은 이런 전략을 취하고 있다.

그러나 줄기가 자랐음에도 여전히 물속에 잠긴 상태라면 에너지 낭비로 오히려 죽음을 재촉하는 결과가 된다. 호우가 잦아 논이 오랫동안 침수되는 일이 흔한 지역에서는 이 전략이 통하지 않을 때가 많다. 대신 에너지 소모를 최소화해 물이 빠질 때까지 버티는 전략이 생존확률을 더

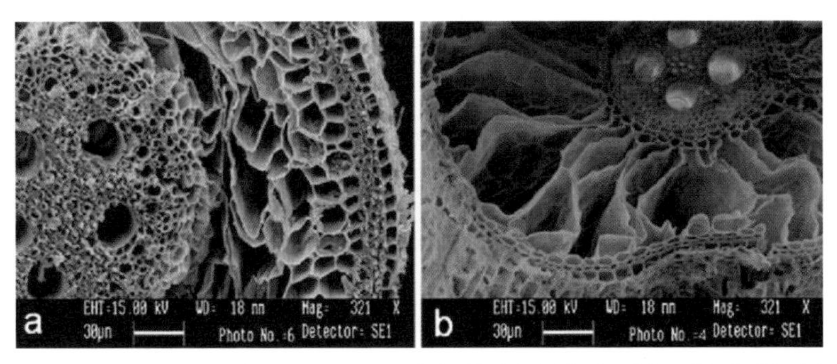

벼는 물에 잠겨 산소가 부족한 환경에 처해도 비교적 잘 적응하게 진화한 식물이다. 논에 물을 대 뿌리가 늘 물에 잠겨 있는 조건이 되면 통기조직이 발달해(오른쪽) 위의 줄기에서 산소가 원활히 공급된다. (제공 『식물 생리학·분자생물학』)

널리 재배되는 인디카 품종 스와르나Swarna는 침수 내성이 없어 2주 동안 침수되면 죽어 물이 빠지고 2주가 지난 시점에서는 누렇게 떠 있다(왼쪽). 반면 침수 내성이 있는 품종인 IR49830(FR13A의 변종)은 2주 동안 침수를 겪고 난 뒤 2주 동안 잘 자랐다(오른쪽). IR49830과 여교배로 Sub1 유전자를 받은 스와르나는 2주 동안의 침수를 견디고 살아남아 잘 자랐다(가운데). (제공『네이처』)

높일 수 있다. 실제 이런 지역에서 발견되는 몇몇 품종은 침수된 채 2주를 버틸 수 있는데, 메커니즘을 규명한 결과 정말 에너지를 아껴 살아남는 전략을 진화시킨 것으로 밝혀졌다.

지난 2006년 미국 데이비스 캘리포니아대와 필리핀에 있는 국제미작연구소IRRI의 공동연구자들은 인디카indica 벼 가운데 침수 내성이 있는 품종인 FR13A의 게놈을 분석해 Sub1A 유전자가 핵심 역할을 한다는 사실을 발견했다. 흥미롭게도 우리나라에 심는 자포니카japonica 벼는 이 유전자가 소실돼 있다. 참고로 재배하는 벼는 아시아의 오리자 사티바 *Oryza sativa*와 아프리카의 오리자 글라베리마*Oryza glaberrima* 두 종이 있고, 사티바는 자포니카와 인디카 두 아종으로 나뉜다.

연구자들은 자포니카 품종으로 이 유전자가 없는 니폰베어Nipponbare

와 FR13A 식물체를 10일 동안 침수시키고 3일 동안 회복시키는 과정에서 유전자 발현 패턴을 비교분석했다. 그 결과 침수 내성이 있는 FR13A에서 줄기 생장을 촉진하는 Sub1C 유전자의 발현이 낮고 에탄올 발효에 관여하는 Adh1 유전자의 발현이 높다는 사실이 밝혀졌다. 즉 물에 잠겨 산소가 부족한 상황에서 줄기 생장으로 인한 에너지 소모를 최소화하고 에탄올 발효의 효율은 최대한 높여 생존 기간을 늘릴 수 있게 됐다는 말이다.

자포니카 품종에 Sub1A 유전자를 넣어주자 침수 내성이 생겼다. 그리고 성장이나 수확량, 쌀 품질에는 영향을 주지 않았다. 논문에 따르면 인도와 동남아 여러 나라에서 현지 재배 품종에 여교배를 통해 FR13A의 Sub1A 유전자를 도입하는 시도가 완성 단계라고 하니 지금쯤은 널리 보급돼 있을 것으로 보인다. 여교배back cross는 반복 교배를 통해 외래 품종의 유용한 형질만 재배 품종에 도입하는 전통적인 육종법이다.

하루에 25cm 자라

학술지 『네이처』 2020년 8월 6일자에는 FR13A와는 정반대의 전략을 통해 침수를 극복하는 '심수벼deepwater rice'의 비밀을 밝힌 연구결과가 실렸다. 심수벼는 논이 만성적으로 침수되는 남아시아와 동남아시아, 서아프리카 지역에서 자라는 품종이다. 폭우가 내리거나 상류에서 물이 들어와 침수되면 하루 만에 줄기가 25cm나 자라 물 위로 머리를 내밀고 비가 더 와 또 침수되면 다시 그만큼 자라 상황을 벗어난다.

남아시아와 동남아시아, 서아프리카의 만성 침수 지역에서는 줄기가 길게 자라는 심수벼를 재배한다. 벼를 돌보는 농부의 목까지 물이 차 있다. (제공 위키피디아)

우리는 우리나라에서 자라는 벼에 익숙해 심수벼가 낯설게 느껴지지만 사실 우리가 재배하는 벼는 유전자 변이로 키가 잘 자라지 않게 된 개체를 선별한 것이다. 광합성 산물을 식물체 생장 대신 씨앗을 만드는 데 쓰고 벼가 잘 쓰러지지 않아 수확량이 많기 때문이다. 1960년대 녹색혁명은 벼와 밀의 키가 작아진 덕분이다. 그러나 침수가 만성적인 지역에서는 평범한 벼는 물론이고 FR13A 같은 침수 내성 벼도 버티지 못한다. 따라서 지금도 여전히 심수벼가 재배되고 있다.

나고야대가 주축이 된 일본 공동연구자들은 심수벼의 게놈을 분석해 이런 특성에 기여한 몇 가지 유전자 변이를 찾았다. 먼저 식물의 성장호르몬인 지베렐린gibberellin을 합성하는 효소를 지정하고 있는 SD1 유전자의 변이다. 흥미롭게도 녹색혁명을 이끈 왜소 품종 역시 SD1 유전자에 결함이 생긴 결과다. 물론 심수벼 SD1 유전자 변이는 결함이 아니라 지베렐린이 더 많이 만들어지게 하는 방향이다.

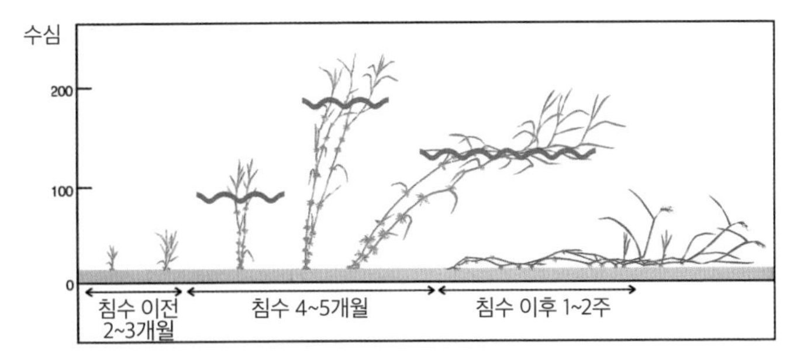

심수벼는 침수가 되면 위쪽 줄기가 하루에 25cm나 자라 물 밖으로 머리를 내민다. 물이 빠지면 식물체가 쓰러지지만, 말단이 중력 반대 방향으로 자라며 적응한다. 최근 일본의 연구자들은 심수벼가 침수됐을 때 대응에 관여하는 유전자들을 규명하는 데 성공했다. (제공『식물생리학』)

다음은 줄기의 성장에 관여하는 ACE1 유전자의 변이다. ACE1은 줄기의 성장을 유발하는 역할을 하는 데, 심수벼의 ACE1은 그 활성이 컸다. 연구자들은 Sub1C가 ACE1 유전자의 발현을 유발한다는 사실도 밝혔다. 앞서 물에 잠겼을 때 줄기 생장을 억제해 물속에서 견디는 전략을 쓰는 FR13A 품종은 Sub1C 발현이 억제된 상태였다. 그 결과 ACE1 유전자가 제대로 발현이 안 돼 키가 안 컸다는 말이다.

올해 긴 장마로 많은 논이 침수됐지만, 아직 우리나라에서는 심수벼는 물론이고 침수 내성 벼도 필요한 시점이 아닐 것이다. 그러나 기후변화가 가속화된다면 한 세대 뒤 우리나라의 재배 품종에도 침수 내성 벼의 Sub1A 유전자가 들어있지 않을까 하는 생각이 문득 든다.

5-4

장수말벌, 북미도 접수할까

탁.

얼마 전 앞산을 산책하다 머리에 뭔가가 부딪쳤는데 충격 정도가 애매했다. 나무에서 떨어지는 도토리에 맞았을 때보다는 약했지만 어느 정도 무게감이 느껴졌다. 게다가 정수리가 아니라 뒤통수라 작은 도토리가 떨어진 것도 아니다.

순간 뒤를 돌아보고 깜짝 놀랐다. 어른 새끼손가락만 한 장수말벌이 비틀거리며 비행하고 있는 게 아닌가. 아마 빠른 속도로 날아가다 걸어가는 나를 미처 보지 못하고 뒤통수에 그대로 부딪힌 것 같다. 녀석은 곧 안정을 되찾고 어디론가 날아갔다.

산길을 걷다 보면 말벌을 종종 만나지만 신경이 약간 쓰이는 정도다. 그런데 가끔 장수말벌이 등장하면 시야에서 완전히 사라질 때까지 바짝 긴장한다. 그런데 이날은 뒤에서 돌진하는 장수말벌을 전혀 알아차리

몸길이가 45mm에 이르러 말벌 가운데 가장 큰 장수말벌은 커다란 턱으로 한 번에 꿀벌의 몸을 두 동강 낸다. 장수말벌 무리에 걸리면 꿀벌 수만 마리로 이뤄진 양봉 벌집이 순식간에 초토화된다. (제공 위키피디아)

지 못해 처음 '접촉'을 한 것이다. 강한 충돌 뒤에도 나를 공격 대상으로 삼지 않고 제 갈 길을 간 녀석에게 고마울 뿐이다.

여러 마리 덤비면 사람도 위험

아무리 장수말벌이래도 벌레 한 마리에 너무 겁을 먹은 게 아니냐고 비웃을 독자도 있겠지만 장수말벌은 보통 말벌이 아니다. 덩치만 큰 게 아니라 독도 엄청 세다. 길이 6mm의 독침에 쏘이면 부위가 퉁퉁 붓고 며칠 동안 상당한 통증에 시달린다. 운이 없으면 급성 알레르기 반응인 '아나필락시스(과민충격)'로 기도가 막혀 질식해 죽을 수도 있다. 장수말벌 여러 마리에게서 공격을 받으면 독 자체의 작용으로 사망에 이른다. 장수말벌은 아시아에 분포하는데, 우리나라를 포함한 동아시아에 서식 밀도가 높다. 장수말벌이 가장 번성한 곳인 일본에서는 매년 30~40명이 독침에 쏘여 목숨을 잃는다.

말벌은 꿀벌의 천적이지만 특히 장수말벌은 무시무시하다. 예전에 TV에서 양봉 벌집 앞에서 장수말벌 한 마리와 꿀벌 수백 마리가 싸우는 장면을 본 적이 있는데, 『삼국지』에서 관우나 장비가 단기필마로 적진에 뛰어들어 벼를 베듯이 적군을 쓰러뜨리는 장면이 연상됐다. 벌집 앞에는 장수말벌이 강한 턱으로 두 동강 낸 꿀벌의 사체가 수북이 쌓여 있었다. 장수말벌에 왜 '장수將帥'라는 이름을 붙였는지 이해가 가는 대목이다.

꿀벌의 방어를 뚫은 장수말벌은 꿀을 실컷 먹고 꿀벌 애벌레와 번데기는 자기 애벌레의 먹이로 삼는다. 장수말벌은 꿀벌뿐 아니라 다른 말벌의 벌집도 약탈하는 것은 물론이고 사마귀나 거미 등 여러 절지동물도 잡아먹는 무시무시한 포식곤충이다. 가끔 새에게 공격을 당하는 것으로 보이지만 장수말벌의 천적은 아직 알려지지 않았다.

2019년 밴쿠버섬에서 첫 발견

학술지 『미국립과학원회보』 2020년 10월 6일자에는 장수말벌이 태평양을 건너 북미에 상륙했다는 소식과 이들의 미래를 예측한 미국 워싱턴주립대 연구진의 논문이 실렸다. 물론 장수말벌이 그 먼 거리를 날아간 건 아닐테고 화물선 같은 인간 활동의 힘을 빌려 이동한 것으로 보인다.

북미에서 장수말벌이 처음 발견된 건 2019년 9월 캐나다 남서부 밴쿠버섬이다. 그리고 해가 바뀌어 올봄 미국 북서부인 워싱턴주에서 장수말벌 일벌 네 마리가 발견됐고 이어서 여왕벌 세 마리가 발견됐다. 이들 지역은 캐나다와 미국의 국경 지대로 서로 가깝다. 따라서 2019년 태어난 밴쿠버섬의 장수말벌 여왕벌들이 겨울을 난 뒤 이듬해 인근으로 퍼져 새 둥지를 만든 것으로 보인다.

연구자들은 장수말벌이 새로운 서식지에서 자리를 잡을 수 있을지 검증해보기로 했다. 그 결과 북미 여러 지역이 장수말벌의 원산지인 동아시아의 기후조건(온대기후와 많은 강수량)과 비슷해 이들이 충분히 살 수 있는 것으로 나타났다. 연구자들은 장수말벌이 1년에 50㎞ 미만의 속도로 퍼져나간다고 가정했을 때 10년 뒤에는 워싱턴주 남쪽 오리건주까지 진출하고 20년 뒤에는 캐나다 브리티시컬럼비아주 깊숙이까지 퍼진다

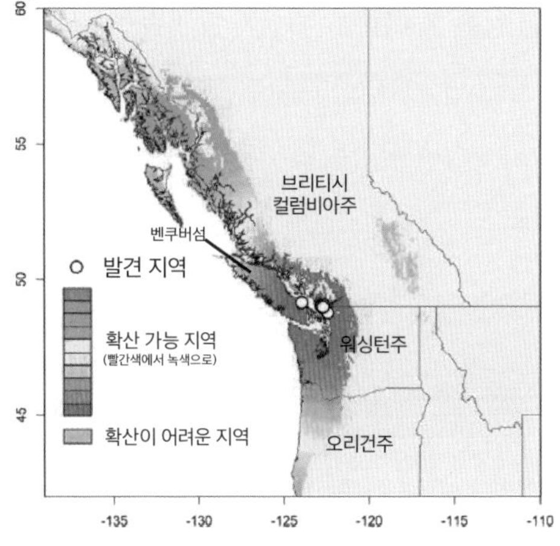

동아시아 원산인 장수말벌이 지난해 가을 북미 캐나다 밴쿠버섬에서 처음 발견됐고 올봄 인근 지역에서 추가로 발견됐다(흰색 동그라미). 최근 미국 워싱턴대 연구팀의 시뮬레이션 결과에 따르면 사람의 퇴치 노력이 없다면 20년 이내에 미국 워싱턴주와 오리건주, 캐나다 브리티시컬럼비아주 깊숙이까지 퍼질 것으로 예측됐다. (제공 『미국립과학원회보』)

는 결과를 얻었다. 남북으로 한반도에 비교되는 거리다.

실제 이런 일이 일어나면 생태계 교란은 물론이고 양봉업계도 큰 타격을 입을 수 있고 사람의 안전도 문제가 될 수 있어 연구자들은 장수말벌이 자리 잡기 전에 퇴치할 수 있도록 노력해야 한다고 강조했다. 예를 들어 워싱턴주의 시민과학자들이 장수말벌을 상시 모니터링해 발견하는 족족 없앤다면 아직 승산이 있다는 것이다.

등검은말벌이 70% 넘게 차지

최근 북미에서 발견된 장수말벌이 어쩌면 우리나라에서 간 것일지도 몰라 잠깐 미안한 생각도 들었지만 지금 우리가 남 걱정해줄 처지는 아니다. 지난 2003년 부산에 상륙한 한 말벌이 지금 우리나라를 휩쓸고 있기 때문이다. 바로 등검은말벌이다. 중국 남부지역이 원산지로 아열대 종인 등검은말벌은 우리나라에 들어온 뒤(아마도 부산항에 정박한 배나 화물을 통해) 파죽지세로 퍼져나가 지금은 우리나라에 사는 말벌속*Vespa* 10종 가운데 우점종이 됐다. 등검은말벌은 2019년 생태계교란생물로 지정됐다.

2020년 5월 농촌진흥청이 발표한 말벌 전국 실태조사에 따르면 2019년 전국 280개 지점에서 채집한 말벌 1만 1,562마리 가운데 무려 72%가 등검은말벌이었다. 장수말벌은 2위를 차지했지만 비율은 8%에 그쳤다.

특이한 점은 경기도와 강원도 등 고위도 지방(우리나라만 봤을 때)에서 최근 등검은말벌이 급격히 세를 늘리고 있다는 사실이다. 이는 기후변화로 우리나라 평균온도가 급격히 올라가면서 아열대종인 등검은말벌에게 점점 유리한 조건으로 바뀐 결과로 보인다. 게다가 등검은말벌은 '꿀벌 킬러'로 알려져 있을 정도로 꿀벌에 공격적이다. 농촌진흥청은 등검은말벌로 인한 국내 양봉 농가의 피해액을 연간 1,700억 원으로 추정했다. 등검은말벌의 등장으로 야생 꿀벌(재래종)이 얼마나 타격을 받았는지도 걱정이 된다. 참고로 양봉 농가에서 기르는 벌은 유럽에서 들여온 서양꿀벌이다.

지난 2003년 국내에서 처음 보고된 등검은말벌은 불과 16년 만인 2019년 전국에서 채집한 말벌 개체의 72%를 차지하는 우점종이 됐다. 등검은말벌은 장수말벌보다 작지만 공격성이 강해 조심해야 한다. 등검은말벌과 벌집. (제공 위키피디아)

외래종 유입 앞으로도 증가세

학술지 『지구변화생물학』 2020년 10월 1일자에는 2005~2050년 동안 유입될 외래종의 수가 같은 기간(45년)인 지난 1960~2005년 동안 유입된 외래종 수보다 36%나 더 많을 것이라는 예측을 담은 논문이 실렸다. 독일 젠켄부르크 생명다양성 및 기후연구센터가 주축이 된 다국적 공동 연구팀은 지구촌을 8개 권역으로 나눈 뒤 '외래종 첫 기록 데이터베이스'에 등록된 1950~2005년 기간의 외래종 수의 변화 추이를 토대로 2005~2050년 동안 각 권역에 유입될 외래종 수를 예측했다.

그 결과 유럽이 2,500여 종으로 1위를 차지했고 우리나라가 포함된 온대 아시아가 1,600종 가까이 돼 2위에 올랐다. 참고로 1960~2005년 대비 증가 폭도 유럽이 60%로 1위이고 온대 아시아가 50%로 2위다.

1950~2005년 유입된 외래종을 생물 분류에 따라 보면 식물이 54%로 1위이고 곤충이 포함된 절지동물이 28%로 2위다. 그런데 온대 아시아의 2005~2050년 유입될 외래종 수의 증가 폭을 보면 식물은 41% 느는 반면 절지동물은 무려 117%가 늘 것으로 예측하고 있다. 1950~2005년 온대 아시아에 유입된 절지동물 외래종이 후반부로 갈수록 급격히 늘었다는 뜻이다. 등검은말벌이 우리나라에서 처음 기록된 것도 2003년이므로 이런 경향을 보이는 데 기여한 셈이다.

이런저런 경로로 도입된 외래종은 생존 조건이 안 맞아 소멸할 수도 있지만, 재래종이 제대로 대응을 하지 못해 급증할 수도 있다. 게다가 최근처럼 급격한 기후변화가 일어나면 재래종보다 외래종에 더 적합한 환경으로 바뀌면서 등검은말벌처럼 불과 10여 년 만에 외래종이 우점종이

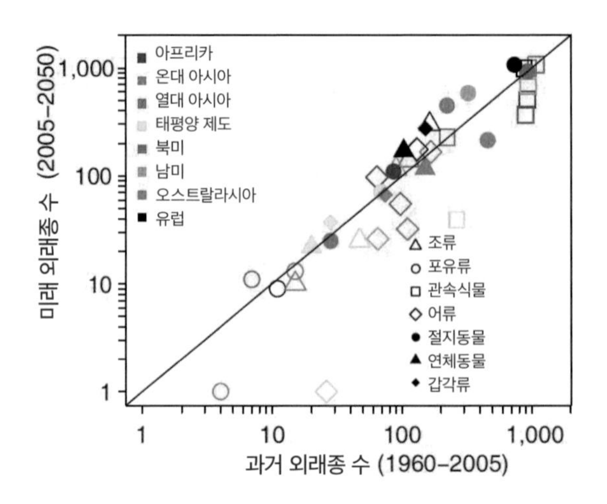

1960-2015년 유입된 외래종 수(가로축)와 2005-2050년 예상 외래종 수(세로축)를 비교한 그래프로 대각선보다 위쪽이면 증가한다는 뜻이다. 우리나라가 속한 온대 아시아를 보면 절지동물(채워진 갈색 동그라미)의 증가 폭이 큼을 알 수 있다. (제공『지구변화생물학』)

되는 사태가 벌어질 수도 있다.

고려 말 관리였던 야은 길재는 이성계의 위화도 회군을 보고 낙향한 뒤 10년 만에 옛 수도 개성을 찾아 둘러보고 시조 한 수를 읊었다. 여기서 '인걸'의 자리에 '재래종'을 쓰면 한 세대 뒤인 2050년 한반도 생태계의 모습이 아닐까 하는 불길한 생각이 든다.

오백년 도읍지를 필마로 돌아드니
산천은 의구하되 인걸은 간데 없네
어즈버 태평연월이 꿈이런가 하노라

SCIENCE CAFE SEASON 10
Part. 6
천문학·
물리학

6-1

금성에 생명체가 존재할까

금성의 대기는 이산화탄소가 주성분인 두꺼운 구름으로 덮여있어 온실효과로 표면 온도가 400℃를 넘고 액체 상태의 물이 존재하지 않는다. 반면 고도 50㎞ 부근은 온도가 낮고 수증기도 약간 존재한다. 최근 관측 결과 이 지점에서 포스핀이 발견돼 생명체의 존재 여부가 주목을 받고 있다. (제공 NASA)

천문학에서 가장 상상력을 자극하는 분야는 외계생명체 탐사가 아닐까. 지구 밖에도 생명체가 존재한다는 상상만으로도 가슴이 설렌다. 1992년 첫 외계행성이 발견된 이래 지금까지(2021년 3월 1일 현재) 4,687개가 관측됐다. 이 가운데 생명체가 사는 행성이 있지 않을까.

그럼에도 외계행성에서 어떤 신호가 오지 않는 이상 생명체 존재 여부를 직접 확인할 방법이 없다. 탐사를 하기에는 너무나 멀기 때문이다. 외계행성의 목록이 아무리 길어져도 태양계의 몇몇 행성과 위성의 생명체 존재 가능성이 여전히 관심을 받는 이유다. 행성으로는 화성이 늘 주목을 받고 있고 2021년 2월 18일 탐사선 퍼서비어런스Perseverance가 착륙해 기대를 모으고 있다. 위성으로는 유로파(목성), 타이탄(토성), 엔셀라두스(토성) 등이 떠오른다.

그런데 2020년 9월 14일 학술지 『네이처 천문학』 사이트에 한 논문이 공개되자 갑자기 금성의 생명체 존재 여부가 화제가 되면서 언론의 스포트라이트를 받았다. 금성 대기에서 포스핀phosphine을 확인했다는 내용으로, 금성 대기 같은 산성 환경에서 포스핀이 발견됐다는 건 금성에 생명체가 있다는 간접적인 증거가 될 수 있기 때문이다. 포스핀은 인 원자 하나와 수소 원자 세 개로 이뤄진 분자다(PH_3).

그러나 과학자들의 반응은 흥분과 의심으로 갈렸고 연구팀 역시 데이터를 다시 분석한 결과 포스핀 수치가 애초의 5분의 1 수준이었다고 수정하면서 한발 물러섰다. 그래서인지 『네이처 천문학』은 사이트에서 먼저 논문을 공개한 뒤 반년이 지났지만, 정식 게재를 망설이고 있는 눈치다. 금성 대기의 포스핀 발견과 그 뒤 논란, 생명체 존재 가능성에 대해 좀 더 자세히 살펴보자.

포스핀 회전전이 흡수 피크 검출

태양계 행성 가운데 금성은 크기나 지각 조성면에서 지구와 가장 비슷한 행성이다. 그럼에도 생명체가 존재할 가능성이 있는 행성으로는 화성이 거론될 뿐 금성은 고려의 대상이 아니었다. 이산화탄소가 96.5%인

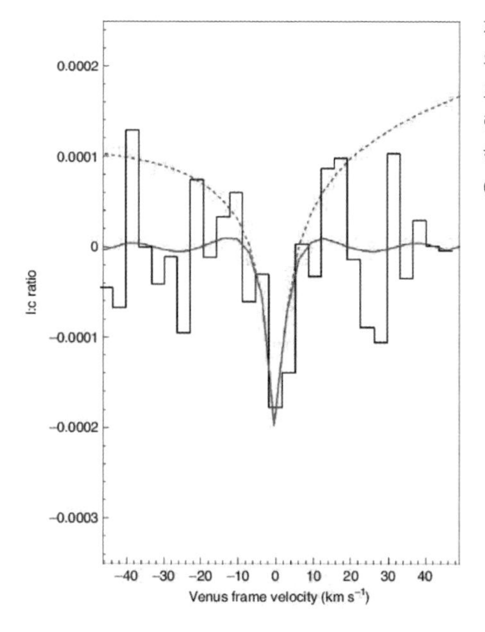

제임스클럭맥스웰망원경으로 5일간 금성의 대기를 관측한 결과 1.123mm 파장에서 포스핀의 회전전이 흡수 피크로 보이는 뚜렷한 신호가 포착됐다. 이를 토대로 추정한 포스핀의 농도는 20ppb다.
(제공 『네이처 천문학』)

두꺼운 대기의 온실효과로 표면 온도가 400℃가 넘을 때도 있고 물도 없기 때문이다. 게다가 지표면은 무려 90기압에 이른다. 다만 고도가 올라가면서 온도와 기압이 떨어져 지상 50~65㎞에서는 지구의 표면과 온도와 기압이 비슷하다.

영국 카디프대 물리천문학부 제인 그레이브스 교수팀이 주축이 된 다국적 공동연구팀은 2017년 6월 미국 하와이에 있는 제임스클럭맥스웰망원경JCMT으로 5일간 금성의 대기를 관측했다. 그 결과 1.123mm 파장에서 뚜렷한 흡수 피크가 드러났다. 연구자들은 포스핀의 회전전이rotational transition만이 이 현상을 설명할 수 있다고 생각했다. 피크의 세기로 추정한 포스핀의 농도는 20ppb(1ppb는 10억 분의 1) 수준이다.

그런데 지금의 지식으로는 금성의 대기에서 이 정도 양의 포스핀이 존재하는 걸 설명할 수 없다. 충돌하는 소행성에 실려 오는 등 어떤 식으로 존재하게 되더라도 강한 산성의 조건에서 금방 파괴돼 사라질 것이기 때문이다. 따라서 아직 알려지지 않는 화학반응으로 포스핀이 계속 만들어지고 있거나 어쩌면 대기에 떠다니고 있는 미생물이 대사산물로 포스핀을 내보내고 있어야 이 수준으로 유지될 수 있다.

금성 표면에는 약 7억 년 전까지만 해도 액체 물이 존재했던 것으로 보이기 때문에 생명체도 있었을 가능성이 있다. 그 뒤 표면의 물은 완전히 말랐지만 대기 중에는 여전히 수증기가 소량 존재하기 때문에 미생물이 떠다니며 살고 있을지도 모른다는 얘기다.

연구자들은 JCMT의 관측이 제대로 된 것인지 확인하기 위해 2019년 3월 칠레 아타카마 사막에 있는 전파망원경 아타카마대형밀리미터집합체ALMA로 금성의 대기를 관측했고 역시 포스핀이 존재한다는 결과를 얻었다. 9월 14일 『네이처 천문학』 사이트에 공개된 논문의 내용이다.

1978년 파이오니어 관측 데이터 재해석

불과 8일 뒤인 9월 22일 수리물리 분야의 출판 전 논문을 싣는 사이트인 arXiv(아카이브)에 재미있는 논문이 올라왔다. 미국 캘리포니아주립폴리텍 화학과 라케시 모굴 교수는 다른 기관의 연구자들과 함께 1978년 미항공우주국NASA의 금성 탐사선 파이오니어가 관측한 고도 50~60km 대기의 질량분석 데이터를 재분석했다. 그 결과 포스핀과 관련된 여러 분자의 피크를 확인했다는 것이다.

즉 33.992 amu(원자질량단위)의 피크는 포스핀의 질량 또는 포스핀과

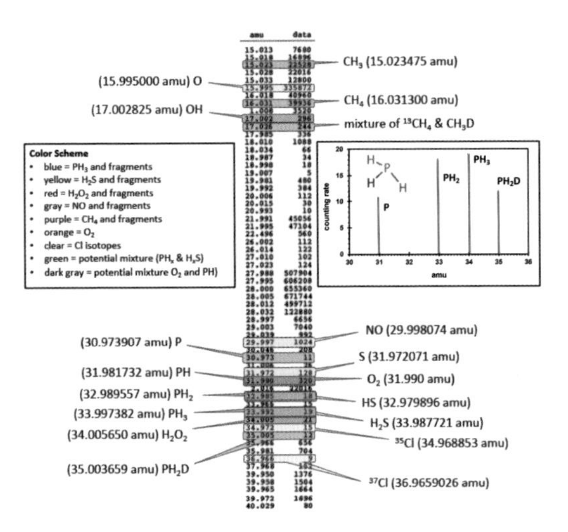

1978년 금성 탐사선 파이오니어가 관측한 금성 대기의 질량분석 데이터를 재검토한 결과 여러 피크가 포스핀과 관련 분자들에서 비롯됐다는 연구결과가 나왔다. (제공 Rakesh Mogul)

황화수소(H_2S)의 복합 질량이고 32.985 amu의 피크는 PH_2의 질량 또는 PH_2와 HS의 복합 질량이라는 식이다. 40여 년 전 데이터 분석 논문에서는 이런 측면이 간과됐다.

포스핀 발견 주장을 반박하는 논문도 나왔다. 10월 27일 arXiv에 올린 논문에서 NASA 고다드우주비행센터 제로니모 빌라누에바 박사와 여러 기관의 공동 연구자들은 1.123mm 파장의 피크는 포스핀의 회전전이가 아니라 이산화황(SO_2)의 회전전이 때문이라고 주장했다. 즉 둘의 차이가 미미해 잘못 지정했다는 것이다. 금성의 대기는 이산화황이 존재할 수 있는 환경이다.

그레이브스 교수팀이 이 주장을 재반박하는 논문을 마무리하고 있던 11월 16일 ALMA는 금성 대기 관측 데이터 처리에 오류가 있었다며 새 데이터를 올렸다. 그레이브스 교수팀은 이를 바탕으로 다시 분석했고 그 결과 금성 대기의 포스핀 농도가 1~4ppb라는 결과를 얻었다. 이는 기존 20ppb보다 훨씬 낮은 수치로, 포스핀 존재에 대한 확신을 흔들리게 했다. 연구자들은 이 결과와 함께 빌라누에바 박사팀의 주장을 재반박한 내용을 담은 논문을 다음 날 arXiv에 올렸다.

2025년 인도 금성 탐사선 보낼 계획

지난 9월 금성 대기의 포스핀 발견 주장이 어떻게 결론이 날지는 아직 미지수다. 먼저 포스핀의 존재 여부를 확실히 해줄 다른 데이터가 필요하다. 2015년 이래 일본의 탐사선 아카츠키Akatsuki가 금성 궤도를 돌

2010년 로켓에 실려 우주로 발사된 일본의 탐사선 아카츠키는 우여곡절 끝에 2015년 금성 궤도에 진입했다. 아카츠키는 금성 기상 연구 등 여러 과제를 수행하고 있지만 포스핀의 존재를 확인할 수 있는 검출장비는 없다. (제공 ISAS/JAXA)

며 기상을 연구하고 화산을 찾고 있지만 아쉽게도 포스핀의 존재를 확인할 수 있는 검출장비가 없어 큰 기대를 하기는 어렵다. 다행히 2025년 인도가 금성 탐사선을 보낼 계획이기 때문에 여기에 검출장비를 싣는다면 좀 더 확실한 데이터를 얻을 수 있을 것이다.

한편 NASA는 하와이에 있는 적외선망원경이나 성층권적외선망원경으로 금성 대기를 관측할 예정이다. 포스핀의 진동전이 피크를 관측할 수도 있기 때문이다. 만일 긍정적인 데이터가 나온다면 금성 대기에 포스핀이 존재한다는 주장이 힘을 얻을 것이다.

설사 금성 대기에 포스핀이 존재하더라도 이게 꼭 생명체가 있다는 뜻은 아니다. 아직 우리가 알지 못하는 화학반응을 통해 포스핀이 만들어질 수 있기 때문이다. 따라서 금성 대기를 재현한 여러 조건에서 포스핀이 합성되는가를 실험으로 확인하는 연구도 진행될 것으로 보인다.

학술지 『네이처』는 2020년 마지막 호인 12월 24일자에서 '2021년에 주목할 과학자 5명' 가운데 한 명으로 카디프대 제인 그레이브스 교수를 선정했다. 이 예상대로 금성 대기의 포스핀의 존재가 확증돼 그레이브스 교수가 다시 한번 스포트라이트를 받을 수 있을지 지켜볼 일이다.

그렇게 된다면 머지않아 금성의 생명체를 찾는 탐사 프로젝트가 만들어질 수도 있고 10년 또는 20년 뒤에는 탐사선이 금성 대기에서 생명체를 발견했다는 충격적인 발표를 하게 될지도 모른다. 금성이 지구의 쌍둥이 행성이라는 말이 새삼 마음에 와닿는다.

6-2

100억 년 뒤 태양계는 어떤 모습일까

수년 전 개명하기 쉽게 법이 바뀌면서 많은 사람이 이름을 바꿨다. 별난 이름은 어릴 때 놀림감이 되기 쉽고 귀여운 이름은 나이가 들수록 어색하다. 부모들이 아기 이름을 지을 때 신중해야 하는 이유다. 오죽하면 『누가 이름을 함부로 짓는가』라는 책 제목도 있지 않은가.

과학 분야에도 이름이 부적절해 이해하는 데 오히려 방해가 되는 경우가 종종 있다. 예를 들어 적색왜성, 갈색왜성, 백색왜성이라는 이름을 살펴보자. 왜성dwarf은 크기가 작은 별을 뜻할 것이므로 작은 별을 빛의 색(표면의 색온도)에 따라 이렇게 분류한 게 아닌가 추측할 수 있다.

이 추측에 들어맞는 작명은 적색왜성뿐이다. 질량이 태양의 0.08~0.5배인 적색왜성의 중심부에서는 핵융합 반응이 천천히 일어나고 있고 표면 온도가 3,800K(켈빈. 절대온도 단위로 K=℃+273.15)를 넘지 않는다(참고로 태양의 표면 온도는 5,860K다). 적색왜성은 빛이 약해 잘 관측되지는 않지만, 수로는 별의 다수를 차지한다.

적색왜성보다 덩치가 작은 별(태양 질량의 0.08배 미만)을 가리키는 갈색왜성은 별을 '핵융합 반응으로 스스로 빛을 내는 고온의 천체'라고 정의할 경우 별이 아니다. 갈색왜성은 질량이 너무 작아 중심부가 핵융합 반응을 일으킬만한 온도에 이르지 못하기 때문이다. 그래서 준항성substar 또는 '실패한 별'이라고 부르기도 한다. 다만 중수소 핵융합 반응은 일어나지만, 중수소 양이 적어 미미한 수준이다. 그나마 나오는 희미

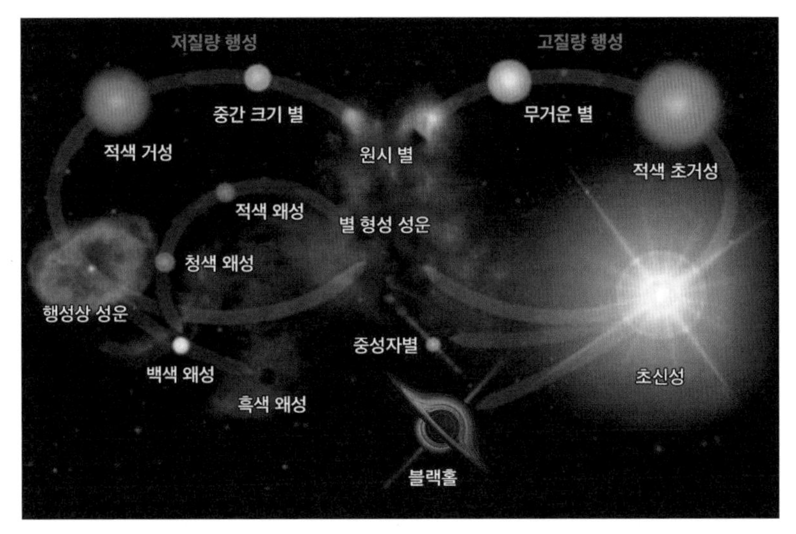

별은 초기 질량에 따라 삶의 궤적(진화)이 결정된다. 질량이 큰 별(오른쪽)은 핵융합 반응이 격렬하게 일어나기 때문에 수명이 짧고 적색초거성을 거쳐 초신성폭발을 일으킨 뒤 블랙홀이나 중성자별을 남긴다. 질량이 작은 별(왼쪽)은 핵융합 반응이 천천히 일어나기 때문에 수명이 길다. 이 가운데 태양 질량 별은 적색거성을 거쳐 외피층은 행성상성운으로 흩어지고 중심핵은 백색왜성이 된다. 이보다 가볍고 수명이 아주 긴 별인 적색왜성은 수소를 다 태운 뒤 청색왜성을 거쳐 백색왜성이 될 것으로 추측된다. (제공 NASA)

한 별빛도 갈색이 아니다.

백색왜성 역시 엄밀히 말하면 별이 아니라 '별의 잔해'다. 중심부에서 핵융합 반응이 더 이상 일어나지 않기 때문이다. 적색왜성과 태양 질량 범위(0.5~8배)인 별의 최후가 바로 백색왜성이다. 다만 적색왜성은 수명이 최소 수백억 년이라 아직 '자연사'한 게 없기 때문에 현재 관측되는 백색왜성은 모두 태양 질량 범위 별의 잔해이다.

백색왜성이 막 모습을 드러냈을 때 표면 온도는 10만 K에 이르지만 수백억 년에 걸쳐 서서히 식어 결국은 빛을 내지 않는 차가운 흑색왜성이 된다. 따라서 백색왜성은 희미한 파란빛에서 흰빛, 노란빛, 빨간빛 순서로 바뀔 것이다. 그리고 백색왜성은 왜성, 즉 난쟁이별이라고 하기엔 너무 작다. 크기가 대략 지구만 하기 때문이다. 다만 밀도가 엄청나게 높아 지구 크기면 질량이 태양의 절반에 이른다. 이래저래 백색왜성이라는 이름이 부적절해보이는 이유다.

별의 잔해라는 범주에서 백색왜성과 묶여 있는 천체가 바로 블랙홀과 중성자별이다. 대략 태양 질량의 30배 이상인 별의 최후가 블랙홀이고 8~30배인 별의 최후가 중성자별이다. 블랙홀과 중성자별의 인기와 비교해볼 때 별의 잔해 가운데 가장 별 볼 일 없는 게 백색왜성 아닐까. 이런 배경에는 블랙홀이나 중성자별과는 달리 천체의 특징을 담아내지 못한 이름 탓도 있을 것이다.

지구는 50억 년 뒤 사라질 듯

그럼에도 백색왜성은 우리에게 남다른 존재다. 태양의 최후가 바로 백색왜성이기 때문이다. 약 46억 년 전 수소 분자 구름에서 태어난 태양은 모양을 갖춘 뒤 지금까지 중심핵에서 꾸준히 수소 핵융합 반응을 일으키고 있고 앞으로도 50억 년쯤 더 태울 것이다. 그러나 중심핵의 수소 원자가 모두 헬륨으로 바뀌면 중심핵이 자체 중력으로 수축해 온도가 올라가고 그 결과 중심핵을 둘러싼 껍질에 있는 수소가 핵융합 반응을 시작하며 외피층이 급팽창해 적색거성이 된다(표면 온도가 낮아져 붉게 보인다).

중심부가 수축을 계속해 온도가 1억℃를 넘어가면 헬륨이 핵융합 반응을 일으켜 탄소와 산소가 만들어진다. 이때 외피층이 급팽창해 '행성

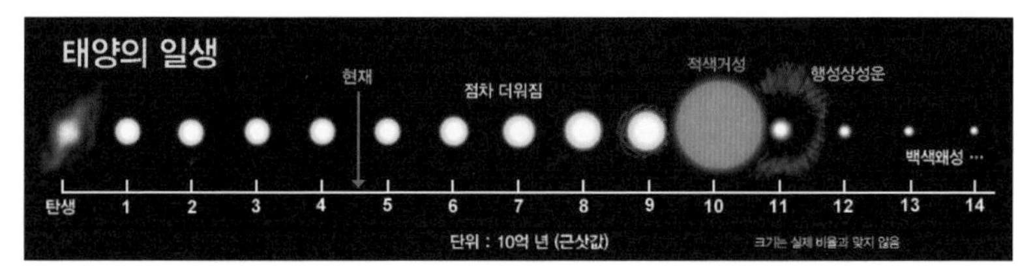

태양의 일생을 보여주는 도식이다. 현재 46억 살인 태양은 수소를 절반쯤 태운 상태로 앞으로 50억 년 뒤에는 적색거성으로 바뀌고 행성상성운으로 외피층을 잃은 뒤 약 70억 년 뒤 백색왜성으로 남을 것이다. 100억 년 뒤 백색왜성 태양은 표면 온도가 1만 K 밑으로 떨어져 있을 것이다. (제공 위키피디아)

상 성운'으로 흩어지고 중심핵만 남는다. 이 과정이 약 20억 년에 걸쳐 일어나므로 대략 70억 년 뒤의 얘기다. 남은 중심핵, 즉 백색왜성은 수백억 년에 걸쳐 식으며 결국은 흑색왜성이 될 것이다. 따라서 100억 년 뒤 태양은 표면 온도가 지금과 비슷한 백색왜성으로 존재할 가능성이 크다. 그렇다면 이 사이 태양계 식구들은 어떻게 될까.

50억 년 뒤 중심핵에서 수소를 소진한 태양이 팽창하기 시작하면 지름이 100배 이상 커져 오늘날 수성과 금성 공전궤도를 넘어서 지구 공전궤도에 육박할 것으로 보인다. 이때 지구가 적색거성 태양에 잡아먹힐지를 두고 논란이 있지만 설사 살아남는다 하더라도 바로 옆 적색거성 태양의 엄청난 열기에 잿더미가 돼 있을 것이다. 물론 생명체는 진작에 사라진 상태다.

태양에서 멀찍이 떨어져 있고 자체 질량도 꽤 되는 목성이나 토성 같은 거대행성들은 어떻게 될까. 태양이 적색거성을 거쳐 백색왜성으로 바뀌는 사이 목성과 토성의 공전궤도도 꽤 영향을 받을 것이다. 어쩌면 태양과 가까워져 먹히거나 강한 중력의 기조력으로 쪼개질 수도 있다. 반면 태양과 멀어져 태양계를 벗어날 수도 있다.

백색왜성 도는 목성 크기 행성 발견

학술지 『네이처』 2020년 9월 17일자에는 백색왜성 주위를 도는 외계 행성 관측에 성공했다는 논문이 실렸다. 지금까지 외계 행성 4,600여 개가 발견됐지만, 백색왜성에 속한 행성은 최초다. 지구에서 불과 82광년 떨어진 거리에 있는 백색왜성 'WD 1856+534'(이하 1856) 주위를 목성 크기의 행성(WD 1856+534b로 명명. 이하 1856b)이 1.4일 주기로 공전하고 있다는 것이다. 1856은 지름이 지구의 1.4배로 추정되므로 행성 지름이 7배나 더 큰 셈이다. 물론 질량은 1856이 태양의 절반으로 기껏해야 목성의 14배인 행성과는 비교가 되지 않는다.

최근 학술지 『네이처』에는 지구 크기의 1.4배인 백색왜성 주위를 도는 목성 크기의 외계 행성을 발견했다는 논문이 실렸다. 두 천체를 묘사한 상상도로 왼쪽 작은 천체가 백색왜성 WD 1856+534이고 오른쪽이 행성이다. (제공 NASA)

1856의 표면 온도는 4,710K로, 백색왜성이 된 지 59억 년쯤 지난 것으로 계산됐다. 즉 태양보다 약간 더 큰 별이 수십억 년에 걸쳐 수소 핵융합 반응을 하고 적색거성 단계를 거쳐 59억 년 전 백색왜성이 된 뒤 서서히 식어 지금에 이르렀다는 말이다.

1856b는 대표적인 외계 행성 발견 방법인 통과법으로 찾았다. 달이 지구와 태양 사이를 지나가면(일식) 가리는 면적에 비례해 어두워지듯이 행성이 항성을 가리면 별빛이 줄어든다. 보통은 항성이 행성보다 훨씬 크기 때문에 감소 폭은 1~2%에 불과하다. 그러나 1856b는 1856보다 커 별빛이 최대 56%나 줄었다. 공전궤도면과 관측선의 각도가 좀 더 작았다면 100% 가렸을 것이다.

이처럼 통과법은 백색왜성의 행성을 찾는 데 효과적인 방법처럼 보이지만 이제야 처음 발견된 이유 가운데 하나는 백색왜성이 워낙 작아 빛이 미미한 데다 행성이 가리는 시간도 짧기 때문이다. WD 1856b도 백색왜성 앞을 통과하는 시간이 8분에 불과하다. 따라서 관측 간격이 이보다 넓으면 눈치채지 못한다.

한편 공전주기가 1.4일에 불과하다는 건 공전 거리가 무척 짧다는 뜻이다. 실제 두 천체의 거리는 태양과 지구 사이 거리의 2%에 불과하고 태양과 가장 가까운 행성인 수성 사이 거리의 20분의 1에 불과하다. 이는 1856이 나이 드는 사이 1856b의 공전궤도 역시 큰 변화를 겪었고 그럼에도 온전히 살아남았음을 의미한다.

즉 1856이 적색거성으로 엄청나게 부풀어 오르고 외피층이 행성상성운으로 흩어졌을 때도 피해를 보지 않았을 거리에 있던 행성이 그 뒤 중심에 남은 백색왜성 쪽으로 다가가 지금의 궤도에 자리를 잡았을 가능성이 높다. 연구자들은 논문에서 1856b 말고도 여러 행성이 살아 남았고 그들 사이의 상호작용이 궤도를 크게 바꾸어 지금에 이르렀을 것이라고 추정했다. 추가 관측을 통해 또 다른 행성을 발견할 수도 있다는 말이다.

아쉽게도 1856의 빛이 너무 약하고 스펙트럼 정보도 부족해 1856b의 실체를 제대로 파악할 수 없다. 공전주기 등을 고려했을 때 대략 목성 크기이고 질량은 목성의 14배를 넘지 않을 것이라고 추측할 뿐이다. 이 천체가 작은 갈색왜성(질량의 하한선이 목성의 13배)일 수도 있지만, 쌍성계에서는 질량이 적어도 목성의 50배는 돼야 하므로 그럴 가능성은 희박하다.

백색왜성 행성과 생명체

그렇다면 1856b에 생명체가 존재할 수 있을까. 얼핏 생각하면 표면 온도가 4,710K나 되는 백색왜성 바로 옆에 있으므로 엄청난 고온일 것 같지만 백색왜성이 워낙 작아 복사열도 미미하다. 연구자들은 1856b의 질량이 작다면 표면 온도가 165K(영하 108℃)에 불과할 수도 있다고 추정했다. 이 경우 생명체가 살기에는 온도가 너무 낮다. 앞으로 제임스웹우주망원경이 올라간다면 1856b에 대한 좀 더 확실한 정보를 얻을 수 있을 것이다.

연구자들은 논문 말미에서 흥미로운 언급을 했다. 기존 이론에 따르면 이 정도 질량의 행성이 백색왜성에 이렇게 가까이 접근하면 강한 중력의 기조력에 찢기고 파편은 먹혀 사라져야 하는데 멀쩡하게 살아남아

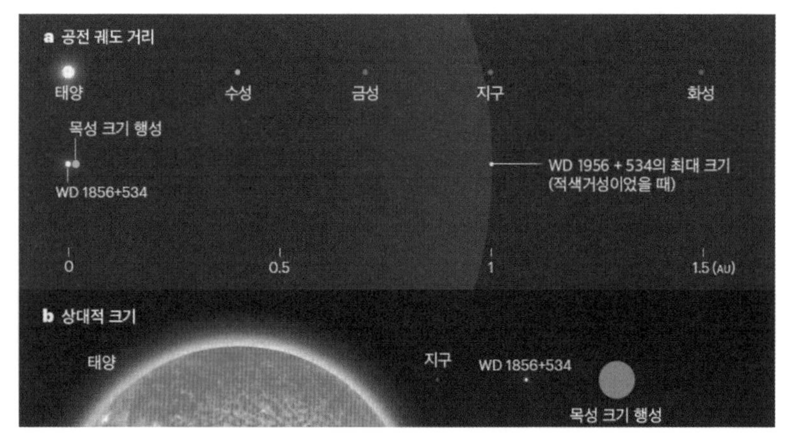

백색왜성 WD 1856+534와 목성 크기 행성의 거리는 태양과 지구 거리의 2%에 불과하다. WD 1856+534는 적색거성일 때 반지름이 태양과 지구 거리에 육박했을 것으로 보인다(위). 태양과 지구, WD 1856+534, 목성 크기 행성의 크기를 비교했다(아래). (제공 『네이처』)

공전하고 있다는 건 백색왜성에 지구형 행성도 존재할 수 있다는 뜻이라는 것이다. 만일 그렇다면 백색왜성의 행성에 생명체가 살 가능성도 있다.

미국 워싱턴대 천문학과 에릭 아골Eric Agol 교수는 지난 2011년 학술지 『천체물리저널레터스』에 발표한 논문에서 백색왜성의 행성에서 생명체가 살 수 있는 조건을 제시했다. 즉 태양 질량의 0.4~0.9배이고 표면 온도가 1만K 미만인 백색왜성 주위를 지구형 행성이 태양과 지구 사이 거리의 0.5~2% 거리로 공전할 경우 액체인 물이 존재할 수 있고 이 상태가 적어도 30억 년은 유지될 수 있다는 것이다.

100억 년 뒤 태양계의 모습을 상상해보자. 지구는 벌써 사라진 지 오래이지만, 목성(또는 토성)은 살아남아 1856b처럼 백색왜성 태양 가까이 돌고 있다. 백색왜성 태양의 표면 온도와 거리가 절묘하게 맞아떨어져 목성의 위성 유로파(또는 토성의 위성 타이탄)에 생명체가 살고 있다. 놀

이번 외계 행성 발견으로 100억 년 뒤에도 태양계에 생명체가 존재할 수 있다는 희망이 생겼다. 지구는 사라지더라도 목성이나 토성이 백색왜성 태양에 가까이 오면 그 위성에서 생명체가 살아갈 수 있는 조건이 만들어질 수도 있기 때문이다. (제공 NASA)

랍게도 여기에는 인류도 포함돼 있다.

20억~30억 년 뒤 태양의 복사열이 너무 강해져 지구가 생명체가 살 수 없게 될 지경에 이르자 인류는 유로파와 타이탄에 이주할 사람들을 뽑아 보낼 것이다. 위성에 도착해 타임캡슐에서 잠든 채 수십억 년을 보낸 사람들은 생명체가 살 수 있는 조건이 됐다는 우주선 센서의 신호에 깨어나 백색위성 태양 옆 유로파(또는 타이탄)에서 두 번째 지구 생활을 이어갈 수 있지 않을까.

이런 시나리오로 SF영화를 만들면 꽤 재미있을 거라는 생각이 문득 든다.

6-3

폐열의 빛으로 전기 만든다!

지난 겨울 한 TV 프로그램에 나온 사람을 보면서 안타까움을 금할 수 없었다. 나이가 지긋한 이 분은 수십 년째 영구동력장치를 만들고 있었는데, 타워크레인에 버금가는 엄청난 크기였다. 칼바람이 부는 한겨울임에도 “이제 조금만 더 하면 완성된다”며 낮 내내 수십 미터 높이의 장치 위에 머물렀다.

취미 삼아 거대한 조형물을 만드는 것일 뿐이라면 좋겠지만(그러기에도 너무 고생스럽고 위험하지만) 진정 영구동력장치를 만들 수 있다고 믿고 인생 후반기를 쏟아부은 것이라면 이제라도 열역학 교재를 보고 뜻을 접으라고 말해주고 싶다. ‘고립된 계에서 총 내부에너지는 일정하다’

지난 수백 년 동안 많은 발명가들이 영구동력장치를 만드는 연구에 뛰어들어 인생을 바쳤다. 19세기 열역학 이론 발전으로 영구동력장치가 불가능하다는 게 증명됐음에도, 여전히 가능하다고 믿는 사람들이 적지 않다. 미국의 과학잡지 『파퓰러 사이언스』 1920년 10월호는 영구동력장치를 표지기사로 다뤘다. (제공 위키피디아)

는 그 유명한 '열역학 제1법칙'에 따르면 영구동력장치는 원리적으로 불가능하기 때문이다. 동력장치가 일을 한다는 것은 에너지가 빠져나간다는 말이고 따라서 최소한 그만큼의 에너지가 들어와야 계속 작동할 수 있다.

투입된 에너지의 60%는 폐열로 흩어져

실제 동력장치를 보면 100% 효율도 불가능한 얘기다. 즉 투입된 에너지의 일부만이 일로 바뀌고 나머지는 주위로 흩어진다(주로 폐열의 형태로). 이 역시 열역학 이론으로 설명이 되는데, 가장 유명한 예가 '카르노 사이클Carnot cycle' 아닐까.

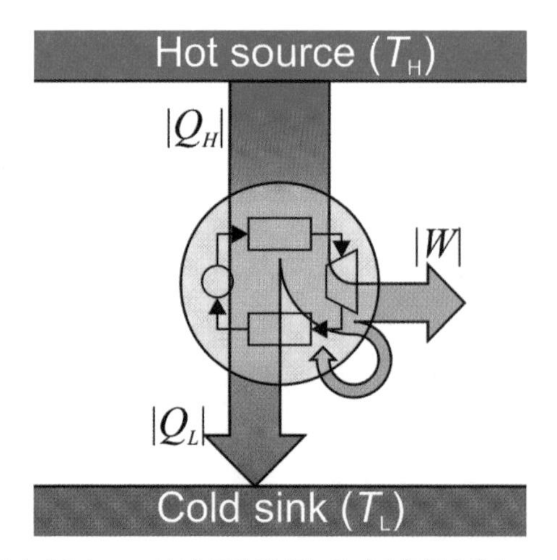

프랑스의 공학자 사디 카르노는 1824년 이상적인 열기관조차 에너지변환 효율이 100%에 이를 수 없음을 이론으로 증명했다. 즉 고열원hot source에서 기관에 투입된 열(Q_H)을 일(W)로 변환하는 과정에서 불가피하게 저열원cold sink으로 빠져나가는 폐열(Q_L)이 발생한다. 두 열원의 온도 차이가 클수록 열기관의 효율이 높아진다. (제공 위키피디아)

프랑스의 공학자 사디 카르노Sadi Carnot는 불과 28세인 1824년 이상적인 열기관을 만드는 연구를 한 결과 카르노 사이클 이론을 내놓았다. 이 과정은 다소 복잡한데(이공계 몇몇 학과에서 자세히 배운다), 결론을 말하면 열기관이 작동하는 온도 범위에 따라 효율이 정해진다는 것이다. 이를 수식으로 표현하면 '효율=1-T_C/T_H'다(T_C은 저열원cold sink의 온도, T_H는 고열원hot source의 온도이고 단위는 절대온도다(K=℃+273.15). 즉 저온이 절대온도 0℃가 돼야 열효율이 1, 즉 100%가 되므로 현실에서는 불가능하다는 말이다.

카르노 사이클 이론을 자동차 엔진에 적용해보자. 실린더 내부로 주입된 연료가 폭발하면서 나오는 열에너지가 피스톤을 밀어 운동에너지로 전환되고 왕복운동으로 피스톤이 원상태로 돌아온 뒤 같은 과정이 반복되며 차가 움직인다. 이때 고온이 727℃, 저온이 427℃라면 열효율은 30%다(=1-700/1000). 참고로 가솔린 엔진의 열효율은 25% 수준이다.

따라서 엔진의 효율을 높이려면 고열원의 온도를 더 높이거나 저열원의 온도를 더 낮춰야 한다. 이는 엔진의 구조와 연료의 조성, 냉각 시스템에 따라 결정되므로 한계가 있다. 아무튼 엔진의 저온은 주위 온도에 비해 훨씬 높아 열이 주위로 흩어진다. 주차한 차의 보닛을 만지면 뜨거운 이유다. 우리는 이를 '폐열'이라고 부른다.

폐열은 자동차 엔진뿐 아니라 발전소 터빈, 공장 설비, 가전제품 등 사실상 모든 장치가 작동할 때 발생한다. 실제 우리가 소모하는 에너지의 61%가 폐열로 흩어진다는 조사결과도 있다. 따라서 폐열의 일부라도 재활용할 수 있다면 에너지 효율을 높여 지구온난화를 막는 데 도움이 될 것이다.

폐열 재활용의 한 예로 열전발전기를 들 수 있다. 열전발전기thermoelectric generator란 폐열을 내는 고온물체와 저온물체 사이에 반도체를 배치해 전압을 유도하는 장치다. 열전효과의 다른 측면은 전류를 흘릴 때 온도 차가 발생하는 현상으로, 고체 냉각장치를 만들 수 있다.•

열광전지는 나와 있지만...

열은 온도가 높은 물체에서 낮은 물체로 흐르고 따라서 어떤 물체를 진공에 띄워놓으면 열이 갇혀 온도가 유지될 것 같다. 그러나 온도가 낮은 물체(공기 입자 포함)와 접촉하지 않더라도 열이 빛의 형태로 빠져나가며 고온의 물체가 식는다. 빛(파동의 측면에서는 전자기파, 입자의 측면에서는 광자photon(빛알갱이라고도 부른다)는 파장에 반비례하는 에너지를 지니기 때문이다. 이런 현상을 복사냉각radiation cooling이라고 부른다.

모든 물체는 표면 온도에 따라 파장의 분포와 강도가 정해진 빛을 내놓는다. 표면 온도가 높을수록 광자의 에너지가 큰 짧은 파장의 빛이 더 많이 나온다. '흑체복사blackbody radiation'라고 부르는 이 현상은 물체를 구성하는 원자의 열적 교란으로 빛이 발생하는 것이다.

예를 들어 태양은 표면 온도가 대략 6,000℃인 흑체로, 복사 스펙트럼을 보면 수백nm(나노미터. 1nm는 10억 분의 1m) 파장을 중심으로 분포한다. 우리 눈은 400~700nm인 전자기파를 볼 수 있게 진화했기 때문에 이

•열전효과에 대한 자세한 내용은 『과학을 기다리는 시간』 233쪽 '냉매 안 쓰는 냉장고 에어컨 시대 열릴까' 참조.

영역을 빛(일상 용어) 또는 가시광선(전문 용어)이라고 부른다.

우리 몸도 표면 온도가 30℃를 약간 상회하는 흑체로, 주로 적외선을 내놓는다. 최근 코로나19 사태로 곳곳에 열화상카메라가 설치돼 있는데, 얼굴의 흑체복사 스펙트럼을 분석해 체온을 측정하는 장치다. 즉 열이 없는 사람의 이마 온도는 34℃ 내외인데, 열이 있어 이보다 높으면 적외선 스펙트럼 패턴이 달라(그래프가 짧은 파장 범위에서 살짝 올라간다) 모니터에 빨간색으로 표시된다.

설비나 기계에서 나오는 폐열은 대부분 100~400℃ 범위로, 흑체복사 스펙트럼의 피크 범위가 파장 4~8㎛(마이크로미터. 1㎛는 100만 분의 1m)인 적외선이다(인체 복사의 경우 피크 파장은 9㎛).

엄밀히 말하면 태양광발전도 복사에너지 형태로 흩어지는 폐열을 이용해 전기를 만드는 것이다. 다만 태양이 너무 멀리 떨어져 있어 표면의

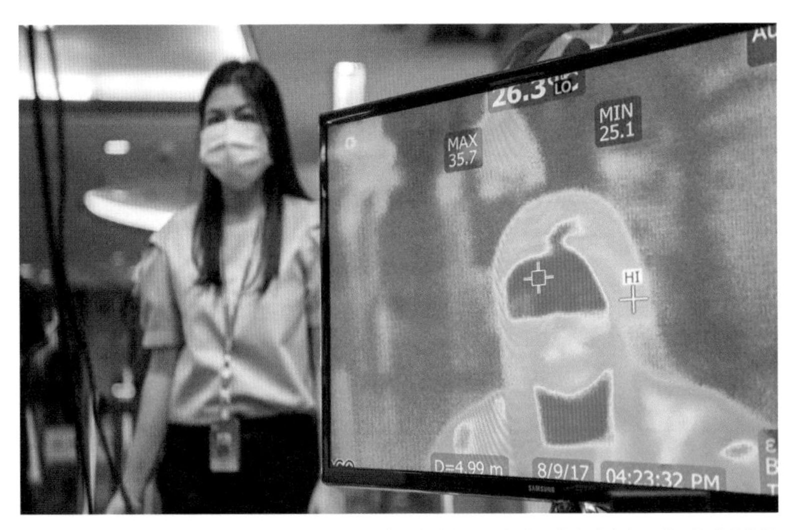

코로나19 사태로 곳곳에 설치된 열화상카메라는 얼굴에서 나오는 흑체복사의 적외선 스펙트럼 패턴을 분석해 체온을 영상의 색으로 표현하는 장치다.

열기(6,000℃!)를 느끼지 못할 뿐이다. 태양이라는 흑체가 내보내는 가시광선 영역의 광자가 전지의 p형 반도체에 흡수되면 전자가 높은 에너지 상태로 들떠 인접한 n형 반도체로 이동하고 그 결과 전압이 생기는 원리로, 이를 '열광전지thermophotovoltaic'라고 부른다.

원리적으로는 우리 몸에서 내보내는 적외선 영역의 광자로도 열광전지를 만들 수 있다. 물론 광자의 에너지가 작고 밀도도 낮아 얻는 전력이 미미하겠지만. 폐열의 범위인 100~400℃의 흑체복사를 이용한 열광전지는 이보다 낫겠지만 역시 태양광발전과는 비교가 안 된다.

적외선 광자가 반도체 전자 이동시켜

학술지 『사이언스』 2020년 3월 20일자에는 미국 샌디아국립연구소의 과학자들이 기발한 장치를 고안해 폐열의 적외선 복사로 전기를 만드는 새로운 방법을 개발했다는 논문이 실렸다. 어려운 물리이론이라 이해하는 데는 실패했지만 원리는 이렇다.

결정실리콘태양전지(열광전지)와는 달리 p형 반도체와 n형 반도체가 맞닿아있지 않고 그사이에 금속(알루미늄) 게이트가 존재하는데 역시 절연체(이산화규소)로 분리돼 있다. 250~400℃인 열원에서 폐열 복사가 나오면 적외선 광자가 금속과 반도체 사이 공간(두께 3~4nm인 이산화규소)에 모인다.

집적된 광자는 포논공명phonon resonance라는 현상을 통해 인접 p형 반도체의 전자를 들뜨게 해 금속으로 이동시키고 금속의 전자가 다시

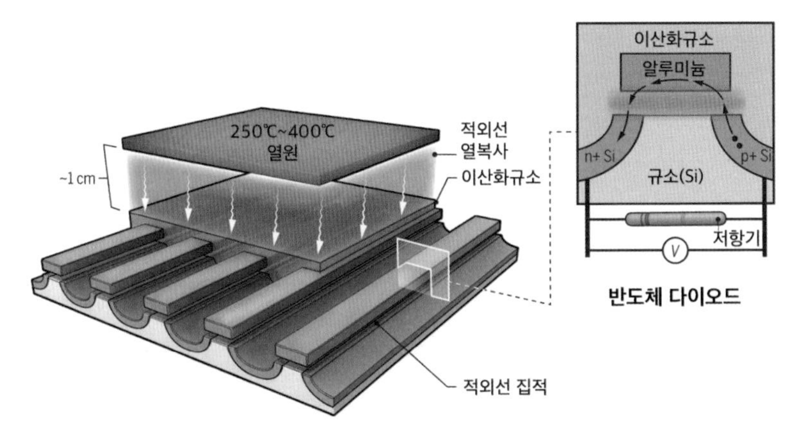

최근 미국의 과학자들은 250~400℃ 폐열에서 나오는 적외선으로 전기를 만드는 새로운 열광발전시스템을 개발하는 데 성공했다. 작동 원리를 보여주는 그림으로 열원에서 나오는 적외선IR이 1cm 떨어진 절연체(이산화규소)에 도달한다. 오른쪽 클로즈업은 적외선 광자가 금속 게이트aluminum와 p형 반도체(p+ Si), n형 반도체 사이 틈에 모여 인접 p형 반도체의 전자를 들뜨게 해 금속 게이트로 이동시키고 다시 n형 반도체로 이동시켜 전압을 발생시키는 과정을 묘사하고 있다. (제공 C. Bickel/『사이언스』)

n형 반도체로 이동해 전압을 발생시킨다. 여러 조합으로 실험한 결과 350℃ 열원에서 나온 적외선으로 제곱센티미터 당 61마이크로와트의 최대 전력 밀도를 얻는 데 성공했다. 에너지변환 효율은 0.4%에 불과하지만, 기존 열광전지 장치로 얻을 수 있는 값의 수십 배에 해당한다.

연구자들은 이번에 개발한 열광발전시스템이 기존 반도체 소재와 기술을 이용한 것이기 때문에 폐열을 이용한 열전발전기와 결합한 시스템을 어렵지 않게 만들 수 있을 것이라고 내다봤다. 열광발전시스템이 상용화에 성공해 온실가스 배출량을 줄이는 데 기여했으면 하는 바람이다.

6-4

세포 안에는 왜 액체방울이 존재할까

올리브오일과 발사믹식초는 상분리를 통해 두 상으로 나뉘어 존재한다. 이게 열역학적으로 가장 안정한 상태이기 때문이다. (제공 위키피디아)

파스타집에서 주문을 하면 요리를 기다리는 동안 먹으라고 빵 몇 조각을 내놓는다. 그런데 빵을 찍어 먹는 기름장이 좀 별나다. 고깃집에서는 참기름이지만 이건 연둣빛이 도는 올리브기름이고 중간중간 시커먼 물방울(발사믹식초)이 보인다. 기름과 물(식초)이 섞이지 않기 때문이다. 주인장 인심이 좋아 식초의 양이 많으면 두 층으로 나뉜다(위는 기름 아래는 식초).

기름과 물을 믹서기로 세게 섞어 한 액체로 만들어도 시간이 지나면 작은 방울이 생기면서(보통 양이 적은 쪽이) 서로 합쳐져 커지다가 궁극적으로는 두 층으로 나뉜다. 이런 현상을 물리화학에서는 '상분리phase separation'라고 부른다. 서로 친하지 않은 두 물질이 각각 어느 양을 넘으면 끼리끼리 존재하는 게 엔트로피 감소(서로 분리되면 공간적인 제약이 생기므로)를 감안하더라도 열역학적으로 더 안정하기 때문이다.

사실 상분리는 도처에서 볼 수 있는 현상이다. 습기를 머금은 저녁 공기는 한 상one phase이지만 새벽에 온도가 이슬점 아래로 떨어지면 물분자가 모여 물방울, 즉 이슬을 만들며 두 상(공기와 이슬)으로 분리된다. 아이스커피는 나올 때는 두 상이지만(액체인 커피와 고체인 얼음) 수다를 떨다 보면 얼음이 녹아 어느새 한 상(희석된 커피)으로 바뀌어 있다(상분리의 반대 방향이다).

그런데 최근 수년 사이 상분리가 생명과학계의 핫이슈로 떠올랐다. 올리브기름의 발사믹식초 방울처럼 세포 안에 작은 액체방울이 가득 들어있다는 사실이 밝혀졌는데, 이것들이 상분리를 통해 만들어진다. 물론 이 사실만으로 핫이슈가 될 수는 없다. 이렇게 만들어진 액체방울들이 생명현상이나 질병을 이해하는 열쇠를 쥐고 있다는 사실이 드러나고 있기 때문이다.

놀랍게도 2009년 학술지 『사이언스』에 상분리로 만들어진 세포 내 액체방울을 보고한 논문이 실리기 전까지 과학자들은 세포 안에서 이런 현상이 일어나는 줄도 몰랐다. 심지어 논문이 나가고도 한동안은 소수의 과학자를 빼고는 주목을 하지 않았다. 그러다가 수년 전부터 갑자기 주목을 받기 시작했고 『사이언스』 선정 '2018년 10대 과학성과'에 뽑히기에 이르렀다. 최근 『사이언스』나 『네이처』 같은 저명한 학술지에 거의 매달 논문이 나오고 있는 세포 내 상분리의 세계를 들여다보자.

인의 실체 170년 만에 드러나

세포 안이 균일한 액체 상태가 아니라는 건 잘 알려져 있다. 특히 진핵세포는 가운데 자리잡고 있는 핵을 포함해 미토콘드리아, 리소좀 같은 여러 세포소기관이 존재하는데 다들 지질이중막에 둘러싸여 있다. 여기까지는 생물 시간에 배운 익숙한 내용이다.

그런데 세포 안을 자세히 들여다보면 이런 고전적인 세포소기관이 아닌 여러 구조물들이 보인다. 예를 들어 분열하지 않는 핵 내에는 구형의 구조물이 존재하는데, 인nucleolus이라고 부른다. 인의 존재가 처음 관찰된 건 1840년이다. 그 뒤 연구결과 인은 '단백질을 만드는 공장'인 리보솜을 만드는 '공장'이라는 사실이 밝혀졌다. 그런데 인의 표면에는 지질막이 없다. 따라서 과학자들은 인의 형태가, 생체고분자가 실뭉치처럼 서로 얽혀 단단한 구조를 이룬 결과 유지되고 있다고 생각했다. 이밖에도 세포질이나 핵질nucleoplasm(핵 내 액체)에 막이 없는 다양한 구조물이 존재했고 다들 이런 식으로 형태를 유지한다고 믿었다.

이런 구조 가운데 하나인 'P과립P granule'은 예쁜꼬마선충의 배아 세포에 존재하는데, 단백질과 RNA로 이뤄진 덩어리로 생각됐다. 그런데 고성능 현미경으로 들여다보자 P과립들이 올리브기름 속 작은 식초방울들이 서로 만나 하나로 합쳐지는 것 같은 현상이 관찰됐다. 즉 P과립이 액체라는 말이다.

막이 없음에도 세포질과 분리돼 존재할 수 있는 건 역시 올리브기름 속 식초방울처럼 상이 분리된 상태로 있는 게 더 안정하기 때문이다. 즉 단백질과 RNA가 상호작용하며 안정한 액체 상태를 유지한다. 독일의 두

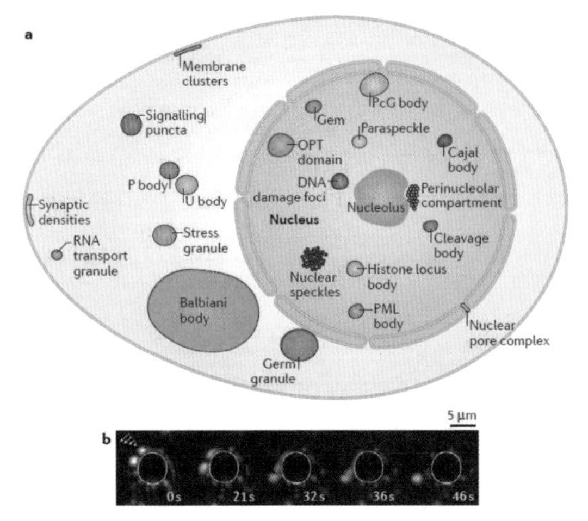

세포 안에는 막이 있는 세포소기관뿐 아니라 막이 없는 다양한 구조물이 존재한다. 최근 이들 대부분이 상분리로 형성된 액체방울이라는 사실이 드러났고 이를 통칭해 생분자응집체라고 부른다. 여러 유형의 세포에 존재하는 액체방울을 한 세포에 담았다. 아래는 예쁜꼬마선충의 배아세포에 존재하는 P과립(흰색)이 시간(초)에 따라 변하는 모습을 보여주는 이미지로 액체방울임을 알 수 있다. 흰색 선은 세포핵 경계를 나타낸다. (제공 『네이처 리뷰 분자세포생물학』)

막스플랑크연구소(분자세포생물학·유전학 및 복잡계물리학) 연구자들이 2009년 『사이언스』에 발표한 내용이다. 2011년 인nucleolus도 액체방울 상태라는 사실이 밝혀졌다. 그 존재가 알려진 뒤 170년 만에 물리적 실체가 드러난 셈이다.

2009년 연구를 이끈 앤서니 하이만 박사는 2017년 발표한 한 리뷰에서 제각각의 이름으로 불리고 있는, 세포 내 막이 없는 액체방울들을 통칭해 '생분자응집체biomolecular condensates'로 부르자고 제안했다. 생물학자들에게 낯선 응집체라는 용어를 굳이 사용한 건 생성 메커니즘이 응집물리학 이론을 바탕으로 하기 때문이다.

식물에선 온도센서 역할도 해

그렇다면 세포 안에 왜 이처럼 다양한 액체방울이 존재할까. 그래야만 하는 필연적 이유(기능)가 있는 걸까 아니면 단순히 물리 법칙에 따라 상분리가 일어나 그저 존재하는 것일 뿐일까. 연구결과 생분자응집체는 여러 기능이 있고 형성 과정에 문제가 생기면 질병을 일으킬 수도 있다는 사실이 밝혀졌다. 이 분야는 이미 너무 방대해져 내 이해 범위를 넘어섰기 때문에 여기서는 최근 발표된 몇몇 연구결과만 소개한다.

『네이처』 2020년 5월 14일자에는 리보솜 공장 인에 대한 이해를 높인 연구결과가 실렸다. 앞서 말했듯이 핵 내 구조물인 인에서는 리보솜RNA의 성숙과 리보솜의 조립이 일어나는데, 이 과정에서 NPM1을 비롯한 여러 단백질이 관여한다. 프린스턴대가 주축이 된 미국 연구자들은 NPM1 단백질과 미성숙 리보솜RNA(인트론이 포함된 전사체)가 상호작용하며 핵질과 상분리가 일어나 안정한 액체방울, 즉 인의 구조를 형성한다는 사실을 밝혔다. 아울러 인에서 만들어진 리보솜은 역설적으로 인에서는 불안정한 분자복합체라 바깥으로 밀려나 결국 핵질로 방출된다. 리보솜 공장에서는 완제품 출하도 열역학의 법칙에 따라 힘 안 들이고 일어나는 셈이다.

『네이처』 2020년 8월 27일자에는 식물이 상분리 현상을 이용한 온도센서를 지니고 있다는 연구결과가 실렸다. 쌍떡잎식물의 모델인 애기장대는 우리가 쾌적함을 느끼는 온도 범위에서 꽤 민감하게 반응한다. 즉 22℃에서는 성장 기간이 길어 한참 뒤에나 꽃이 피지만 불과 5℃ 높은 27℃에서는 어느 정도 자라면 꽃대가 올라와 꽃이 피고 씨를 맺는다.

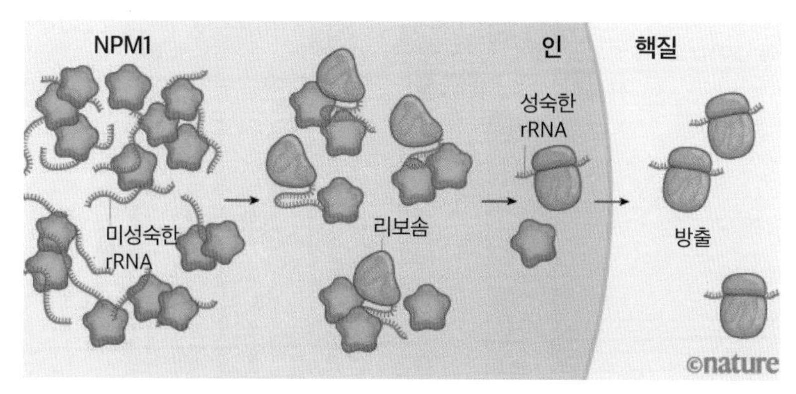

핵 내부에 있는 인은 리보솜을 만드는 곳으로 그 구조는 미스터리였지만 2011년 액체방울임이 밝혀졌다. 최근 연구결과 NPM1 단백질과 미성숙 리보솜RNA의 상호작용이 안정한 인의 구조를 이루고 있고 생산물인 리보솜은 여기에 끼지 못해 핵질로 방출된다는 사실이 밝혀졌다. (제공 『네이처』)

성균관대 생명과학과 정재훈 교수팀과 영국 케임브리지대 공동연구자들은 애기장대가 ELF3 단백질의 상분리 메커니즘을 통해 이런 미묘한 온도변화를 감지해 성장 패턴을 달리한다는 사실을 밝혀냈다. ELF3은 개화를 일으키는 유전자를 억제하는 역할을 하는데(전사억제인자), 27℃에서는 상분리가 일어나 액체방울에 갇히면서 억제 작용을 하지 못해 꽃이 일찍 핀다는 것이다. 이는 새벽에 온도가 내려가 이슬이 형성되는 것과 비슷한 현상이다. 다만 여기서는 온도가 올라갈 때 상분리가 일어난다는 게 다르다.

ELF3는 다른 식물에도 존재하는데, 흥미롭게도 감자나 야생잔디에서는 이런 온도 민감성이 나타나지 않는다. 연구자들은 세 식물의 ELF3 아미노산 서열을 비교해봤고 애기장대에만 아미노산 글루타민의 반복서열(polyQ)이 존재한다는 사실을 발견했다.

22℃에서는 ELF3 단백질이 개별 분자로 존재하며 전사억제인자로 작동하지만 27℃에서는 글루타민 반복서열이 있는 부분을 중심으로 서로

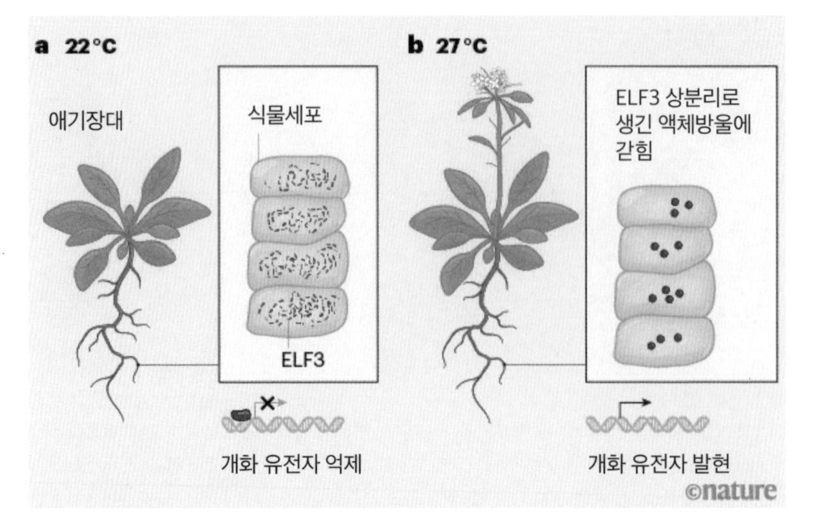

최근 성균관대 생명과학과 정재훈 교수팀과 영국 케임브리지대 공동연구자들은 애기장대가 22℃보다 27℃에서 훨씬 빨리 꽃을 피우는 현상을 ELF3 단백질의 상분리 현상으로 설명했다. 22℃에서는 ELF3가 개별 분자로 존재해 개화 유전자를 억제하는 기능을 하지만(왼쪽) 27℃에서는 상분리로 액체방울을 만들면서 개화유전자가 발현한다(오른쪽). (제공『네이처』)

상호작용하면서 안정화돼 상분리가 일어나는 것으로 보인다. 실제 애기장대 ELF3 유전자의 이 부분을 야생잔디의 서열로 바꿔치기하면 27℃에서도 상분리가 일어나지 않아 꽃이 늦게 핀다.

신경퇴행성 질환의 배후

최근 세포 내 상분리가 주목받는 건 생명현상을 새로운 관점에서 바라보게 하는 이런 기초연구결과뿐 아니라 의학에도 큰 영감을 주기 때문이다. 특히 초고령사회에 큰 부담이 되는 신경퇴행성질환이 상분리와 밀접한 관계가 있다는 사실이 점차 분명해지고 있다.

상대적으로 흔한 알츠하이머병과 파킨슨병뿐 아니라 드문 헌팅턴병과 루게릭병(근위축성측색경화증) 모두 단백질이 비정상적으로 뭉쳐져 신경세포가 파괴된 결과다. 그런데 알고 보니 많은 경우 상분리를 거쳐 액체방울로 존재하던 단백질이 점점 굳어져 젤 상태가 되고 결국은 섬유를 형성한다는 사실이 밝혀진 것이다.

예를 들어 루게릭병은 TDR-43 단백질 섬유가 신경세포에 엉겨 붙어 세포가 하나둘 죽으면서 근육이 점차 마비돼 발병한다. TDR-43은 핵 안에 존재하며 RNA와 상호작용을 하는 단백질이다. 그런데 루게릭병 환자의 신경세포를 보면 세포질로 빠져나와 섬유를 형성하고 있다.

루게릭병 환자들 대다수는 TDR-43 유전자에 돌연변이가 존재한다. 돌연변이로 아미노산이 바뀌면 TDR-43 단백질의 성격이 바뀔 수 있다. 그 결과 상분리 직후에는 단백질과 RNA가 상호작용을 하며 액체방울을 유지하지만 오래지 않아 단백질이 RNA를 밀어내고 자기들끼리 상호작용하며 더 안정한 구조, 즉 섬유를 형성한다. 이 과정은 세포 단위에서 일어나므로 수년~수십 년이 지난 뒤에야 발병한다. 따라서 상분리로 형성된 액체방울을 안정화할 수 있는 약물을 개발한다면 루게릭병의 진행을 멈출 수 있을지도 모른다.

최근 국내에도 코로나19가 재확산되면서 강도 높은 사회적 거리두기가 실행되고 있다.• 바이러스 생존에 불리하다는 고온다습의 조건에서도 이처럼 기세가 등등한 건 바이러스의 스파이크 단백질에 돌연변이가 일어나 아미노산 하나가 바뀌면서 인체 세포 표면의 ACE2 단백질에 더

• 이 글은 2020년 9월 1일 발표했다..

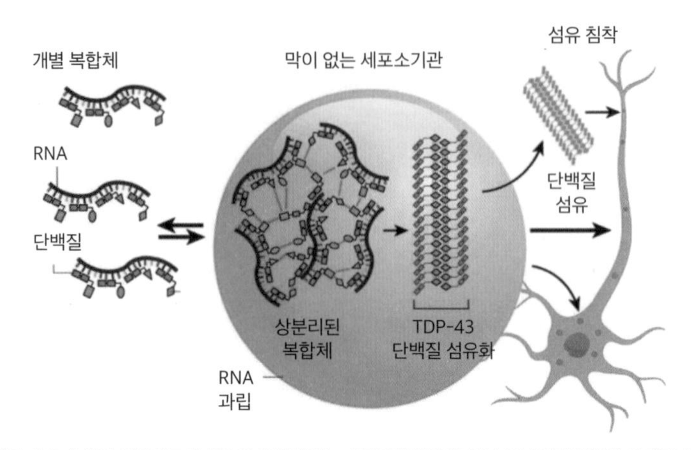

단백질 섬유가 쌓여 신경세포가 죽으면서 발생하는 신경퇴행성질환 역시 상분리와 밀접한 관계가 있다는 사실이 드러나고 있다. 루게릭병의 경우 상분리로 액체방울을 이루는 RNA와 단백질의 상호작용에 변화가 생기면서 촉발된다. 즉 단백질이 RNA를 배제하고 자기들끼리 모여 섬유를 형성해 세포질로 빠져나가 곳곳에 달라붙어 쌓이면 결국 세포가 죽게 된다. (제공 『네이처』)

잘 달라붙게 돼 감염력이 6배나 높아진 결과라는 설명이 있다.

아미노산이 바뀌면서 단백질의 구조가 바뀌고 그 결과 다른 분자와 물리화학적 상호작용이 미묘하게 바뀌면서 병을 유발하거나 감염력이 높아지는 결과로 이어지는 것을 보면 만물의 영장이라는 인간도 물리와 화학의 법칙에서 결코 자유롭지 못한 분자들로 이뤄진 물질적 존재라는 당연한 사실이 새삼 씁쓸하게 느껴진다.

SCIENCE CAFE SEASON 10
Part. 7
생명과학

7-1

스트레스는 어떻게 검은 머리를 파뿌리로 만들까

수년 전 한 여행 프로그램에서 흥미로운 장면을 봤다. 불가리아의 장수촌을 찾은 여행자(진행자)가 90세 시어머니와 60대 중반 며느리가 함께 사는 집을 방문했다(어쩐 일인지 아들은 보이지 않았다). 매일 요거트를 먹은 게 장수의 비결이라고 말하는 시어머니는 70대로 보일 정도로 정정했다.

여행자가 시어머니와 대화를 나누고 있는데 며느리가 오더니 시어머니에게 바늘귀에 실을 꿰달란다. 놀랍게도 시어머니는 맨눈으로 실을 꿰 며느리에게 건네줬다. 여행자가 "어떻게 된 거냐?"고 묻자 며느리는 "나는 돋보기를 껴야 하는데 어머니는 참 대단하다"며 멋쩍게 웃었다.

수정체의 탄력성이 떨어져 주위 근육이 잡아당기지 않을 때도 원래 형태로 돌아오지 못해 가까운 거리에 초점을 맞추지 못하는 현상이 노안이다. 고무줄을 당겼다 놓았다 반복하면 결국 늘어지는 것과 비슷하다. 이는 물리화학적인 현상으로 개인차가 별로 없을 거라고 생각했는데 아니었다.

비록 수정체의 노화는 20년 이상 젊은 며느리보다도 늦지만 그렇다고 시어머니가 며느리보다 젊어 보이지는 않았다. 신체 조직이나 장기에 따라 노화 속도가 다르고 편차가 꽤 크다는 말이다.

오바마, 4년 사이 흰머리 크게 늘어

노화 속도에서 개인차가 큰 대표적인 예가 머리카락의 탈색 아닐까. '검은 머리가 파뿌리 될 때까지'라는 표현이 있듯이 나이가 들면 머리가 세기 마련이지만 그 시기와 속도는 정말 천차만별이다. 이는 머리카락의 탈색이 단순한 노화가 아니라 유전과 환경(스트레스)의 영향을 꽤 받기 때문이다.

2012년 버락 오바마가 재선에 성공해 취임할 무렵 미국 언론들은 2008년 처음 취임할 때와 비교하며 미국의 대통령이라는 자리가 불과 4년 만에 머리가 하얗게 셀 정도로 스트레스가 심하다고 해석했다. 이에 대해 오바마는 "머리가 일찍 세는 건 유전일 뿐"이라며 자신은 대통령 일을 즐긴다고 주장했다. 반면 영부인 미셸은 "남편의 결정 하나하나에 세계가 영향을 받으니 오죽하겠냐"며 스트레스 원인설을 지지했다.

생각해보면 머리가 세는 건 꽤 독특한 현상이다. 머리가 세는 건 청바지의 물이 빠지듯 전반적으로 서서히 일어나는 게 아니라 개별 머리카락을 단위로 '모 아니면 도' 식으로 일어난다. 어찌 보면 방사성 동위원소의 붕괴와 비슷하다. 반감기에 따라 전체적인 붕괴 속도는 정해져 있지만, 개별 동위원소가 언제 붕괴할지 알 수 없는 확률적 현상인 것처럼 말이다.

동위원소 붕괴와 다른 점도 있다. 두피의 머리카락은 10만 개 내외로 수가 충분히 크므로 머리가 세는 현상이 순전히 확률적으로 일어난다면 흰 머리카락이 전체적으로 균일하게 분포하면서 점차 밀도가 높아져 최종적으로 모두 하얗게 돼야 한다. 실제로는 각 머리카락에서 독립적으로 일어나는 현상은 아닌 것 같다. 즉 머리 부위에 따라 탈색이 먼저 일어

버락 오바마 미국 전前 대통령의 2008년 취임 무렵(왼쪽)과 2012년 취임 무렵(오른쪽) 모습이다. 4년 사이 흰머리가 부쩍 늘었다. (제공 백악관)

나는 곳도 있고 검은 머리카락이 꿋꿋이 우점종을 유지하는 곳도 있다.

내가 이처럼 머리카락 탈색에 관심이 많은 건 40대 10년을 지나며 엄청난 변화를 겪었기 때문이다. 40살에는 흰 머리카락이 5%가 채 안 됐던 것 같은데 45살에는 한 20%가 되더니 50살이 되자 무려 70%를 차지하기에 이르렀다. 오랜만에 만난 지인들은 나의 변한 모습을 보고 '세월무상'이라며 혀를 찬다.

그럼에도 나는 여전히 변화를 실감하지 못하고 있다. 정수리를 중심으로는 거의 백발이지만 가장자리는 여전히 흑발의 비율이 높기 때문이다. 거울에서는 얼굴 주변 머리카락만 보이므로 사태의 진상을 알 수 없다. 휴대전화로 찍은 머리 뒤통수 사진을 보면 '이게 정녕 내 모습인가?' 싶다. 반면 앞머리나 귀 주변 머리카락이 먼저 세는 사람은 거울을 보며 탄식할 것이다.

40대 후반 5년이라는 길지 않은 기간 사이 머리카락의 절반이 탈색된

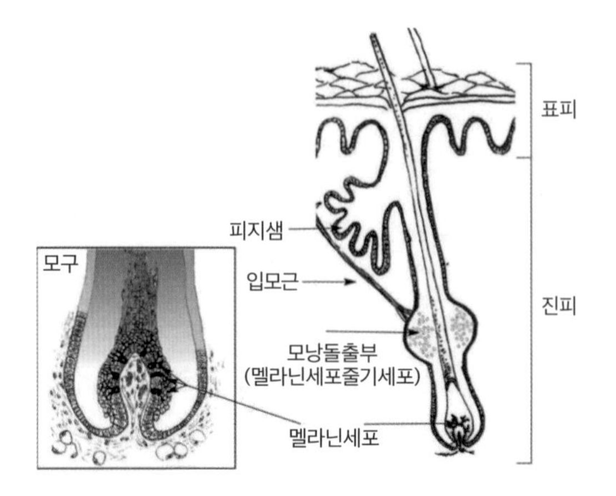

모낭의 구조를 보여주는 그림으로, 모낭돌출부에 멜라닌세포줄기세포가 있고 모구에 멜라닌세포가 있다. 성장기를 지나 퇴행기를 거쳐 휴지기에 들어가면 머리카락이 빠지고 모낭이 수축하고 멜라닌세포가 죽는다. 다음 성장기에 들어서면 멜라닌세포줄기세포가 분열해 일부가 모구로 이동해 멜라닌세포로 분화한다. (제공 『피부과학 및 알러지학의 진보』)

건 스트레스가 어느 정도 작용한 결과로 보인다. 이 기간 극심한 스트레스를 받은 일은 없지만, 노화가 진행되며 스트레스에 대한 문턱이 낮아져 탈색이 가속화한 것 아닐까. 그런데 스트레스는 어떻게 머리카락을 탈색시킬까. 그리고 그 작용이 두피에서 불균일하게 일어나는 이유는 뭘까.

흰머리 빠진 자리에선 흰머리만 나

학술지 『네이처』 2020년 1월 30일자에는 이 의문에 답하는 연구결과가 실렸다. 논문을 소개하기 전에 머리카락의 생리학을 잠깐 들여다보자.

머리카락이나 털은 모낭이라고 부르는, 피부에 있는 주머니 모양의 기관에서 만들어진다. 모낭에서는 털이 성장기, 퇴행기, 휴지기를 거치며 자라고 빠지는 순환을 반복한다. 사람 머리카락의 경우 성장기는 2~8년이고 퇴행기는 2~3주다. 작년인가 TV에서 머리카락 길이 기네스북 신기록을 세운 여성을 본 적이 있는데, 성장기가 예외적으로 긴 경우다.

퇴행기를 지나 자연스럽게 빠진 머리카락의 뿌리는 늦가을에 떨어진 시든 잎의 자루 끝처럼 말랐다. 반면 머리카락 하나를 억지로 뽑아 뿌리를 보면 촉촉한 젤에 덮여 있다. 모낭은 3주 정도 쉬는 휴지기를 거친 뒤 다시 성장기로 들어가 새 머리카락을 만든다.

머리카락의 색은 피부색과 마찬가지로 멜라닌 색소 덕분이다. 모낭에 박혀있는 머리카락의 맨 아랫부분이 모구로, 이곳에서 세포가 분열하면서 머리카락이 자란다. 이때 모구에 있는 멜라닌세포가 멜라닌을 만들어 공급한다. 쌀가루에 쑥가루를 섞어 반죽을 만들어 찐 뒤 뽑으면 녹색의 가래떡이 나오는 것과 비슷하다. 쌀가루에 아무것도 안 넣으면 흰 가래떡이 나오듯, 모구에서 멜라닌이 공급되지 않으면 흰 머리카락이 자란다.

모구의 멜라닌세포는 머리카락이 빠지면 죽기 때문에 다음 성장기에는 모구에 새로 채워야 한다. 모낭이 성장기에 들어가면 모낭 중간쯤에 있는 모낭돌출부에 존재하는 멜라닌세포줄기세포가 분열해 일부가 모구로 이동한 뒤 멜라닌세포로 분화한다. 성장기, 퇴행기, 휴지기 주기를 거칠 때마다 이 과정이 반복된다.

그러다가 모낭돌출부의 멜라닌세포줄기세포가 고갈되면 더 이상 모구로 보낼 세포가 없게 돼 결국 멜라닌을 공급하지 못하게 되면서 흰 머리카락이 자란다. 머리카락의 색은 개별 모낭의 줄기세포 존재 여부에 따라 결정되기 때문에 당신이 아무리 젊더라도 새치를 뽑은 자리(모낭)에서는 검은 머리카락이 나지 않는다!

교감신경이 줄기세포 소진시켜

미국 하버드대 줄기세포·재생생물학과 수야츠에Ya-Chieh Hsu 교수팀이 주축이 된 공동연구자들은 털이 검은 생쥐를 대상으로 스트레스가 탈색을 유발하는 메커니즘을 규명했다. 먼저 스트레스가 정말 털을 세게 하는지 알아보기 위해 세 가지 유형의 스트레스를 준 뒤 새로 난 털의 색을 조사했다.

그 결과 움직임을 제한하는 스트레스와 예측 불허 스트레스(감전 쇼크 같은), 통증 스트레스 모두 탈색을 앞당겼고 특히 통증 스트레스는 바로 다음 주기의 털에서도 탈색이 심하게 일어났다. 참고로 고추의 자극 성분인 캡사이신과 구조가 비슷한 레지니페라톡신RTX을 주사해 통증을 유발한다.

통증 스트레스가 털의 탈색을 유발하는 과정을 단계적으로 살펴보자 흥미로운 사실이 드러났다. 털이 성장기인 상태에서 RTX를 주사하고

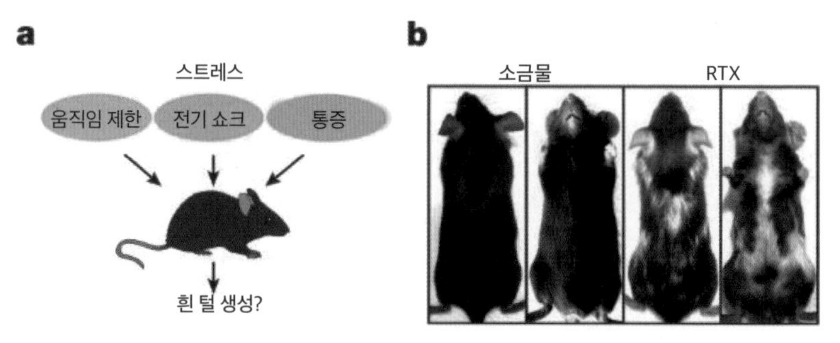

a) 털이 검은 생쥐에게 스트레스를 가하면 새로 나는 털에서 탈색이 나타나는데 특히 통증 스트레스에서 뚜렷하다. b) 왼쪽은 소금물을 주사한 생쥐(대조군)의 위아래 사진이고 오른쪽은 통증을 일으키는 약물RTX을 주사한 생쥐의 위아래 사진이다. 통증으로 인한 극심한 스트레스로 전체 털의 3분의 1이 하얗게 셌다. (제공 『네이처』)

5일이 지난 뒤 모낭을 관찰한 결과 모구에는 멜라닌세포가 여전히 존재하는 반면 모낭돌출부에는 멜라닌세포줄기세포가 안 보였다. 이 털은 빠질 때까지 검은색을 유지하겠지만 다음에 날 털은 흰색일 거라는 말이다. 실제 퇴행기와 휴지기를 지나 새로 성장기에 들어간 모낭에서는 흰털이 나왔다.

다음으로 연구자들은 스트레스가 어떤 경로로 탈색을 유도하는지 알아보기로 했다. 먼저 면역세포가 피부의 멜라닌세포를 파괴해 백색 반점이 나타나는 '백반증'처럼 머리카락 탈색도 자가면역질환일 가능성이 있다. 그러나 면역세포가 결핍된 돌연변이 생쥐도 스트레스를 받으면 털이 탈색되는 것으로 나타나 이 경로는 아니었다.

다음으로 스트레스를 받을 때 많이 분비되는 스트레스호르몬이 탈

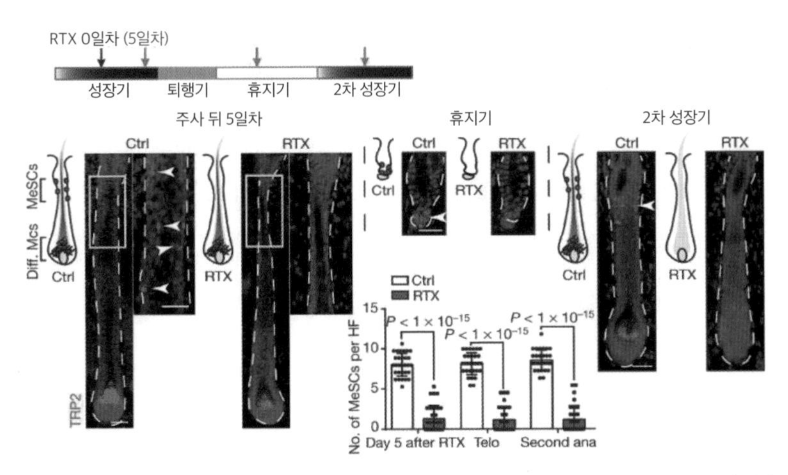

털의 성장기에 통증유발약물[RTX]를 주사하고 5일 뒤 모낭을 보면 모구에는 분화된 멜라닌세포[Diff. Mcs]가 있지만(아래 빨간색) 돌출부에는 멜라닌세포줄기세포[MeSCs]가 없다. 한편 소금물을 주사한 대조군[Ctrl]의 모낭에는 둘 다 존재한다(왼쪽). 털이 빠진 뒤 휴지기에서는 모낭이 수축돼 대조군의 멜라닌세포줄기세포만 남아 있다(가운데). 다시 성장기에 접어들면 모낭이 활성화되는데, 대조군과는 달리 약물군에서는 멜라닌세포가 없어 흰털이 자란다. (제공 『네이처』)

색을 유도할 가능성이다. 대표적인 스트레스호르몬으로는 코티코스테론(사람에서는 코티솔)과 노르아드레날린(노르에피네프린이라고도 부름)이 있다. 역시 돌연변이 생쥐로 조사한 결과 노르아드레날린이 멜라닌세포줄기세포를 파괴하는 것으로 결론이 났다.

노르아드레날린은 스트레스를 받았을 때 '투쟁 도피 반응fight or flight response'을 할 수 있게 몸의 상태를 바꾸라는 신호를 보내는 물질이다. 즉 심장 박동이 빨라지고 심장과 근육으로 가는 혈관은 팽창하고 당장 급하지 않은 위장관으로 가는 혈관은 수축한다. 간에서는 포도당을 생산한다.

노르아드레날린은 부신에서 분비돼 혈관을 통해 전신으로 퍼져 신호를 전하는 호르몬인 동시에 장기 곳곳에 팔(축삭)을 뻗친 교감신경계의 뉴런에서 내보내는 신경전달물질이기도 하다. 실험결과 생쥐 모낭돌출부의 멜라닌세포줄기세포를 없앤 건 주변에 팔을 뻗친 교감신경 뉴런에서 방출된 노르아드레날린으로 밝혀졌다.

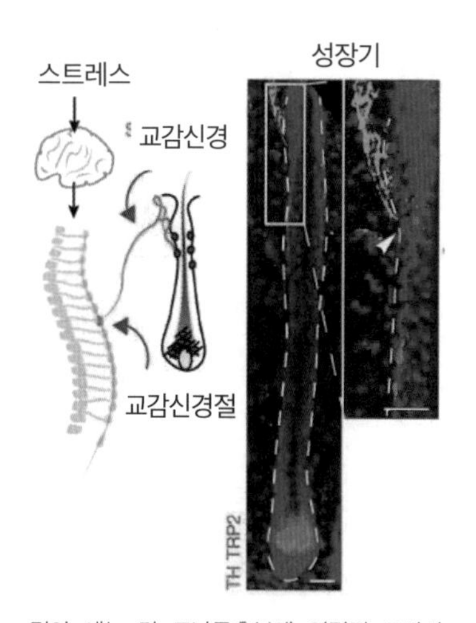

털이 세는 건 모낭돌출부에 연결된 교감신sympathetic nerve 말단이 스트레스 신호를 받아 노르아드레날린을 방출하기 때문이라는 사실이 밝혀졌다. 오른쪽은 모낭의 현미경 이미지로 빨간색이 멜라닌세포줄기세포(위)와 멜라닌세포(아래)이고 녹색이 교감신경 뉴런이다.
(제공 『네이처』)

노르아드레날린은 멜라닌세포줄기세포의 분열과 분화를 촉진한다. RTX 주사가 유발한 통증으로 인한 극심한 스트레스로 교감신경이 과도하게 활성화돼 노르아드레날린

수치가 치솟은 결과 모낭돌출부의 줄기세포가 갑자기 분열해 사방으로 뿔뿔이 흩어지다 보니 정작 모낭돌출부에는 하나도 남지 않게 된 것이다. 반면 모구의 멜라닌세포는 노르아드레날린의 영향을 받지 않는다. 그 결과 극심한 스트레스를 받은 뒤에도 한동안은 털색이 변하지 않지만 털이 빠지고 다음 털이 날 때 영향이 드러나는 것이다.

그런데 생쥐 사진을 보면 극심한 스트레스를 받은 뒤 새로 난 털 모두가 하얗지는 않다. 마치 얼룩소처럼 하얀 털이 군데군데 몰려서 나고 어떤 곳은 여전히 검은색이다. 정수리를 중심으로는 흰머리이고 주변머리는 아직 검은 편인 나의 머리 상태가 떠오른다.

이는 모낭에 뻗은 교감신경 뉴런 배선의 밀도 차이로 보인다. 즉 어떤 이유에서인지 몸(또는 두피)에 분포한 교감신경 뉴런의 밀도가 일정하지 않다. 교감신경 배선이 촘촘하게 깔려 스트레스 반응으로 방출된 노르아드레날린 농도가 높은 부위의 줄기세포가 더 민감하게 반응해 먼저 고갈된다는 말이다.

피부 멜라닌세포는 수명 길어

그런데 교감신경은 왜 모낭돌출부까지 팔을 뻗어 스트레스가 심할 때 멜라닌세포줄기세포에 과도한 분열과 분화를 유도해 고갈로 이끄는 걸까. 이에 대해 연구자들의 논문에서 "아직 모른다"면서도 "진화적으로 보존된 경로로 보인다"고 해석했다. 즉 강한 햇빛이나 자외선에 노출됐을 때 몸을 보호하기 위해 멜라닌을 많이 만들어야 하는 메커니즘이 진화했지만 아주 정교하지는 못해 모낭돌출부의 줄기세포의 경우는 종종 소멸한다는 말이다.

그러고 보면 여름에 장시간 햇빛에 노출돼 피부가 타는 일이 반복돼도 머리카락처럼 피부가 하얗게 되지는 않는다. 또 아무리 나이가 들어도 백반증 같은 병이 아닌 이상 피부가 탈색되는 일은 없다. 머리카락 색이나 피부색이나 모두 멜라닌세포가 합성한 멜라닌 색소가 내는 건데 왜 이런 차이가 나는 것일까.

피부는 표피와 진피(모낭이 자리한 곳이다), 피하지방으로 나뉜다. 혈관은 진피까지만 분포하기 때문에 표피가 손상돼도(피부가 살짝 벗겨져도) 피가 나지 않는다. 표피는 네 개 층으로 이뤄져 있는데, 진피와 닿는 맨 아래 기저층에 멜라닌세포가 자리하면서 멜라닌 색소를 만들어 표피의 각질세포에 공급한다.

그런데 피부 멜라닌세포는 수명이 무척 길다. 사실상 사람이 죽을 때까지는 산다고 보면 된다. 반면 모낭 멜라닌세포는 머리카락의 성장기 동안(2~8년)만 살아 활동한다. 즉 퇴행기를 지나 휴지기에 머리카락이 빠지고 모낭 구조가 수축될 때 모구에 있던 멜라닌세포도 죽는다.

그렇다면 노화로 인한 머리카락의 탈색 역시 모낭돌출부까지 뻗어 있는 교감신경의 작용 때문일까. 만일 그렇다면 극심한 스트레스로 인한 단기간의 탈색은 노화를 압축한 현상일 것이다. 연구자들은 이 부분은 좀 더 연구가 필요하다며 결론을 미뤘다.

지금 나의 머리카락 가운데 30%는 검은색이지만 이 가운데 상당수는 이미 모낭돌출부의 멜라닌세포줄기세포가 고갈된 상태일 것이다. 앞으로 빠질 검은 머리카락의 상당수는 해당 모낭에서 만든 마지막 검은 머리카락이란 말이다. 특히 정수리 부근에서 새로 날 것들은 거의 흰 머리카락일 것이다.

앞으로 주변에 떨어진 검은 머리카락을 볼 때 예전처럼 무심코 집어 휴지통에 버릴 것 같지는 않다.

7-2

미토콘드리아 게놈편집 성공했다!

나이가 들수록 '부익부 빈익빈富益富 貧益貧'이라는 말에 점점 더 공감하게 된다. '눈덩이 효과'도 비슷한 말이다. 초기 약간의 차이가 시간이 지날수록 점점 더 벌어져 나중에는 다른 세상에 사는 것처럼 보이는 현상을 반복해서 목격했기 때문이다.

과학자도 마찬가지 아닐까. 유명 학술지에 논문을 내 주목을 받은 과학자에게는 똑똑한 학생들이 몰리고 여기저기서 공동연구 제안이 들어온다. 그 결과 좋은 결과가 나와 논문이 또 유명 학술지에 실리면 새로운 연구 프로젝트도 쉽게 딸 수 있다. 인재와 아이디어가 계속해서 들어오고 여기서 좋은 결과가 나와 다시 주목을 받는 식이다. 이런 선순환이 몇 차례 반복되면 그 과학자는 어느새 해당 분야의 거장이 돼 있다.

2020년 7월 23일자 학술지 『네이처』에 실린 한 논문의 교신저자인 미국 하버드대 데이비드 리우David Liu 교수를 보며 떠올린 생각이다. 리우 교수는 게놈편집 분야에서 가장 잘 나가는 과학자로, 『네이처』 선정 '2017년 과학계 화제의 인물'로 선정되기도 했다. 지난 2016년 리우 교수팀은 염기편집base editing이라는 신기술을 개발했는데, 기존 게놈편집 기술과는 달리 DNA이중나선 가닥을 자르지 않고 특정 위치의 GC염기쌍을 AT염기쌍으로 바꿀 수 있어 주목을 받았다.•

•염기편집에 대한 자세한 내용은 『컴패니언 사이언스』 316쪽 '유전자편집, 임상시대 오나?' 참조.

참고로 현재 널리 쓰이고 있는 3세대 게놈편집 기술인 크리스퍼/캐스9 시스템에서는 효소가 특정 염기서열을 인식해 DNA이중나선을 풀고 자른 뒤 세포 내 복구 시스템이 작동하면서 편집이 일어난다. 유전자 질환 다수는 단일 염기의 돌연변이 때문에 일어나므로 굳이 DNA가닥을 자르지 않아도 되는 염기편집 기술이 널리 쓰일 것이다.

이번에 『네이처』에 실린 논문 역시 DNA가닥을 자르지 않고 특정 위치의 GC염기쌍을 AT염기쌍으로 바꿀 수 있는 기술을 소개하고 있다. 그럼에도 4년 전 논문과는 전혀 다른 내용이고 중요도 면에서 어쩌면 더 높게 평가할 수도 있다. 세포핵의 게놈이 아니라 미토콘드리아 게놈을 대상으로 염기편집에 성공했기 때문이다. 『네이처』는 이 논문에 대해 관련 분야 전문가의 해설을 붙였을 뿐 아니라 이례적으로 사설과 기사(뉴스)로도 다뤘다.

특이한 효소 발견이 출발점

2018년 연말 어느 날 리우 교수는 안면이 없는 워싱턴대 미생물학자 조셉 모고스Joseph Mogos 교수의 이메일을 받았다. 부르콜데리아 세노세파시아*Burkholderia cenocepacia*라는 박테리아에서 특이한 효소를 발견했는데 어쩌면 염기편집에 쓰일 수도 있을 것 같으니 검토해달라는 내용이었다. 흥미를 느낀 리우 교수는 모고스 교수와 공동연구를 하기에 이르렀고 2년 만에 논문으로 결실을 봤다.

부르콜데리아의 효소는 DNA이중나선의 시토신(C)을 우라실(U)로 바

2016년 DNA 가닥을 자르지 않고도 GC염기쌍을 AT염기쌍으로 바꾸는 염기편집 기술을 개발한 하버드대 데이비드 리우 교수는 2017년 『네이처』 선정 '과학계 화제의 인물'에 뽑히기도 했다. 최근 리우 교수팀은 공동연구를 통해 미토콘드리아 염기편집에 성공해 다시 주목을 받고 있다. 2012년 39세 때 모습이다. (제공 위키피디아)

꾸는 시티딘 디아미네이즈cytidine deaminase다. 2016년 리우 교수가 염기편집에 썼던 효소도 시티딘 디아미네이즈였지만 DNA단일가닥에서 작용한다는 점이 다르다. 리우 교수는 이 차이에 주목했고 부르콜데리아의 효소가 미토콘드리아 게놈편집에 쓰일 수 있음을 깨달았다.

미토콘드리아는 세포의 발전소로 유기분자를 산화시켜 ATP라는 에너지 분자를 만든다. 세포 하나에는 수백~수천 개의 미토콘드리아가 들어있다. 그리고 미토콘드리아는 자체적으로 단백질 13개의 유전자 정보를 담고 있는 작은 게놈을 갖고 있다.

2000년 들어 미토콘드리아가 건강과 수명에 결정적인 역할을 한다는 사실이 점차 분명해지면서 미토콘드리아 게놈에 대한 관심도 높아지고 있다. 그럼에도 핵 게놈과는 달리 크리스퍼/캐스9 같은 편리한 게놈편집 기술을 쓸 수 없다는 게 문제였다. 게놈에서 편집할 위치를 안내하는 가이드RNA가 미토콘드리아 막을 통과하지 못하기 때문이다.

게놈을 파괴할 수는 있지만...

그럼에도 미토콘드리아 게놈편집이 불가능한 건 아니다. 가이드RNA가 필요 없는 1세대(ZFN)와 2세대(TALEN) 게놈편집 기술을 쓰면 되기 때문이다. 이 기술들은 가이드RNA 대신 단백질 자체가 특정 염기서열을 인식하게 구조를 설계한다. 이 과정이 어렵고 비용이 많이 들어 핵 게놈편집에서는 3세대 기술인 크리스퍼/캐스9에 밀렸지만 미토콘드리아에서는 오히려 장점이 됐다.

지난 2013년 2세대 기술로 미토콘드리아 게놈편집에 처음 성공했지만, 표적이 되는 게놈을 파괴할 수밖에 없다는 한계가 있었다. 미토콘드

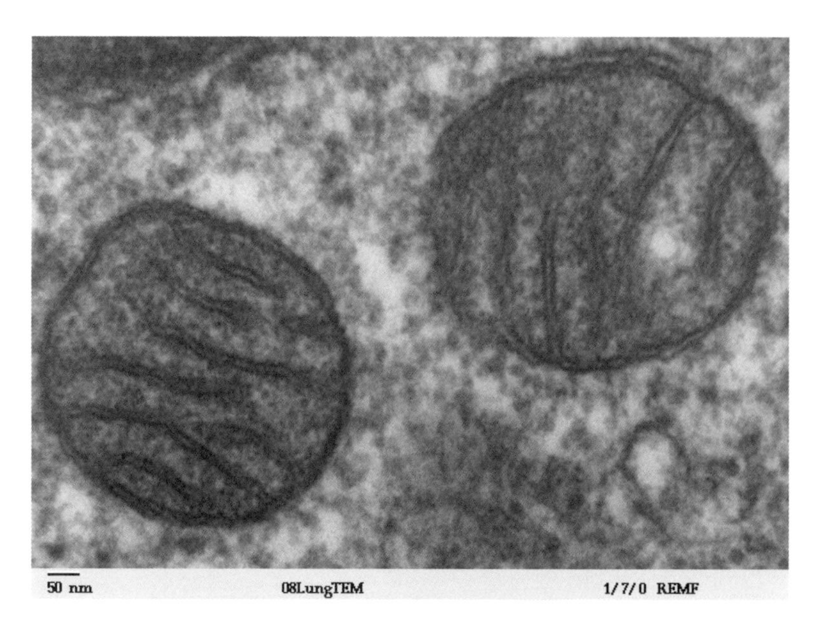

세포 하나에는 세포호흡을 담당하는 소기관인 미토콘드리아가 수백~수천 개 들어있다. 미토콘드리아 게놈에 돌연변이가 생겨 기능이 부실해지면 다양한 질병으로 나타난다. 크리스퍼/캐스9 시스템은 가이드RNA가 미토콘드리아 막을 통과하지 못하기 때문에 미토콘드리아 게놈편집에 쓸 수 없다. (제공 위키피디아)

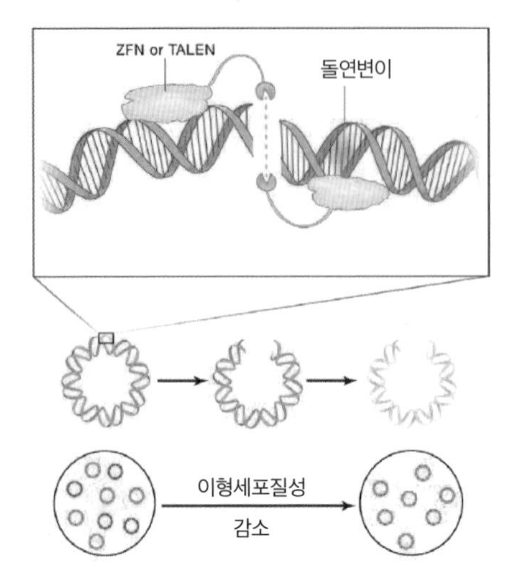

1세대(ZFN) 또는 2세대(TALEN) 기술을 써서 미토콘드리아 게놈편집을 할 수 있지만 표적 염기를 자를 수 있을 뿐 다른 염기로 바꿀 수는 없다는 게 한계였다. 그 결과 게놈에 변이가 있는 미토콘드리아를 솎아내는 데 쓰인다. (제공 『셀』)

리아에는 DNA이중나선 가닥이 잘리면 이를 복구하는 시스템이 없기 때문이다. 원형인 게놈이 잘린 채 방치되면 결국 미토콘드리아가 죽는다. 즉 게놈편집이 게놈에 치명적인 돌연변이가 있는 미토콘드리아를 제거하는 '삭제' 용도로만 쓰일 수 있다는 말이다.

참고로 한 세포 안에 있는 미토콘드리아 수백~수천 개 각각의 게놈은 동일하지 않은 경우가 많다. 이를 이형세포질성heteroplasmy이라고 부른다. 미토콘드리아 질환의 증상이 개인에 따라 미미하거나 심각한 이유도 치명적인 돌연변이를 지닌 미토콘드리아의 비율이 다르기 때문이다. 이 기술을 쓰면 치명적인 변이를 지닌 미토콘드리아를 선별적으로 없애 정상 미토콘드리아의 비율을 높일 수 있다. 그러나 변이를 지닌 미토콘드리아가 절대다수일 경우에는 쓸 수 없다.

교묘하게 설계된 시스템

미토콘드리아 게놈의 특정 염기서열에서 C를 T로 바꾸는 시스템은 꽤 복잡하다. 의도하지 않은 결과가 나오지 않아야 하기 때문이다. 먼저 부르콜데리아의 시티딘 디아미네이즈(이하 DddA)가 게놈의 아무 데서나 C를 T로 바꾸지 못하게 유전자를 반으로 쪼개 각각 반쪽의 단백질을 만들게 했다. 이 둘이 미토콘드리아의 DNA 가닥 주위에서 하나로 합쳐질 때만 효소로 작용해 C를 T로 바꿀 수 있다.

다음으로 2세대 기술(TALEN)에서 DNA가닥을 자르는 기능을 제거한 버전, 즉 게놈의 특정 염기서열을 인식해 달라붙기만 하는 TALE을 두 개 만들어 각각에 DddA 조각을 붙였다. 끝으로 여기에 UGI라는, 우라실 U을 다시 C로 바꾸는 효소를 억제하는 단백질을 붙였다. U는 DNA를 이루는 염기가 아니라서, 미토콘드리아에는 게놈의 DNA에 U가 있으면 C로 바꾸는 효소가 존재하기 때문이다.

TALE와 DddA 반쪽, UGI로 구성된 복합체 한 쌍으로 이뤄진 시스템을 연구자들은 'DddA 유래 시토신 염기편집기DdCBE'라고 명명했다. 미토콘드리아 게놈의 여러 돌연변이 자리를 대상으로 DdCBE의 성능을 시험한 결과 C를 T로 바꾸는 효율이 낮게는 5%, 높게는 50%까지 나왔다.

연구자들은 C를 T로 바꾸는 염기편집으로 미토콘드리아의 유해한 돌연변이의 절반 정도를 고칠 수 있다고 추측했다. 다만 미토콘드리아 게놈편집은 초기 배아 단계에서 이뤄져야 하므로 실제 임상에 적용되려면 갈 길이 멀다.

연구자들은 이 기술이 미토콘드리아 질병의 동물 모델을 만드는 데

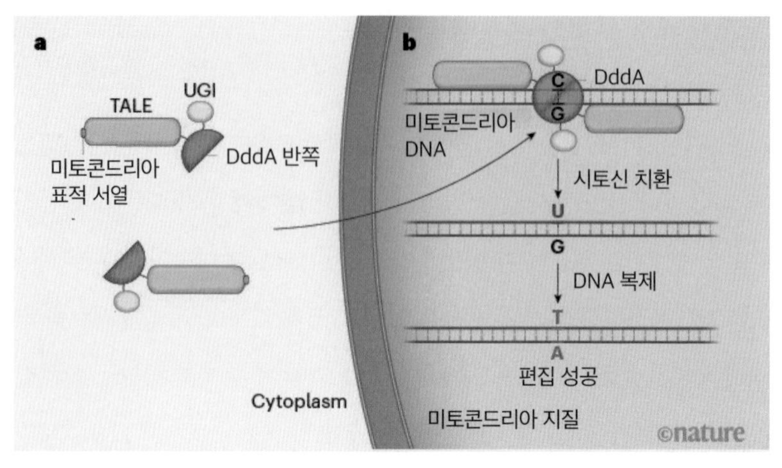

최근 미국 워싱턴대와 하버드대 공동연구자들은 부르콜데리아 박테리아에서 발견한, DNA이중나선의 C를 U로 바꾸는 효소[DddA]를 2세대 게놈편집 단백질[TALE]에 결합해 미토콘드리아 게놈의 특정 위치에서 C를 T로 바꾸는 데 성공했다. DdCBE로 불리는 이 시스템은 미토콘드리아 질병을 이해하고 치료제를 개발하는 데 큰 도움이 될 전망이다. (제공『네이처』)

먼저 쓰일 것으로 예상했다. 인간의 미토콘드리아 질병을 일으키는 특정 변이를 염기편집으로 동물 미토콘드리아의 해당 위치에 재현하면 이로 인해 유발되는 질병을 이해하고 치료제를 개발하는 데 큰 도움이 될 것이기 때문이다.

리우 교수는 안면이 없는 모고스 교수가 알려준 효소 덕분에 이번에 놀라운 연구결과를 얻을 수 있었다. 물론 모고스 교수 역시 리우 교수에게 이메일을 보내지 않았다면 자신이 찾은 효소로 이런 환상적인 결과물을 만들어 낼 수는 없었을 것이다. 두 사람은 이번 논문의 공동교신저자로 이름을 올렸다. 이런 걸 두고 윈윈 효과라고 하는 게 아닐까.

7-3

식물 접붙이기의 비밀 풀렸다!

약간의 과장을 섞어 이야기하자면 와인의 역사는
포도뿌리혹벌레 이전과 이후로 나뉜다.
- 로드 필립스

올해 들어 대형마트의 와인 매출이 급증했다고 한다. 코로나19로 집에서 술을 마시게 되면서 소주나 위스키 같은 증류주보다는 와인이나 맥주를 선호하기 때문이다. 그런데 맥주는 우리나라 사람들이 그렇게도 좋아하던 일본 맥주가 한일갈등으로 외면 받으면서 주춤한 반면 와인은 5,000원 미만의 초저가제품까지 등장하며 문턱을 확 낮췄다.

와인업계가 코로나19 덕을 톡톡히 보고 있지만, 이들 역시 150년 전에 포도나무판 코로나19를 겪으며 자칫 산업이 붕괴할 위기를 겪었다. 와인용 포도나무에 치명적인 포도뿌리혹벌레가 창궐했기 때문이다. 캐나다 칼턴대 역사학과 교수이자 식음료문화역사연구소 소장인 로드 필립스 Rod Phillips는 지난 2000년 출간한 책 『도도한 알코올, 와인의 역사』에서 당시 상황을 자세히 소개하며 위의 문구로 요약했다. 지난 해 봄 미국의 칼럼니스트 토머스 프리드먼Thomas Friedman은 "우리의 새로운 역사 구분은 B.C.(Before Corona, 코로나 이전)와 A.C.(After Corona, 코로나 이후)가 될 것이다"라고 썼는데 어쩌면 필립스의 문구를 패러디한 게 아닐까.

접붙이기가 와인 산업 살려

19세기 중후반 와인용 포도밭을 초토화시키며 세계 와인 산업을 붕괴 위기로 몰고 갔던 진딧물 필록세라는 북미 종 포도나무를 대목으로 쓰는 방법이 개발되면서 기세가 꺾였다. 필록세라를 의인화한 1890년 풍자화. (제공 위키피디아)

비티스속*Vitis* 식물들을 포도나무라고 부르지만 와인은 거의 유럽포도 학명 *Vitis vinifera* 한 종species으로 만든다. 유럽포도의 품종cultivar에 따라 다양한 와인이 나오는 것이다. 그런데 19세기 중반 유럽에 식물학이 유행하며 외래 식물 수집 붐이 일었고 북미 자생종인 콩코드포도 학명 *Vitis labrusca*가 들어올 때 포도뿌리혹벌레도 딸려왔다.

자연생태계에서 오랜 진화로 콩코드포도는 포도뿌리혹벌레에 내성을 지니고 있지만, 이들을 처음 만난 유럽포도는 속수무책으로 당했다(혹멧돼지에게는 별 게 아닌 아프리카돼지열병바이러스에 돼지들이 당한 것처럼). 몸길이 1mm인 노란색 진딧물인 포도뿌리혹벌레는 유럽포도의 뿌리를 공격해 수액을 빨아먹는다. 그 결과 뿌리에 혹이 생기고 수액 공급이 끊겨 포도나무가 말라 비틀어진다.

1863년 프랑스 남부에서 첫 감염 사례가 보고된 이래 프랑스 전역에 파죽지세로 퍼졌고 뒤이어 이탈리아, 스페인 등 주요 와인생산국을 덮치며 세계 와인 산업이 위기에 몰렸다. 1868년 프랑스 과학자 쥘 플랑숑은 이 진딧물이 원인임을 밝히고 필록세라 바스타트릭스*Phylloxera vastatrix*라는 학명을 붙였다. 바스타트릭스는 파괴자라는 뜻이다.

1870년 프랑스 정부는 2만 프랑(4년 뒤에는 15배인 30만 프랑(현재 가치로 약 60억 원)으로 올림)을 걸고 퇴치법을 공모했고 696가지 제안이 들어왔지만 이렇다 할 묘책은 없었다. 그 결과 한 해 생산량이 50억~60억 리터에서 30억 리터로 반토막이 났다.

풍전등화의 프랑스 와인 산업을 구원한 건 아이러니하게도 필록세라를 프랑스에 가져온 미국의 포도나무였다. 미국의 곤충학자 찰스 라일리는 미국 자생 포도나무가 필록세라에 저항성이 있다는 데 착안해 이를 대목臺木, rootstock으로 쓰고 유럽포도를 접수接穗, scion로 해 접붙이기를 하자는 의견을 냈다.

라일리와 플랑숑은 콩코드포도를 비롯해 몇몇 미국 자생종을 대목으로 써 접붙이기를 했다. 접붙이기가 효과가 있자 1881년 보르도에서 열린 국제회의에서 최선의 퇴치법으로 선택했다. 1900년 프랑스 포도밭의 3분의 2가 위는 유럽포도 아래는 북미 종 포도로 이뤄진 키메라 포도나무로 바뀌었다.

필립스는 책에서 "포도뿌리혹벌레의 창궐은 세계 와인 산업을 송두리째 뒤흔든 충격이었고 무분별한 동물·식물의 반입이 환경에 미치는 영향을 단적으로 보여주는 호된 교훈이었다. 접붙이기라는 대응책이 개발되지 않았더라면 비니페라 종은 자취를 감추었을지도 모른다"라고 썼다. 오늘날 와인이 유럽과 북미를 넘어 세계인이 즐기고 있는 술이 된 건 접붙이기 덕분이라는 말이다.

한 개체에서 두 게놈의 장점 살려

인류는 1만여 년 전 농업을 시작한 이래 가축과 작물의 개량에 힘을 쏟았다. 가축, 즉 동물은 우연히 얻은 돌연변이체나 교배를 통해 얻은 잡종에서 선별하는 방법뿐이지만 작물, 즉 식물은 이 외에도 접붙이기라는 놀라운 방법이 가능하다. 접붙이기는 기원을 알 수 없을 정도로 오래된 농업기술로(수천 년 전 중국에서 발명된 것으로 보인다), 작물 특히 과일나무의 개량에서 큰 역할을 했다.

식물은 기능에 따라 지상부와 지하부로 나뉜다. 지상부의 잎에서는 광합성으로 포도당 같은 유기물을 만들어 가지와 줄기를 통해 지하부로 전달하고 지하부는 뿌리를 뻗어 물과 영양분을 흡수해 지상부로 전달한다. 접붙이기는 한 개체의 지상부와 다른 개체의 지하부를 연결해 하나의 개체, 즉 키메라chimera로 만드는 방법이다.

접붙이기에서 지하부, 즉 대목은 단순히 물과 영양분만을 공급하는 게 아니다. 포도나무의 예에서 볼 수 있듯이 병해충 저항성이나 가뭄이나 홍수 같은 환경 스트레스에 대한 저항성도 갖게 한다. 또 지상부(접수)의 성장 패턴이나 열매 특성에도 영향을 미친다. 호르몬, RNA, 단백질 같은 다양한 생체분자도 이동한다는 말이다.

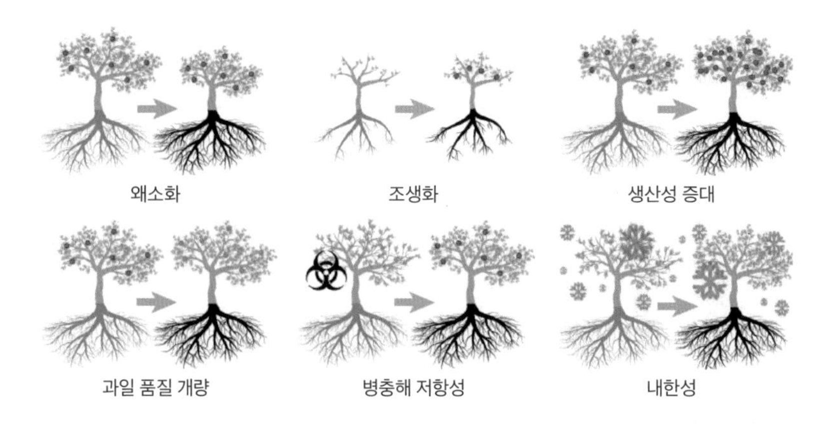

접붙이기에서 대목(검은색)은 물과 영양분을 공급할 뿐 아니라 접수(회색)의 특성에 다양한 영향을 미칠 수 있다. (제공 『식물과학 경향』)

예를 들어 사과에서 M27 사과나무를 대목으로 쓰면 접수가 접붙이기를 하지 않았을 때 크기의 30%밖에 자라지 않아 정원 관상용으로 적합하다. 반면 MM111 사과나무를 대목으로 쓰면 같은 품종의 접수라도 크기가 90%까지 자라 과수원용으로 맞다. 대목만 잘 고르면, 교배를 통해 게놈을 뒤섞지 않고도 바라는 특성을 갖게 할 수 있다는 말이다.

사실 대목臺木이라는 한자어는 접붙이기가 목본식물에서만 가능하다는 오해를 불러일으킬 수도 있어 다소 부적절한 용어다. 접붙이기는 초본식물에서도 널리 행해지고 있고 실제 우리나라와 일본에서는 주로 가짓과(토마토, 가지, 고추)와 박과(수박, 멜론) 작물에서 10억 회가 넘는 접붙이기가 이뤄지고 있다.

접붙이기는 일종의 상처 치유 과정이다. 절단된 줄기 또는 가지의 두 단면이 닿으면서 접합 부위가 달라붙고 위와 아래의 물관과 체관이 연결돼 제 기능을 할 수 있어야 한다. 이 과정에 옥신 같은 호르몬과 다양한 효소가 관여하는 것으로 보이는데 아직 제대로 규명하지 못한 상태다.

한편 아무 식물에서나 접붙이기가 되는 건 아니다. 접붙이기가 가능하면 친화성, 불가능하면 불친화성이라고 부르는데, 유전적으로 가까울수록 친화성일 확률이 높다. 즉 같은 종 사이가 다른 종 사이보다 높고 같은 과 사이가 다른 과 사이보다 높다. 어찌 보면 장기이식의 면역반응과 비슷하지만 꼭 그렇지도 않다. 식물에 따라 친화성 범위가 천차만별이기 때문이다. 예를 들어 가짓과 식물들은 심지어 다른 과의 식물들과도 종종 접붙이기가 되지만 외떡잎식물은 같은 종끼리도 접붙이기가 안 된다.

셀룰로스 분해하는 효소가 핵심

학술지 『사이언스』 2020년 8월 7일자에는 접붙이기 친화성에서 핵심

접붙이기는 한자어 접목(接木)과는 달리 초본 작물에서도 널리 행해지고 있다. 영국 종묘회사 톰슨&모건은 토마토와 감자를 접붙인 톰테이토(TomTato)(사진)와 가지와 감자를 접붙인 에그앤칩스(Egg&Chips) 모종을 판매하고 있다. 이 키메라를 키우면 토마토(또는 가지)와 감자를 함께 수확할 수 있다. (제공 Thompson & Morgan)

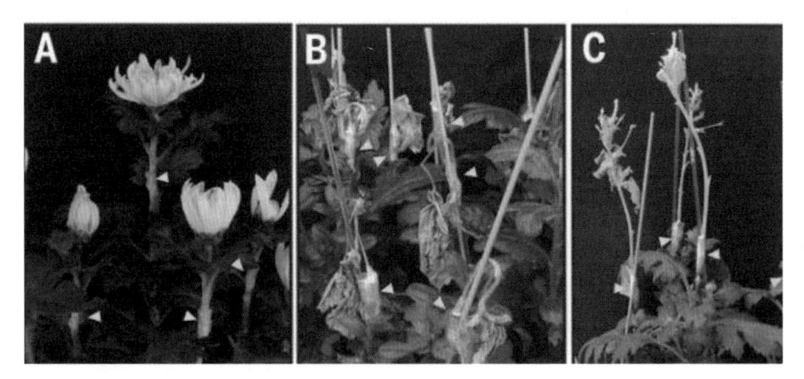

가짓과 식물인 담배는 접붙이기 친화성이 유난히 커 다른 과의 식물과도 종종 접붙이기가 가능하다. 대목으로 국화를 쓰고 접수로 각각 국화와 대두, 담배를 써 접붙이기를 하고 4주 뒤 모습이다(왼쪽부터). 대목과 같은 과(같은 종)인 국화는 살았지만 다른 과인 대두는 죽었다. 친화성이 큰 담배는 다른 과임에도 살아남았다. (제공 『사이언스』)

적인 역할을 하는 효소의 실체를 밝혔다는 일본 나고야대 연구자들의 논문이 실렸다. 앞서 말했듯이 가짓과 식물들은 접붙이기 친화성이 큰데, 특히 담배(이하 식물을 뜻한다)가 유별나다. 예를 들어 접수로 각각 국화(국화과), 담배(가짓과), 대두(콩과)를 쓰고 국화를 대목으로 해 키메라를 만들면 국화/국화, 담배/국화의 접수는 사는 반면 대두/국화의 접수는 죽는다.

연구자들은 담배의 친화성 범위를 알아보려고 속씨식물 42과 84종과 접붙이기를 시도했고 그 결과 무려 38과 73종과 가능하다는 사실을 발견했다. 이 가운데는 옥수수 같은 외떡잎식물도 5종 포함됐다. 같은 종끼리도 접붙이기가 안 되는 외떡잎식물까지 키메라 파트너로 삼는 담배의 친화성 비밀은 무엇일까.

연구자들은 담배/애기장대(친화성), 대두/애기장대(불친화성)의 접붙인 부분의 유전자 발현을 비교분석해 담배/애기장대에서 발현이 높은 담배 유전자들을 찾았고 이 가운데 셀룰라아제 유전자에 주목했다. 셀룰라아제는 세포벽을 이루는 고분자 섬유인 셀룰로스를 구성단위(포도당 분자)로 분해하는 효소다.

담배/애기장대에서는 접붙이기를 한 뒤 담배의 셀룰라아제 유전자 발현이 크게 늘어난 반면 대두/애기장대에서는 대두 셀룰라아제 증가폭이 작았다. 한편 담배 셀룰라아제 유전자 발현을 억제한 담배/애기장대에서는 접붙이기 성공률이 억제하지 않았을 때 50%에서 10%로 뚝 떨어졌다.

아직 담배의 셀룰라아제가 어떻게 작용해 접붙이기가 성공하게 도와주는지는 모른다. 두 가지 가능성을 생각해볼 수 있는데, 먼저 절단 부위의 세포벽 셀룰로스를 분해해 접촉면에서 셀룰로스 섬유가 다시 형성될 수 있는 상태를 만들어주는 역할을 하는 것일 수 있다. 접착제를 바르고 열을 가해 녹인 뒤 붙이면 더 단단하게 붙는 것과 비슷한 원리다.

다음으로 셀룰라아제가 세포벽의 셀룰로스를 분해하면 식물이 이를 감지해 위기 신호를 보내고 그 결과 세포벽 복구 시스템이 작동하며 대목과 접수가 단단히 붙는다는 시나리오다. 추가 연구를 통해 정확한 메커니즘이 밝혀지기를 바란다.

친화성 큰 식물이 어댑터 역할 해

연구자들은 담배의 높은 친화성을 이용해 서로 불친화성인 식물 사이에 접붙이기가 가능할지 알아봤다. 즉 담배 줄기를 두 식물 사이에 끼

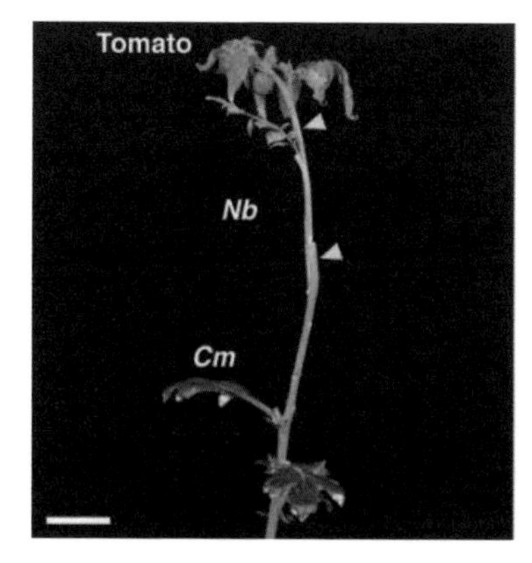

서로 불친화성인 두 식물도 친화성이 큰 식물을 사이접수interscion로 쓰면 접붙이기가 가능하다. 사진을 보면 토마토 접수와 국화Cm 대목 사이에 담배Nb 줄기가 사이접수로 쓰였고(노란 화살표로 위아래 경계 표시) 그 결과 접붙이기에 성공해 토마토가 열렸다. (제공 『사이언스』)

워(이를 '사이접수interscion'라고 부른다) 3종으로 이뤄진 키메라를 만드는 것이다.

예를 들어 토마토와 국화는 서로 접붙이기 불친화성이지만 각각은 담배와 접붙이기가 된다. 그렇다면 토마토를 접수로, 담배를 사이접수로 국화를 대목으로 쓰면 접붙이기가 가능하지 않을까. 실제 실험을 해보니 토마토/담배/국화 키메라 식물이 살아남아 자라 열매(토마토)가 열렸다.

연구자들은 이 방법이 작물 접붙이기의 가능한 조합 수를 크게 늘릴 수 있다고 내다봤다. 기후변화로 병충해와 자연재해가 빈번해지는 상태에서 늘어나는 지구촌 인구를 먹여 살리기 위해 식량 생산량을 증대해야 하는 난관을 극복하는 데 접붙이기가 큰 도움을 줄 수 있을 거란 말이다. 특히 인류가 섭취하는 칼로리의 3분의 2를 공급하는 외떡잎식물(벼, 밀, 옥수수 등) 사이에서 접붙이기가 가능한 방법을 찾는다면 제2의 녹색혁명이 일어날지도 모른다. 게다가 접붙이기는 유전자 차원에서 개입하는 게 아니라서 GMO 논쟁에서도 자유롭다.

연구자들은 접붙이기를 위해서라도 대목이나 접수로 쓸 잠재력이 있는 야생 식물들을 보존하는 데 노력을 더 기울여야 한다고 덧붙였다. 수천 년 전 농부들이 발명한 기술(물론 자연상태에서도 식물 사이에 종종 접붙이기가 일어나지만)이 21세기에 새삼 주목을 받으며 과학자들의 본격적인 도전을 기다리고 있다.

7-4

폐어와 실러캔스

1860년대 호주 뉴사우스웨일즈 주정부 국토부 장관 윌리엄 포스터는 퀸즈랜드 남동부 와이드베이 일대를 소유한 땅부자이기도 했다. 이곳의 강에서 가끔 특이하게 생긴 물고기가 잡히곤 했는데, 포스터는 호주박물관의 학예사 제라드 크레프트Gerard Creft에게 "여기 신종 '민물 연어'가 있는데 원하면 보내줄 수도 있다"고 운을 띄우며 몇 년째 애를 태웠다.

기다림에 지친 크레프트가 진의를 의심할 무렵 포스터는 마침내 견본 두 마리를 보냈다. 크레프트의 눈에는 몸길이가 1미터에 이르는 이 특이하게 생긴 동물이 1837년 남미에서 발견된 민물고기 레피도시렌*Lepidosiren*과 가까운 종으로 보였다. 그러나 치아 형태는 치아 화석만 남아있는 동물 세라토두스*Ceratodus*와 더 비슷했다. 크레프트는 관례대로 견본을 보내준 윌리엄 포스터를 기려 세라토두스 포스테리*C. forsteri*라는 학명을 붙였다. 그러면서 크레프트는 세라토두스를 어류가 아니라 양서류로 분류했다.

처음엔 양서류로 분류

크레프트는 영국박물관의 저명한 동물 분류학자 알베르트 권터의 호주통신원이어서 연초에 세라토두스의 사진을 동봉한 편지를 보냈다. 그런데 권터의 답신을 받기 전에 학회지에 발표를 해버린 것이다.

권터는 그 뒤 다른 곳에서 세라토두스 견본을 받아 해부를 했고 자세한 내용을 이듬해인 1871년 학술지에 발표했다. 여기서 권터는 세라토두스가 양서류가 아니라 어류라고 수정하며 크레프트의 경솔함을 넌지시 힐난했다.

1876년 호주에서 세라토두스와 비슷하게 생겼지만 덩치가 좀 작은 물고기가 잡혔는데, 동물학자 드 카스텔나우는 네오세라토두스*Neoceratodus*라는 새로운 속명을 붙여줬다. 그러나 얼마 지나지 않아 이 견본이 다른 종이 아니라 덜 자란 세로토두스로 밝혀지면서 망신을 당했다.

그런데 세라토두스 화석이 추가로 나오면서 이를 현생 세라토두스와 같은 속으로 분류하기에는 무리가 있다는 게 확실해졌다. 결국 학명 우선권 원칙에 따라 화석 속 고생물이 세라토두스로 남고 현생 종의 학명은 속명이 드 카스텔나우가 붙인 것으로 바뀌어 '네오세라토두스 포스테리'가 됐다. 호주폐어Australian lungfish의 학명이 붙은 사연이다.

호주 동부 강에 서식하는 호주폐어(사진)의 게놈이 최근 해독됐다. 호주폐어는 가슴지느러미 한 쌍과 배지느러미 한 쌍이 통통한 육기어류로, 수억 년 전 모습을 간직하고 있는 '살아있는 화석'이다. 이번 게놈 해독은 호주폐어의 해부를 토대로 신종을 어류로 보고한 논문이 발표된 1871년 이후 150년 만의 쾌거다. (제공 위키피디아)

물고기이면서도 폐가 있어 폐호흡을 하는 폐어는 현재 2과 3속 6종이 있다. 이 가운데 호주폐어는 호주폐어과科의 유일한 종이다. 나머지 5종은 남아메리카폐어과로 남아메리카폐어속屬이 1종(앞에 언급한 레피도시렌 파라독사), 아프리카폐어속이 4종이다(아프리카폐어속을 아프리카폐어과로 분류해 3과 3속 6종으로 보기도 한다).

폐어는 무려 4억 년 전 데본기의 화석이 있을 정도로 오래된 어류로, 화석이 남아있는 것만 수십 종에 이른다. 현존하는 6종 가운데 특히 호주폐어는 1억 년이 넘는 화석 속의 폐어와 겉모습이 별 차이가 없어 '살아있는 화석'으로 불린다. 나머지 5종은 몸이 뱀장어처럼 길어졌고 지느러미는 끈처럼 가늘어져 형태가 많이 바뀌었다.

폐어는 어류이면서도 폐가 있고 지느러미도 호주폐어의 경우 통통해 꽤 힘을 쓸 수 있다. 한마디로 물에 살던 동물이 육지로 올라오는 과정에 있는 과도기적 구조를 지니고 있다. 즉 어류와 사지육상동물tetrapod을

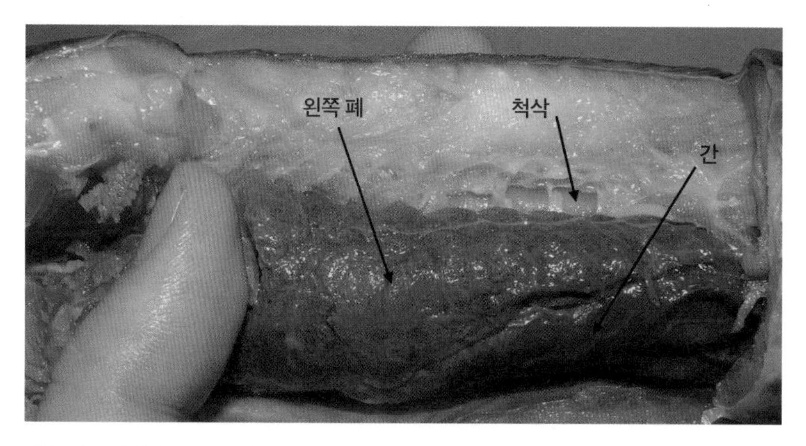

폐어는 물고기임에도 이름 그대로 호흡 기능이 있는 폐를 지니고 있다. 호주폐어는 폐호흡이 보조적인 역할을 하지만 나머지 5종은 자라면서 아가미가 퇴화해 폐호흡에 전적으로 의존하고 있다. 반점아프리카폐어의 폐다. (제공 위키피디아)

연결하는 고리인 셈이다. 그런데 1938년 남아프리카에서 놀라운 물고기가 보고되면서 폐어는 적어도 대중들의 관심에서 멀어졌다. 바로 실러캔스의 등장이다.

6,600만 년 전 멸종한 줄 알았는데...

남아프리카공화국의 항구소도시 이스트런던의 박물관 학예사 마조리 코트니-래티머Marjorie Courtenay-Latimer는 시간이 날 때마다 항구로 나가 전시할 만한 해양생물을 찾는 게 일이자 취미였다. 1938년 12월 23일도 그런 날이었는데, 가오리와 상어가 가득 담긴 통 안에서 푸르스름한 지느러미가 코트니-래티머의 눈에 들어왔다. 몸길이가 1.5미터나 되는 심상치 않게 생긴 물고기였다.

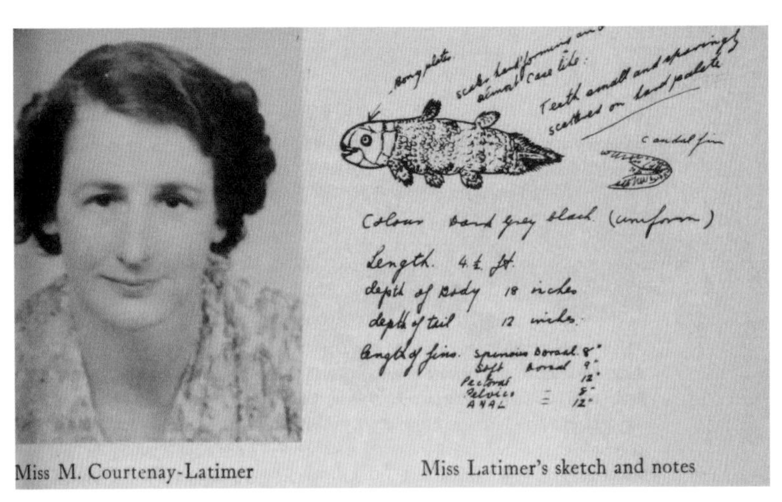

1938년 12월 23일 남아공 이스트런던박물관의 학예사 마조리 코트니-래티머는 부두에 갔다가 그물에 걸려 잡힌 실러캔스를 보고 사왔다. 오른쪽은 코트니-래티머가 그린 스케치와 특징을 요약한 메모다.

값을 치르고 박물관으로 가져온 뒤 서적을 뒤적이던 코트니-래티머는 이 물고기가 화석만 남아있는 오래전 멸종한 어류와 비슷하게 생겼다는 사실을 발견하고 깜짝 놀라 아마추어 어류학자인 인근 로즈대의 화학자 제임스 스미스James Smith에게 스케치를 곁들인 편지를 보냈다. 이듬해 초 박물관에 온 스미스는 이 물고기를 보자마자 1839년 첫 화석이 발견된 실러캔스coelacanth임을 알아차렸다. 데본기에서 백악기에 걸쳐 살다가 6,600만 년 전 공룡과 함께 멸종한 것으로 알려진 실러캔스가 여전히 살고 있었던 것이다.

이 사실이 알려지자 언론들은 '세기의 발견'이라고 대서특필했고(실제 20세기 동물학의 최대 발견으로 여겨진다), 코트니-래티머와 스미스는 하루아침에 유명인사가 됐다. 스미스는 이듬해 학술지에 실러캔스 발견을 보고하면서 발견자를 기려 학명을 '래티머리아 챌룸니*Latimeria chalumnae*'라고 지었다. 1997년 인도네시아의 연안에서 새로운 종의 실러캔스가 발견되면서 전자를 서인도양실러캔스, 후자를 인도네시아실러캔스라고 부른다.•

어류 분류학이 확립되면서 폐어와 실러캔스는 육기어류로 함께 묶였다. 참고로 어류는 상어 같은 연골어류와 고등어 같은 경골어류로 나뉘고, 경골어류는 다시 부채 같은 지느러미를 지닌 조기어류와 통통한 지느러미를 지닌 육기어류로 나뉜다. 현존하는 경골어류 가운데 폐어와 실러캔스만이 육기어류다.

실러캔스는 발견 스토리가 극적이고 생김새도 인상적이기 때문에 어

•실러캔스 발견에 대한 좀 더 자세한 내용은 『과학을 취하다 과학에 취하다』 265쪽 '코트니-래티머와 스미스, 화석에 숨결을 불어넣은 사람들' 참조.

느새 어류와 육상동물을 잇는 과도기적 형태를 대표하는 동물이 됐다. 실제 가슴지느러미 한 쌍(육상동물의 앞다리에 해당)과 배지느러미 한 쌍(뒷다리에 해당)이 폐어 가운데 가장 큰 호주폐어보다도 더 크고 살집이 많은 것도 이런 연상을 쉽게 했다.

게놈 해독 결과 폐어 판정승

고생물학자들은 화석을 토대로 대략 3억 9,000만 년 전에 얕은 물에 살던 실러캔스 또는 폐어의 조상과 육상동물의 조상이 갈라졌다고 추정했다. 그 뒤 육지동물의 조상이 뭍에 올라오면서 통통한 지느러미로 이동하다가 결국 다리로 진화했고 발가락도 생겨났다는 시나리오다.

참고로 현존 실러캔스 2종은 얕은 물에 살던 조상이 과거 어느 시점에서 다시 수심 수백 미터 깊은 바다로 돌아가 적응한 것임에도 겉모습이 거의 바뀌지 않았다. 다만 더 이상 공기 호흡을 할 수 없는 환경이라 폐가 퇴화해 흔적 기관으로 남았다. 실제 폐어의 발생 과정에서 태아 때는 폐가 뚜렷이 보이지만 자라면서 쪼그라드는 것으로 밝혀졌다. 반면 수억 년 전 살았던 실러캔스의 화석에는 폐의 흔적이 보인다.

2013년 『네이처』에 서인도양실러캔스의 게놈을 해독한 연구결과가 실렸다. 실러캔스의 게놈은 약 29억 염기쌍으로 사람과 비슷한 크기다. 연구자들은 실러캔스와 서아프리카폐어를 비롯한 척추동물 22종의 251가지 유전자의 염기서열을 비교해 이들의 분류학상의 관계를 살펴봤다. 염기서열의 차이가 작을수록 서로 가까운 종들이라고 볼 수 있다.

그 결과 '실망스럽게도' 실러캔스보다 폐어가 육상동물에 좀 더 가까웠다. 즉 이 세 그룹의 공통조상에서 먼저 실러캔스 조상과 폐어/육상동물 공통조상이 갈라졌고, 그 뒤 후자에서 폐어 조상과 육상동물 조상이 갈라졌다는 말이다.

실러캔스의 게놈을 분석하자 물고기와 육상동물의 과도기적인 특징이 어느 정도 드러났지만, 좀 더 극적인 결과를 보려면 아무래도 폐어의 게놈을 해독해봐야 할 것이다. 그런데 문제는 폐어 게놈의 엄청난 크기다. 6종 가운데 원시적인 특징을 가장 많이 지닌 호주폐어의 게놈은 무려 430억 염기쌍으로 사람 게놈의 14배에 이른다.

사람 게놈의 14배 크기

실러캔스 게놈 해독 결과가 발표되고 8년이 지나 마침내 폐어의 게놈이 해독됐다. 2021년 2월 11일자 『네이처』에는 호주폐어의 게놈을 해독한 연구결과를 담은 독일 콘스탄츠대가 주축인 다국적 공동연구팀의 논문이 실렸다. 호주폐어의 430억 염기 가운데 90%가 소위 쓰레기 DNA로 불리는 반복서열이다. 호주폐어의 유전자는 3만 1,120개로 사람보다 1만 개 정도 더 많다.

연구자들은 척추동물 10종의 697가지 유전자를 비교해 이들의 분류학상 관계를 좀 더 정밀하게 살펴봤다. 그 결과 실러캔스보다 폐어가 육상동물과 더 가깝다는 사실은 변화가 없었다. 한편 폐어 계열과 육상동물 계열이 공통조상에서 갈라진 시점이 4억 2,000만 년 전으로 추정돼

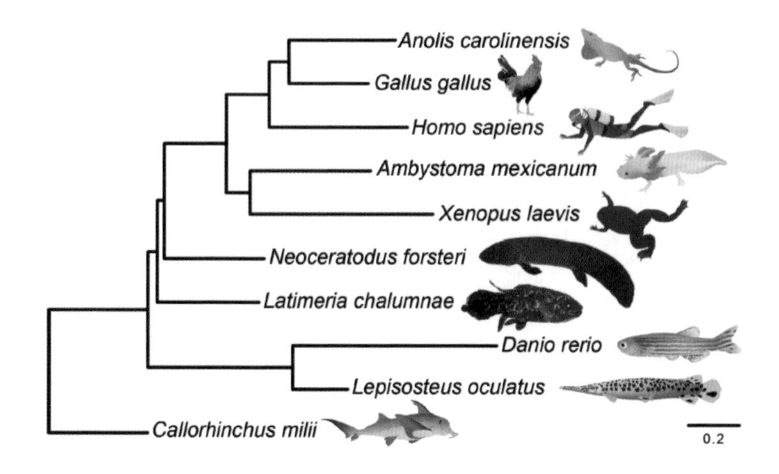

최근 호주폐어의 게놈이 해독되면서 척추동물 10종의 697가지 유전자의 염기서열을 분석해 만든 계통수다. 폐어가 실러캔스보다 육상동물에 더 가까움을 알 수 있다. 위에서부터 녹색아놀도마뱀(파충류), 닭(조류), 사람(포유류), 아홀로틀도롱뇽(양서류), 아프리카발톱개구리(양서류), 호주폐어(육기어류), 서인도양실러캔스(육기어류), 제브라피시(조기어류), 스포티드가아(조기어류), 통소상어(연골어류)다. (제공 『네이처』

화석을 바탕으로 한 연대보다 3,000만 년 더 거슬러 올라갔다.

예상대로 폐어의 게놈은 물고기와 육지동물의 과도기적 특징이 좀 더 뚜렷했다. 먼저 폐어의 상징인 폐호흡 관련 유전자의 변화를 보자. 폐는 기체 교환을 효율적으로 하기 위해 표면적이 넓은 꽈리 형태의 하부 구조를 지녔고 호흡으로 수축과 팽창을 반복하는 막을 안정화하기 위해 계면활성제가 발라져야 한다. 폐어의 게놈에는 계면활성제 생합성 관련 유전자가 보통 어류보다 2~3배 많아 육지동물과 같은 수준으로 존재했다. 또 폐어의 태아발생 과정에서 폐 발생을 조절하는 중요한 유전자인 shh의 발현 패턴도 양서류와 꽤 비슷한 것으로 드러났다.

후각의 진화 역시 뭍에서 적응하는 데 꼭 필요하다. 공기를 떠도는 냄새분자 정보를 활용해야 생존에 유리하기 때문이다. 폐어 게놈을 분석한 결과 수중에서 냄새를 맡는 데 관여하는 수용체 유전자는 줄어든 반면 공기 중의 냄새를 맡는 수용체 유전자는 늘어났다. 특히 페로몬을 맡는 수용체인 VR 유전자의 증가가 두드러졌다. 실제 폐어는 페로몬을 감지하는 서골비 기관의 원시적 형태를 지니고 있다.

생활터전을 물가에서 뭍으로 옮기는 과정에서 지느러미가 다리로 바뀌었고 육기어류의 지느러미가 그 과도기의 초기 형태라면 게놈에도 조짐이 보일 것이다. 실제 폐어 게놈 분석 결과 육상동물의 사지발달에 관여하는 유전자 조절 요소 가운데 31가지가 육기어류에서 기원한다는 게 밝혀졌다. 예를 들어 폐어와 생쥐의 태아에서는 조절 요소 hs72의 작용으로 사지 발생에 관여하는 sall1 유전자가 강하게 발현하지만, 조기어류인 제브라피시의 태아의 지느러미 발생과정에서는 잠잠하다. 한편 육상동물의 발톱 발생에 관여하는 hoxc13 유전자 역시 폐어 태아의 지느러미 말단에서 발현됐다.

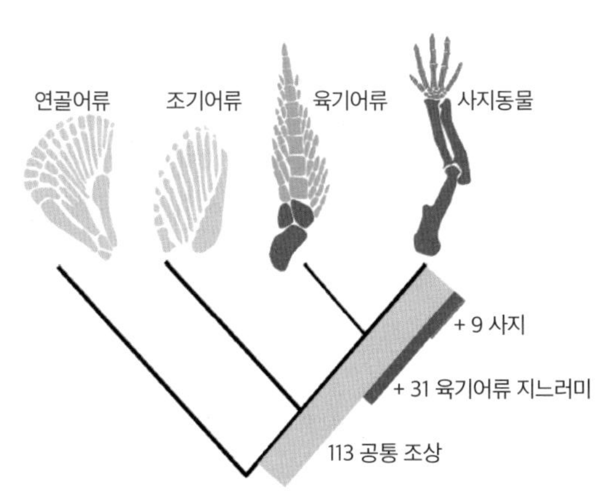

호주폐어 게놈 해독 결과 육상동물의 사지 발생에 관여하는 유전자 조절 영역 가운데 31가지가 육기어류에서 기원하는 것으로 밝혀졌다. 그 뒤 진화과정에서 9가지가 추가돼 발가락을 지닌 사지 형태가 완성됐다. (제공『네이처』)

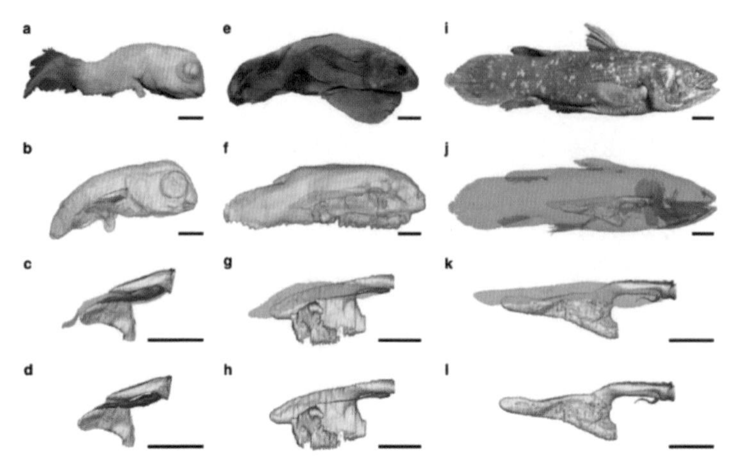

수억 년 전 물가에 살던 실러캔스는 폐어와 마찬가지로 폐가 있었지만 깊은 바다에서 적응한 현생 실러캔스에는 흔적 기관으로만 남아있다. 지난 2015년 실러캔스 태아 발생과정을 살펴본 결과 태아 초기에는 폐가 제대로 발생하지만(왼쪽 빨간색) 자라면서 퇴화해(가운데 빨간색) 성체에서는 흔적 기관이 되는 것으로 밝혀졌다(오른쪽 빨간색). 폐가 있어야 할 공간을 대신 지방 기관(녹색)이 차지하고 있다. 어류와 육상동물의 과도기적 성격을 연구할 때 현생 실러캔스가 폐어보다 못한 이유다. (제공 『네이처 커뮤니케이션스』)

1938년 실러캔스의 발견은 엄청난 사건이었음에도 현생 2종 모두 과거 조상들이 살던 얕은 물을 떠나 깊은 바다로 침잠하면서 생태적으로는 의미가 반감했다. 반면 1837년 처음 보고됐지만 그다지 주목을 받지 못했던 폐어는 여전히 물가에 살면서 물과 공기 모두에 적응한 생태를 보인다. 심지어 호주폐어를 제외한 나머지 5종은 자라면서 아가미가 퇴화해 전적으로 폐호흡에 의존하고 있다.

현존하는 폐어 6종은 모두 민물고기다. 이 가운데 가장 원시적인 특징을 지닌 호주폐어를 길러보면 좋겠다는 생각이 문득 들어 검색해보니 정말 팔고 있었다. 다만 가격이 상상 이상이다. 언제 한 번 호주폐어가 있는 수족관을 찾아가 수억 년의 숨길을 지닌 녀석들을 지켜보는 것으로 만족해야겠다.

SCIENCE CAFE SEASON 10
Part. 8
고생물학·
인류학

8-1

100만 년 전 매머드 게놈 해독했다!

최근 100만 년이 넘는 매머드 어금니 두 점에서 추출한 DNA에서 게놈 정보를 얻은 데 성공했다. 그 결과 하나는 털매머드로 밝혀졌고 다른 하나는 미지의 계통으로 밝혀졌다. 놀랍게도 이들의 후손이 약 42만 년 전 만나 그사이 태어난 잡종이 컬럼비아매머드인 것으로 밝혀졌다. 지금까지는 100만 년 전에는 스텝매머드만 존재했고 그 뒤 털매머드와 컬럼비아매머드가 진화했다는 게 유력한 학설이었다. 매머드를 묘사한 상상도다. (제공 Beth Zaiken/Centre for Palaeogenetics)

지구상에 살았던 많은 동식물이 멸종했지만, 그 가운데서도 가장 아쉬운 걸 꼽으라면 공룡 다음으로 매머드가 아닐까. 그런데 공룡이야 이미 6,600만 년 전에 멸종했지만(새를 후손이라고 볼 수는 있지만), 매머드는 불과 1만 년까지 시베리아와 북미 일대를 누비고 다녔다. 심지어 시베리아 북동부 브란겔섬에 고립돼 왜소화된 매머드는 불과 3,700년 전에 멸종했다.

매머드는 대부분 빙하시대(플라이스토세) 시베리아나 북미 지역처럼 추운 곳에 살았기 때문에 수만 년이 지나도록 영구동토에 보존돼있는 사체가 종종 발견된다. 때로는 뼈뿐 아니라 살까지 남아 있을 정도다. 지난 2008년 학술지 『네이처』에는 매머드 게놈의 70%를 해독한 결과가 실려 주목을 받았다. 그 결과 코끼릿과科 동물의 진화 경로가 밝혀졌다.

추가적인 게놈 연구결과를 종합하면, 코끼릿과 동물은 약 530만 년 전 아프리카코끼리와 아시아코끼리/매머드 공통조상이 갈라졌고, 약 420만 년 전 아시아코끼리와 매머드가 갈라졌다. 이때까지는 다들 아프리카에서만 살았다. 그 뒤 아시아코끼리와 매머드는 유라시아로 이동했다. 특히 매머드는 빙하시대 시베리아와 북미 같은 추운 지역에 진출하며 많은 변화를 겪었고 여러 종으로 분화했다. 그러나 수백만 년 전은 물론 수십만 년 전 화석도 온전한 상태는 드물어 이 과정을 명쾌하게 재구성하지는 못했다.

8년 만에 기록 경신

『네이처』 2021년 3월 11일자에는 100만 년도 더 된 초기 플라이스토세(258만~78만 년 전) 매머드 시료 두 점과 약 60만 년 전 중기 플라이스토세(78만~12만 9,000년 전) 매머드 시료 한 점의 게놈을 해독해 매머드 진화 경로를 밝힌 연구결과가 실렸다. 이 가운데 가장 오래된 시료는 무려 165만 년 전으로 거슬러 올라간다. 지금까지 게놈이 해독된 가장 오래전 생물은 78만~56만 년 전 살았던 말로, 다리뼈에서 DNA를 추출했다.

스웨덴자연사박물관 고유전학센터 러브 달렌Love Dahlén 박사가 이끄는 다국적 공동연구팀은 1970년대 러시아의 고생물학자 안드레이 셔

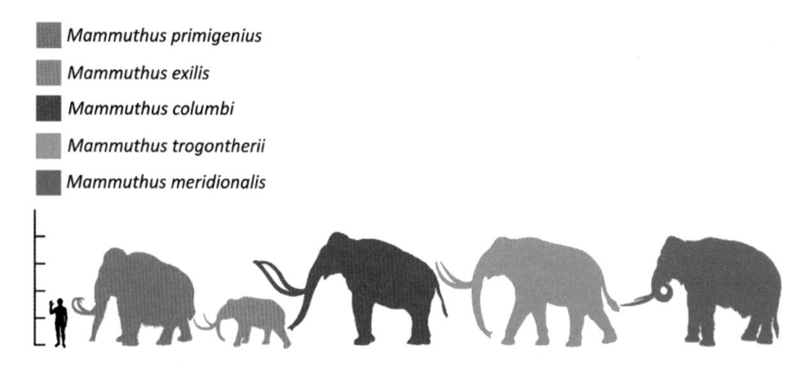

다양한 매머드의 형태와 크기를 비교한 이미지로 왼쪽부터 털매머드, 피그미매머드, 컬럼비아매머드, 스텝매머드, 남부매머드다. 크기 비교를 위해 맨 왼쪽에 사람이 그려져 있다. (제공 위키피디아)

박사팀이 베링해에 가까운 시베리아 북동부 지역에서 발굴한 매머드 화석 시료에서 DNA를 추출해 게놈을 해독하는 실험을 진행했다. 같은 지층에서 나온 다른 동식물 시료의 연대측정 결과 지역에 따라 100만 년도 넘는 것으로 나와 큰 기대는 하지 않았다. 이 정도 시간이면 DNA가 너무 많이 파괴돼 염기서열 정보가 거의 남아 있지 않을 것이기 때문이다. 실제 달렌 박사팀은 수십만 년 전 매머드 뼈와 치아에서 추출한 DNA에서도 게놈 정보를 얻는 데 실패한 경험이 있다.

그런데 놀랍게도 무려 세 개의 어금니 시료에서 염기 해독에 성공했다. 그 가운데 하나는 연대가 165만~110만 년 전으로 추정돼 2013년 말 게놈 해독이 세운 기록인 78만~56만 년 전을 훌쩍 뛰어넘는 신기록을 세웠다. 발굴지를 따서 '크레스토프카'로 명명된 이 시료는 핵 게놈에서 불과 4,900만 염기를 해독하는 데 그쳤지만, 다행히 매머드의 실체를 밝힐 수는 있었다.

두 번째로 오래된 시료로 역시 발굴지 이름을 딴 '아디챠'는 130만

~100만 년으로 추정되고 8억 8,400만 염기를 해독해 정보를 꽤 얻었다. 가장 최근의 시료인 '추코치야'는 60만~50만 년 전 살았던 매머드로 36억 7,100만 염기가 해독됐다. 매머드의 게놈 크기인 31억 염기보다도 큰 건 겹쳐 해독된 염기가 꽤 되기 때문이다. 그리고 세 시료 모두 크기가 작은 미토콘드리아 게놈은 완벽하게 해독됐다.

매머드 게놈 비교분석에 이용한 화석을 얻은 장소를 나타낸 지도다. 시베리아 북동부 크레스토프카Krestovka와 아디챠Adycha에서는 초기 플라이스토세 화석을, 추코차야Chukochya에서는 중기 플라이스토세 화석을 얻었다. 나머지 지역은 후기 플라이스토세 화석이다. (제공 『네이처』)

미지의 매머드 계통 드러나

이번 연구에서 가장 놀라운 발견은 고게놈 해독 기록을 세운 매머드가 지금까지 존재 자체를 몰랐던 새로운 계통으로 밝혀졌고 덕분에 논란 중이었던 북미 매머드의 진화과정을 명쾌하게 재구성할 수 있었다는 점이다. 시베리아의 한 동굴에서 발굴한 5만 년 전 사람의 새끼손가락

뼈에서 추출한 DNA를 해독해 데니소바인이라는 미지의 인류를 밝혀낸 2010년 발견이 떠오르는 쾌거다.

대략 300만 년 전 아프리카를 떠나 유라시아로 넘어온 남부매머드학명 *Mammuthus meridionalis*가 새로운 환경에서 적응하면서 스텝매머드*M. trogontherii*가 나왔고 이어서 털매머드*M. primigenius*와 컬럼비아매머드*M. columbi*가 진화했다는 것이 기존 가설이다. 연구자들 역시 초기 플라이스토세 화석 두 점은 스텝매머드, 중기 플라이스토세 화석은 털매머드일 것으로 추정했다.

그런데 게놈 해독 결과 초기 플라이스토세 화석 한 점은 털매머드이고 가장 오래된 다른 한 점은 미지의 매머드 계통으로 털매머드의 조상은 아닌 것으로 드러났다. 그리고 후기 플라이스토세(12만 9,000년~1만 2,000년 전) 컬럼비아매머드의 게놈과 비교한 결과 지금까지 진화과정이 미스터리였던 이들의 실체를 밝힐 수 있었다.

매머드는 150만 년 전 당시 육지로 연결된 베링해를 건너 처음 북미에 진출했다. 첫 번째 가설은 이 주인공이 남부매머드이고 시베리아와 독자적으로 진화해 컬럼비아매머드가 됐다는 시나리오다. 두 번째 가설은 처음 진출한 남부매머드는 소멸했고 그 뒤 두 번째로 이동한 스텝매머드가 진화해 컬럼비아매머드가 나왔다는 시나리오다. 세 번째 가설은 150만 년 전 처음 북미에 진출한 게 스텝매머드라는 것이다.

이번 연구결과에 따르면 세 가정 모두 틀렸다. 즉 150만 년 전 당시 육지로 연결된 베링해를 처음 건너간 건 165만 년 전 시베리아 북동부에 살았던 크레스토프카 계통일 가능성이 큰 것으로 보인다. 후기 플라이스토세에 살았던 컬럼비아매머드 게놈의 약 40%가 크레스토브카 계통에서 온 것으로 나왔기 때문이다.

한편 130만 년 전 살았던 아디차와 60만 년 전 추코치야는 게놈 분석 결과 둘 다 털매머드로 밝혀졌다. 그리고 컬럼비아매머드 게놈의 40%가 이들에게서 왔다는 사실이 드러났다. 연구자들은 컬럼비아매머드의 미토콘드리아 게놈을 분석해 약 42만 년 전 크레스토브카 계통과 털매머드가 만나 태어난 잡종이 새로운 종, 즉 컬럼비아매머드가 됐다는 놀라운 결론에 이르렀다.

잡종 종분화 일어난 듯

서로 다른 두 종 사이의 잡종이 새로운 종이 되는 현상을 '잡종 종분화hybrid speciation'라고 부른다. 잡종 개체와 부계나 모계의 개체 사이는 새끼를 못 낳거나 낳더라도 생식력이 없지만, 잡종끼리는 생식력 있는 새끼를 낳을 수 있는 경우 새로운 종이 나타난다. 마침 잡종이 적응력이 더 높으면 점차 부계 종과 모계 종을 대체하며 우점종이 될 수 있다. 당시 혼혈이 일어난 장소(아마도 북미)의 기후가 부계와 모계가 최적화된 시베리아보다 따뜻해 별종 자식인 컬럼비아매머드에게 더 유리했던 것 아닐까.

컬럼비아매머드가 잡종 종분화의 결과라는 건 수십만 년이 지난 뒤에도 크레스토프카 게놈과 아디챠/추코치야 게놈의 기여 비율이 1:1로 유지돼 있기 때문이다. 단순 혼혈이라면 임의로 짝짓기가 일어나므로 세대가 지날수록 1:1에서 멀어지기 마련이다.

그렇다면 컬럼비아매머드 게놈의 나머지 20%는 어디서 왔을까. 시베

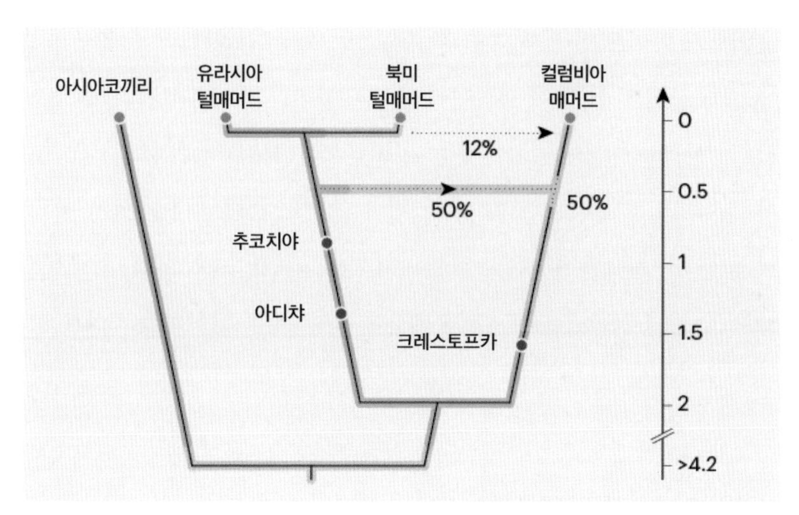

이번에 해독된 게놈을 바탕으로 구성한 매머드의 계통도다. 420만 년 전 아시아코끼리 조상과 남부매머드가 갈라졌다. 남부 매머드는 약 200만 년 전 털매머드와 크레스토프카 계통으로 진화했고 약 42만 년 전 이들 사이의 잡종 종분화로 컬럼비아매머드가 등장했다. 그 뒤 약 10만 년 전 북미로 진출한 털매머드와 접촉하면서 핵 게놈의 12%가 바뀌었다. 오른쪽은 연대로 단위는 백만 년이다. (제공『네이처』)

리아의 털매머드는 약 10만 년 전 다시 한 번 북미로 진출해 그 지역에 살고 있던 컬럼비아매머드와 접촉이 있었던 것으로 보인다. 게놈을 정밀하게 비교한 결과 컬럼비아매머드 게놈의 12%가 동시대, 즉 후기 플라이스토세의 털매머드에서 온 것으로 나타났기 때문이다. 즉 42만 년 전 크레스토브카 계열과 털매머드 사이의 잡종으로 태어난 컬럼비아매머드의 후손이 약 10만 년 전 북미로 건너온 털매머드와 또 만나 피가 섞인 것이다. 아마도 30만여 년 사이 변화로 컬럼비아매머드와 털매머드 사이에서 생식력이 있는 개체가 태어날 수 있게 된 것 같다.

한편 미토콘드리아 게놈 해독 결과 크레스토프카 계열은 컬럼비아매머드에 전혀 기여하지 못한 것으로 나타났다. 즉 아디챠/추코치야 털매머드의 미토콘드리아가 100%를 차지했다. 미토콘드리아는 모계로만 전달되므로 아마도 잡종 핵 게놈과 크레스토프카 미토콘드리아 게놈 사이에 뭔가 궁합이 안 맞아 생식력이 없거나 떨어진 것으로 보인다. 그 결과 컬럼비아매머드에서 크레스토프카 미토콘드리아가 사라졌다. 이는 30만~20만 년 전 네안데르탈인이 현생인류와 첫 번째 만남을 가진 뒤 네안데르탈인 핵게놈은 3~6%가 현생인류의 것으로 바뀐 반면, 미토콘드리아는 100% 현생인류의 것으로 대체된 현상과 비슷한 맥락이다.•

100만 년 전 추위 적응 거의 끝나

한편 털매머드로 밝혀진 아디챠와 추코치야의 게놈을 분석한 결과 추위에 적응하는 유전자 변이의 대다수가 이미 이뤄진 것으로 드러났다. 즉 털 성장과 일주리듬, 열 감지, 지방 축적 등 추위 적응 관련 유전자 변이를 조사한 결과 아디챠는 87%, 추코치야는 89%가 후기 플라이스토세의 털매머드 유형과 같았다. 100만 년 전 이미 시베리아의 추위를 견딜 수 있을 만큼 적응했다는 말이다. 크레스토프카는 해독된 정보가 부족해 분석할 수 없었다.

그렇다면 매머드 진화에서 스텝매머드의 자리는 어디일까. 게놈 정보가 없어 확신할 수는 없지만, 연구자들은 초기 털매머드(아디챠)에서 100만 년 전쯤 갈라진 한 계통이 아닐까 추측했다.

2012년 발표된 한 논문은 영구동토에 묻힌 뼈에서 추출한 DNA에서

•자세한 내용은 278쪽 '네안데르탈인이 현생인류 미토콘드리아와 Y염색체를 지닌 사연' 참조.

의미있는 게놈 정보를 얻을 수 있는 한계가 100만 년이 넘을 것이라고 추정했다. 물론 이건 어디까지나 이론적인 얘기라서 당시에는 별 주목을 받지 못했다. 그런데 이듬해 78만~56만 년 전 살았던 말의 게놈이 해독되면서 어쩌면 100만 년을 넘을 수도 있겠다는 기대가 생겼고 이번에 매머드에서 꿈이 실현됐다. 앞으로 이 기록이 또 깨질 수 있을지 자못 궁금하다.

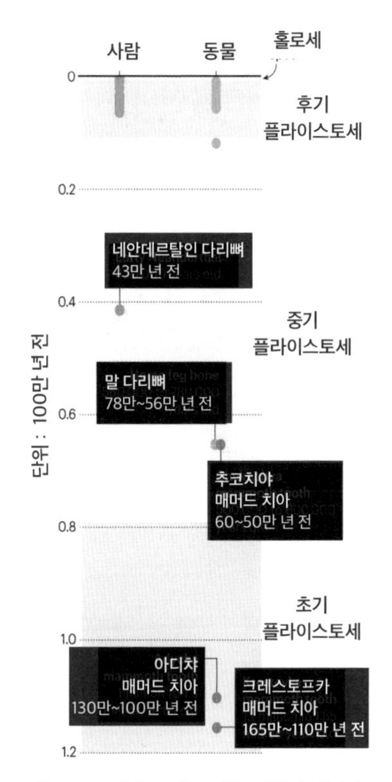

최근 8년 만에 고게놈 해독 기록이 깨졌다. 2013년 78만~56만 년 전 말의 다리뼈에서 추출한 DNA에서 게놈을 해독하는 데 성공했다. 이듬해에는 43만 년 전 네안데르탈인의 게놈을 해독해 인류 최고最古 기록을 세웠다. 2021년 발표된 매머드 게놈 셋 가운데 둘이 100만 년을 넘었고 가장 오래된 건 최대 165만 년 전으로 거슬러 올라간다. (제공 『네이처』)

8-2

네안데르탈인이 현생인류 미토콘드리아와 Y염색체를 지닌 사연

고인류학 분야에서 2010년은 '기적의 해'로 부를 만하다. 시베리아 데니소바 동굴에서 발굴한 약 4만 년 전 손가락뼈 하나에서 DNA를 추출해 미토콘드리아 게놈을 해독한 결과가 이해 4월 발표됐다. 놀랍게도 그 주인공은 현생인류(호모 사피엔스)도 네안데르탈인도 아닌 미지의 인류로 밝혀졌고 데니소바인이라는 이름을 얻었다.

이어 5월에는 네안데르탈인의 핵 게놈이 해독됐는데 현대인의 게놈과 비교한 결과 아프리카를 제외한 지역에서 사는 사람들은 네안데르탈인의 피가 1.5~2% 섞여 있다는 놀라운 사실이 드러났다. 12월에는 데니소바인의 핵 게놈이 해독됐고, 역시 현대인의 게놈에 흔적을 남긴 것으로 밝혀졌다.

핵 게놈과 미토콘드리아 게놈 얘기 달라

수만 년 전 고인류의 뼈에서 추출한 DNA에서 게놈을 해독하는 기술이 나오지 않았다면 고작 손가락뼈와 어금니를 남긴 데니소바인의 존재를 결코 알 수 없었을 것이다(그 뒤 두개골과 턱뼈도 발굴됐다). 핵 게놈 염기서열을 비교한 결과 데니소바인은 네안데르탈인의 사촌이고 현생인

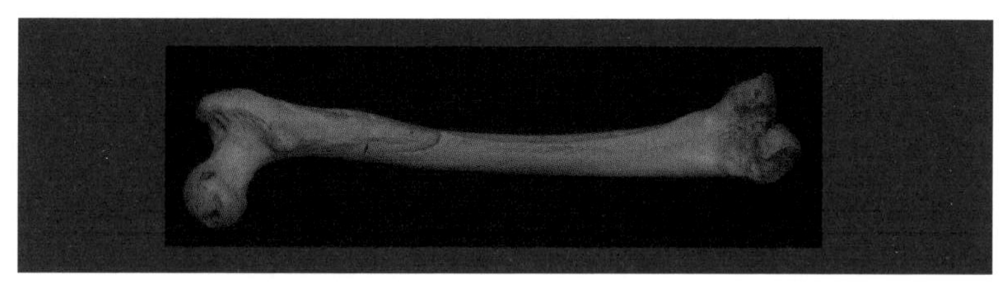

43만 년 전 초기 네안데르탈인의 대퇴골

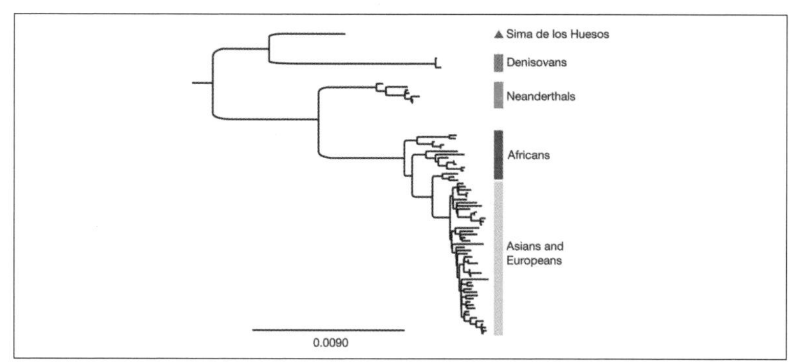

미토콘드리아 게놈 계통도

2010년 미지의 인류인 데니소바인의 미토콘드리아 게놈이 해독된 데 이어 이들과 네안데르탈인의 핵 게놈이 잇달아 해독되면서 모순이 드러났다. 미토콘드리아 게놈을 비교해보면 데니소바인과 네안데르탈인/현생인류의 공통조상이 먼저 갈라지는 시나리오이지만, 핵 게놈을 비교하면 데니소바인/네안데르탈인 공통조상과 현생인류가 먼저 갈라지는 시나리오다. 이 모순은 2014년 스페인 시마데로스우에소스에서 발굴한 43만 년 전 초기 네안데르탈인의 대퇴골(위)에서 추출한 DNA에서 미토콘드리아 게놈을 해독하면서 해결됐다. 즉 미토콘드리아 게놈 계통도(아래)를 보면 초기 네안데르탈인Sima de los Huesos의 미토콘드리아 게놈(▲)은 핵 게놈의 시나리오를 따른다. 반면 그동안 해독된 모든 후기 네안데르탈인*Neanderthals*의 미토콘드리아 게놈(녹색)은 현생인류(파란색, 연두색)와 더 가깝다. 이 사이(20만~30만 년 전) 두 종에서 혼혈이 일어나 네안데르탈인의 미토콘드리아가 100% 현생인류 유형으로 바뀌었음을 뜻한다. (제공 『네이처』)

류의 육촌으로 밝혀졌다. 즉 55만~77만 년 전 현생인류의 조상과 네안데르탈인/데니소바인 공통조상이 갈라졌고 36만~47만 년 전 네안데르탈인과 데니소바인이 갈라진 것으로 보인다.

그런데 데니소바인의 미토콘드리아 게놈 해독 결과가 이야기를 좀 복잡하게 만들었다. 핵 게놈 비교 결과로 구성한 종분화 과정을 따르면 데니소바인의 미토콘드리아 게놈에 대해서도 네안데르탈인이 가깝고 현생인류가 멀어야 하는데 실제는 둘 다 멀었기 때문이다. 즉 미토콘드리아 게놈만 보면 데니소바인의 조상과 네안데르탈인/현생인류 공통조상이 갈라진 뒤 네안데르탈인과 현생인류가 갈라졌다는 시나리오가 나온다. 2010년의 놀라운 발견들로 고인류학의 많은 궁금증이 해소됐지만 새로운 의문도 만들어 낸 셈이다.

그 뒤 10년 동안 옛사람들의 게놈이 잇달아 해독되면서 이런 의문에 대한 답이 나왔고 과거 인류의 여정이 점점 더 명확하게 그려지고 있다. 미토콘드리아 모순에 대한 실마리는 43만 년 전 고인류의 미토콘드리아 게놈이 2014년 해독되면서 풀리기 시작했다.

스페인 북부 시마데로스우에소스 Sima de los Huesos(해골구덩이라는 뜻)에서 적어도 28명은 되는 많은 뼈가 발굴됐다. 43만 년 전 살았던 이들 고인류는 초기 네안데르탈인일 가능성이 컸지만 온전한 두개골이 없어 확신하지는 못했다. 다만 어금니를 보면 그리 크지 않고 형태가 후기 네안데르탈인의 어금니와 비슷하다.

그런데 미토콘드리아 게놈을 해독해보니 후대의 네안데르탈인 게놈보다 데니소바인의 게놈에 더 가까운 것으로 나타났다. 그렇다면 이들은 초기 데니소바인일까. 아쉽게도 데니소바인은 어금니가 아주 큰 게 특징이라 그럴 가능성은 작아 보인다. 어쩌면 43만 년 전 살았던 이들은 네안데르탈인과 데니소바인이 갈라지기 직전의 공통조상일지 모른다.

아니면 치아 형태에서 추측한 대로 초기 네안데르탈인일 수도 있다. 이 경우 초기 네안데르탈인과 후기 네안데르탈인의 핵 게놈은 연속선상에 있지만(당연한 말이다) 미토콘드리아 게놈은 단절이 됐다는 뜻이다. 즉 네안데르탈인이 데니소바인과 갈라진 뒤 현생인류와 만나 혼혈이 일어났고 그 결과 미토콘드리아가 현생인류의 것으로 바꿔치기 됐다는 시나리오다. 2년이 지난 2016년 시마데로스우에소스 고인류의 핵 게놈도 해독됐는데, 네안데르탈인으로 밝혀졌다. 어금니는 거짓말을 하지 않았다. 여러 게놈 분석 데이터를 종합한 결과 20만~30만 년 전 네안데르탈인과 현생인류가 만나 피가 섞이면서 네안데르탈인의 미토콘드리아가 현생인류의 것으로 바뀐 것으로 추정된다.

현생인류 미토콘드리아가 유리한 듯

지금까지 해독된 후기 네안데르탈인의 미토콘드리아 게놈은 모두 데니소바인보다 현생인류와 더 가까우므로 100% 교체됐음을 의미한다. 반면 후기 네안데르탈인의 핵 게놈에는 현생인류의 피가 3~6% 섞여 있다. 이런 현상을 어떻게 설명할 수 있을까.

모계와 부계에서 하나씩 쌍으로 전달되는 핵 게놈과는 달리 미토콘드리아 게놈은 모계를 통해서만 전달된다. 즉 핵 게놈은 감수분열 과정에서 부계 염색체와 모계 염색체의 재조합이 일어나 섞이지만, 미토콘드리아 게놈은 혼혈이 일어나도 엄마가 네안데르탈인이냐 현생인류냐에 따라 그 정체성을 그대로 지닌 채 이어진다.

핵 게놈의 비율이 미토콘드리아 게놈에서도 유지된다면 후기 네안데르탈인 100명 가운데 94~97명은 네안데르탈인 유형을 지니고 3~6명만이 현생인류 유형일 것이다. 그런데 100% 현생인류 유형이니 어떻게 된 것일까. 이에 대한 명쾌한 답은 아직 나와 있지 않지만 아마도 현생인류

● 인류이동 ● 유전자 이동

호모사피엔스에서 네안데르탈인으로 유전자 흘러감(20만~30만 년 전)

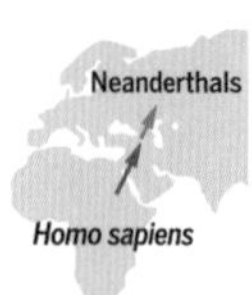

게놈	대체 (%)
미토콘드리아	100
Y염색체	100
X염색체	4-8
상염색체	3-6

네안데르탈인에서 호모 사피엔스로 유전자 흘러감(4만~6만 년 전)

Neanderthals
Homo sapiens

게놈	대체 (%)
미토콘드리아	0
Y염색체	0
X염색체	<1
상염색체	1.5-2

2020년 후기 네안데르탈과 데니소바인의 Y염색체 게놈이 해독되면서 미토콘드리아 게놈과 같은 패턴을 보인다는 사실이 확인됐다. 지난 10년 동안 해독된 여러 네안데르탈인 게놈을 토대로 만든 시나리오다. 즉 두 종은 20만~30만 년 전 1차 혼혈을 통해 네안데르탈인의 게놈에 현생인류의 흔적을 남겼다. 특히 미토콘드리아와 Y염색체는 100% 대체됐다. 4만~6만 년 전 2차 혼혈에서는 현생인류의 게놈에 네안데르탈인이 흔적을 남겼다. 그럼에도 미토콘드리아와 Y염색체는 도태돼 사라졌다. (제공『사이언스』)

유형이 후기 네안데르탈인의 번식에 더 유리하게 작용했기 때문으로 보인다.

20만~30만 년 전 현생인류와 피가 섞이면서 네안데르탈인의 5%가 현생인류 어머니를 둔 혼혈아라고 가정해보자(당시 인구는 얼마 안 됐을 것이므로 개연성이 있다). 만일 현생인류의 미토콘드리아를 지닌 이들이 네안데르탈인의 미토콘드리아를 지닌 동료보다 번식 적합도가 1%만 더 높아도 5만 년 뒤에는 인구의 25%가 현생인류 유형의 미토콘드리아를 지니게 된다. 2% 더 높으면 5만 년 뒤 절반을 차지한다. 1차 혼혈이 일어나고 대략 20만 년이 지난 시점에서 네안데르탈인이 모두 현생인류 유형의 미토콘드리아를 지니는 현상을 수학으로 설명할 수 있다는 말이다.

Y염색체도 100% 현생인류 유형

미토콘드리아가 모계를 통해서 자녀에게 전해진다면 Y염색체는 부계를 통해 아들에게만 이어진다. 그렇다면 Y염색체에서도 이런 일이 일어났을까. 공교롭게도 고품질의 핵 게놈이 해독된 네안데르탈인 세 명과 데니소바인 한 명은 모두 여성으로 Y염색체가 없어 이 의문에 대해 답을 내놓지 못했다.

그런데 2016년 약 5만 년 전 스페인 지역에서 살았던 후기 네안데르탈인의 Y염색체 게놈을 해독한 결과가 마침내 나왔다. 이에 따르면 이들의 조상은 현생인류와 45만~81만 년 전 갈라졌고 그 뒤 교류가 없었던 것으로 나온다. 이는 핵 게놈 비교를 바탕으로 한, 네안데르탈인/데니소바인 공통조상이 현생인류와 55만~77만 년 전 갈라졌다는 시나리오에 부합하는 결과다.

해독된 후기 네안데르탈인 Y염색체가 하나뿐이라 단정적으로 말할 수는 없지만, 미토콘드리아와는 반대로 20만~30만 년 전 현생인류와 1차 혼혈이 일어난 뒤 아버지를 현생인류로 둔 네안데르탈인 혼혈 남성은 번식 적합도가 낮아 부계 후손이 결국 소멸했을 가능성이 크다.

학술지 『사이언스』 2020년 9월 25일자에는 2016년 결론을 반박하는 연구결과를 담은 독일 막스플랑크연구소(진화인류학)가 주축이 된 다국적 공통연구팀의 논문이 실렸다. 연구자들은 후기 네안데르탈인 남성 3명과 후기 데니소바인 남성 2명의 Y염색체 게놈을 해독해 비교한 결과 미토콘드리아와 마찬가지로 후기 네안데르탈인의 Y염색체는 모두 1차 혼혈 때 유입된 현생인류의 Y염색체에서 비롯됐다고 결론을 내렸다.

이에 따르면 네안데르탈인의 Y염색체가 현생인류의 것으로 바꿔치기가 된 시점은 15만~35만 년 전이다. 오차범위가 넓은 건 DNA의 품질이 좋지 않아 게놈 정보가 불충분하기 때문이다. 2016년 논문에서 현생인류와 45만~81만 년 전 갈라졌다는 틀린 결과를 얻은 이유도 불과 12만 염기를 해독해 분석했기 때문이다. 이번에는 새로운 분석 기법과 추가 시료를 통해 좀 더 정확한 값을 얻을 수 있었다.

15만~35만 년 전이라는 범위는 미토콘드리아 게놈 비교를 통해 네안데르탈인과 현생인류 사이에 1차 혼혈이 있었다고 추정되는 20만~30만 년 전과 겹친다. 즉 이때 네안데르탈인의 미토콘드리아뿐 아니라 Y염색체도 현생인류의 것으로 100% 바뀌었다는 말이다.

20만~30만 년 전 네안데르탈인과 1차 혼혈이 있었던 현생인류의 흔적은 현대인에 남아 있지 않다. 아마도 네안데르탈인과의 경쟁에서 밀려 사라진 것으로 보인다. 반면 4만~6만 년 전 2차 혼혈에서는 네안데르탈인이 현생인류에 패배해 멸종했다.

흥미로운 사실은 2차 혼혈의 결과 아프리카를 제외한 현대인의 게놈에 네안데르탈인의 DNA가 1.5~2% 들어있음에도 미토콘드리아와 Y염색체의 흔적은 전혀 없다는 점이다. 물론 2차 혼혈 때 네안데르탈인이 지니고 있던 미토콘드리아와 Y염색체는 20만~30만 년 전 1차 혼혈 때 현생인류에게 받은 뒤 진화한 것이다. 데니소바인의 미토콘드리아와 Y염색체 역시 현대인에서는 전혀 보이지 않는다. 아마도 현생인류의 미토콘드리아와 Y염색체가 번식에 유리한 특성이 있는 것 같은데, 아직은 추측에 머무르고 있다.

후기 네안데르탈인의 미토콘드리아가 초기 네안데르탈인의 것이 아니라 1차 혼혈에서 유입된 현생인류의 것임을 밝힌 결정적인 계기는 43만 년 전 스페인에 살았던 초기 네안데르탈인의 미토콘드리아 게놈 해독이다. 아쉽게도 이 인물은 여성이다. 만일 초기 네안데르탈인 남성에서 양질의 DNA를 추출하는 데 성공한다면, Y염색체에 대해서도 이 시나리오가 확증되지 않을까.

8-3

인류 최초 구상화는 4만 5,500년 전 멧돼지 그림!

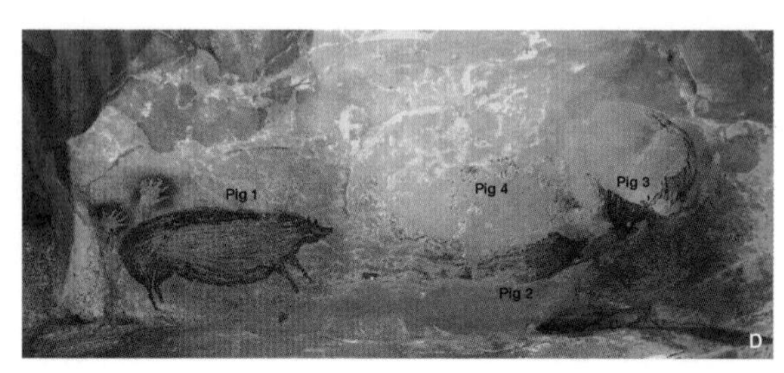

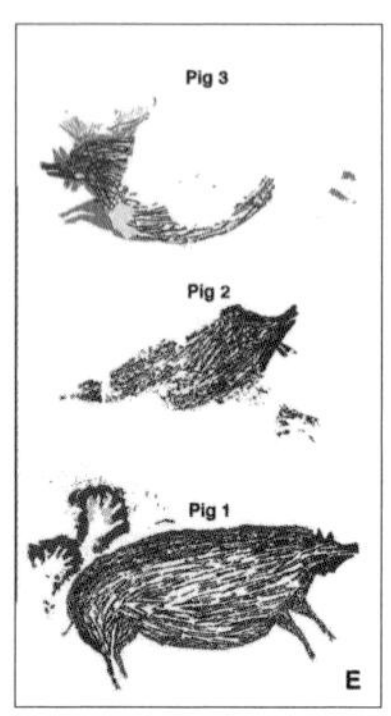

인도네시아 술라웨시섬 마로스 지역의 한 동굴에 그려진 벽화로, 자생종 멧돼지인 술라웨시워트피그 네 마리와 왼쪽에 핸드 스텐실 두 점이 보인다. 연대측정 결과 늦어도 4만 5,500년 전에 그려진 것으로 밝혀져 현생인류가 남긴 가장 오래된 구상화로 인정됐다. (제공 『사이언스 어드밴시스』)

요즘 '핫플레이스'라는 말이 널리 쓰이고 있다. 핫플레이스hot place는 뜨거운 곳, 즉 사람들이 많이 찾는 장소를 뜻한다. 인류학 분야에도 최근 수년 사이 뜬 핫플레이스가 있다. 인도네시아 술라웨시섬 남서부 마로스-팡켑Maros-Pangkep 지역이다. 450km^{2}에 이르는 이곳은 석회암 카르스트 지형으로 수많은 동굴이 있는데, 이 가운데 무려 300여 곳에서 과거 인류가 남긴 벽화가 발견됐다. 연대측정 결과 이 가운데는 현생인류 화가의 가장 오래된 작품도 있는 것으로 밝혀졌다.

약 6만 년 전 현생인류 도착한 듯

적도에 걸쳐있는 술라웨시섬은 세계에서 11번째로 큰 섬으로 면적이 18만km^{2}로 한반도의 80%에 이른다. 석기 등 유물을 분석한 결과 19만~12만 년 전 술라웨시섬에 처음 인류가 발을 들인 것으로 보인다. 이들은 현생인류가 아니라 호모 에렉투스의 한 갈래일 것이다.

최근 연구에 따르면 현생인류가 동남아시아에 처음 도착한 건 7만 3,000년 전에서 6만 3,000년 전으로 추정되고 이들이 바다를 건너 술라웨시섬에 들어간 건 6만 9,000년 전에서 5만 9,000년 전 사이로 보인다.

마로스-팡켑의 동굴에서 벽화가 처음 발견된 건 1950년대이지만 주목을 받지는 못했다. 이곳은 열대지역이라 동굴 환경이 불안정해 남아있는 벽화는 1만 년 이내의 것이라고 생각했기 때문이다. 2000년대 들어서야 추가 발굴과 연대측정 등 본격적인 연구가 진행됐다.

호주 그리피스대의 동굴벽화 전문가인 맥심 오버트 교수와 아담 부룸 교수가 주축이 된 호주와 인도네시아 공동연구팀은 마로스 지역 카르스트 동굴 7곳에 그려진 핸드 스텐실hand stencil(동굴 벽에 손가락을 펼친 손바닥을 대고 주위를 칠해 손의 윤곽을 남긴 그림) 열두 점과 동물을 묘사한 구상화 두 점에서 시료를 소량 얻어 우라늄-토륨 연대측정법으로 제작 시기를 추정했다.

우라늄-토륨 연대측정은 방사성 동위원소인 우라늄238과 토륨230이 붕괴될 때 상대적인 비를 토대로 생성 시기를 추정하는 방식이다. 우라늄과 토륨은 화학적 성질이 달라 석회암 동굴 표면에서 방해석calcite 결정이 형성될 때 불순물로 우라늄만 포함된다. 방해석 결정에 갇힌 우라늄이 토륨으로 붕괴하기 때문에 상대적인 비율에서 얼마나 시간이 지났는가를 추정할 수 있다.

연구자들은 벽화를 덮고 있는 방해석 결정 조각, 즉 동굴생성물speleothem을 떼어내 벽화와 맞닿은 면에서 두께가 1mm가 안 되는 시료를 얻어(가장 오래전에 자란 것이므로) 연대를 측정했다. 그 결과 핸드 스텐실을 덮고 있던 동굴생성물 시료의 연대가 3만 9,900년 전으로 나왔다. 이는 동굴생성물 밑에 있는 그림이 늦어도 3만 9,900년 전에 그려졌다는 말이다. 한편 동물 그림 두 점 가운데 술라웨시에 자생하는 멧돼지인 바비루사babirusa를 묘사한 그림은 늦어도 3만 5,400년 전, 돼지로 보이지만 불확실한 다른 동물 그림은 늦어도 3만 5,700년 전에 그려진 것으로 나왔다. 이는 이때까지 알려진 현생인류의 가장 오래된 그림과 비슷한 시기다. 즉 스페인 북부 동굴 11곳에서 찾은 벽화 가운데 늦어도 4만 800년 전 그려진 것이 가장 오래된 작품이다.

흥미롭게도 현생인류의 요람인 아프리카에서는 이렇게 오래된 벽화가 아직 발견되지 않았다. 따라서 스페인 동굴의 그림이 4만 년 전 그려진 것으로 밝혀지자 유럽의 현생인류에서 최초의 화가가 나왔고 그 뒤 각지로 퍼졌다는 가설이 나오기도 했다. 그런데 유라시아 대륙 반대쪽 끝에 있는 술라웨시섬에서 비슷한 시기의 구상화 작품이 나온 것이다.

이를 설명하는 시나리오는 두 가지다. 먼저 현생인류가 아프리카를 떠나 유럽과 아시아로 흩어지기 전 이미 예술적 소양을 지니고 있었을 수 있다. 이 경우 아프리카에서 남긴 작품이 사라졌거나 아직 발굴되지 못한 것이다. 다음으로 유럽과 아시아로 흩어진 현생인류가 우연히 비슷한 시기에 예술적 소양을 발전시켜 작품을 남긴 것이다.

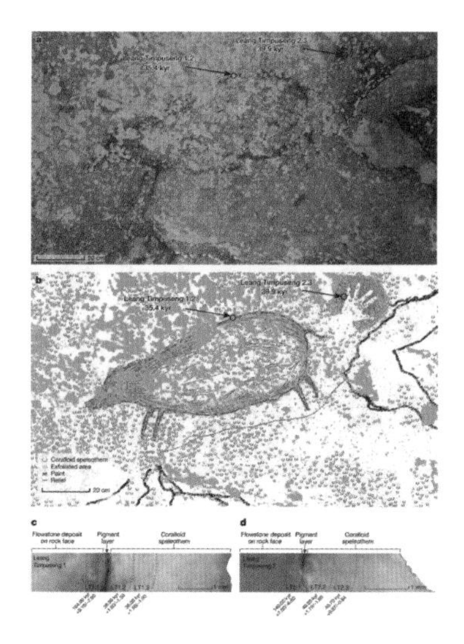

인도네시아 술라웨시섬 마로스 지역의 한 동굴에 그려진 벽화로 자생종 멧돼지 바비루사를 묘사했고 핸드 스텐실을 남겼다. 산호가 연상되는 동굴생성물이 덮여있고 군데군데 벗겨져 있는 상태라(위) 이를 알기 쉽게 도식적으로 표현했다(아래). 2014년 연대측정 결과 핸드 스텐실은 늦어도 3만 9,900년 전에, 멧돼지는 늦어도 3만 5,400년 전에 그려진 것으로 밝혀졌다. (제공『네이처』)

사냥꾼을 반인반수로 묘사

그런데 2019년 학술지『네이처』에 놀라운 발견이 실렸다. 역시 그리피스대 오버트 교수와 부룸 교수가 주축이 된 호주와 인도네시아 공동연구팀의 결과로, 2017년 팡켑 지역의 한 동굴에서 발견한 벽화의 연대를 측정한 결과 늦어도 4만 3,900년 전에 그려진 것이라는 결과가 나왔다. 스페인 벽화를 제치고 인류 최고最古의 구상화 작품 자리에 오른 것이다. 그런데 이 벽화는 시기뿐 아니라 내용도 인상적이다.

폭 4.5m에 펼쳐진 그림은 사냥장면을 묘사하고 있는데 술라웨시 자생종 멧돼지인 술라웨시워티피그Sulawesi warty pig가 두 마리, 역시 자생종인 아노아anoa(덩치가 작은 야생 소)가 네 마리 그려져 있다. 두 종은 지

2017년 발견된 인도네시아 술라웨시섬 팡켑 지역의 한 동굴에 그려진 벽화의 일부로, 사냥꾼들이 창과 밧줄로 토종 야생 소(아노아)를 사냥하는 장면이다. 사냥감에 비해 사냥꾼들이 턱없이 작게 그려져 있을 뿐 아니라 동물 머리를 한 반인반수로 묘사돼 있다. 연대측정 결과 늦어도 4만 3,900년 전에 그려진 것으로 밝혀졌다. (제공 Ratno Sardi)

금도 이 섬에 살고 있다. 그리고 창과 밧줄을 써서 이들을 사냥하는 사람이 적어도 8명 그려져 있는데, 이게 좀 특이하다. 사냥감에 비해 터무니없이 작게 그려져 있을 뿐 아니라 반인반수半人半獸, therianthrope, 즉 동물 머리를 한 사람 형태이기 때문이다.

어떤 사람은 얼굴이 개처럼 주둥이가 툭 튀어나와 있고 심지어 꼬리도 보인다. 또 다른 사람은 입이 새의 부리처럼 생겼다. 이에 대해서는 두 가지 해석이 있다. 먼저 사냥꾼들이 동물의 모습으로 위장하고 사냥한다는 설정으로 다소 설득력이 떨어진다. 다음으로 당시 예술가가 상상력을 발휘해 반인반수의 모습으로 사냥꾼을 묘사했다는 설정이다. 이는 주술적 의미가 내포돼 있는데 저자들은 이 해석이 더 그럴듯하다고 보고 있다.

만일 그렇다면 당시 사람들은 이미 상상을 통해 실제 존재하지 않는 대상을 꾸며내 이야기를 만드는, 즉 신화나 종교를 창조하는 고차원의 인지력을 지니고 있었다는 말이다. 이전까지 가장 오래된 반인반수 작품은 독일 알프스 지역에서 출토된 3만 5,000년 전 상아 인물상으로 사자머리를 하고 있다. 이번 발견으로 인류의 인지력 완성 시기가 9,000년 앞당겨졌다.

학술지 『사이언스』는 매년 연말에 '10대 과학성과'를 선정하는데, 4만 3,900년 전 동굴벽화의 발견이 2020년 10대 성과에 포함됐다.

1939년 독일 남부 홀레슈타인-스타델 동굴에서 발굴한 사자머리를 한 남성상으로 매머드의 상아로 만들었다. 연대측정 결과 3만 5,000년 전 작품으로 밝혀져 2019년까지 가장 오래된 반인반수 작품으로 기록됐다. (제공 위키피디아)

아프리카와 유럽에서 아시아로

학술지 『사이언스 어드밴시스』 2021년 1월 13일자에는 2년 전 기록을 1,600년 경신한 동굴벽화를 발견했다는 연구결과가 실렸다. 이번에도 그리피스대 오버트 교수와 부룸 교수가 주축이 된 호주와 인도네시아 공동 연구팀의 결과로, 2017년 마로스-팡켑 지역의 한 동굴에서 발견한 벽화의 연대를 측정해보니 늦어도 4만 5,500년 전에 그려진 것으로 밝혀졌다. 가장 오래됐음에도 보존상태가 좋아 멧돼지 한 마리는 전체 모습이 온전히 남아 있다(286쪽 그림 참조).

사실 술라웨시의 마로스-팡켑 지역뿐 아니라 아시아의 많은 지역이 2000년대 들어 인류학의 핫플레이스로 주목을 받고 있다. 서아시아 조지아 드마니시에서 180만 년 전 호모속 인류의 화석이 무더기로 발견됐고 알타이산맥의 데니소바 동굴에서 발견한 손가락 뼈의 게놈을 해독한 결과 네안데르탈인과 가까운 미지의 인류로 밝혀져 데니소바인이라는 이름을 얻었다.

시베리아 우스트-이심에서 발견한 4만 5,000년 전 현생인류의 대퇴골에서 추출한 DNA로 게놈을 해독하는 데 성공하기도 했다. 현생인류의 가장 오래된 게놈 정보다. 그리고 술라웨시섬 남쪽에 있는 플로레스섬에서 발견한 미지의 인류 호모 플로레시엔시스는 불과 5만 년 전까지 살고 있었다. 어쩌면 네안데르탈인처럼 현생인류와 만나면서 멸종했을 수도 있다.

한반도에도 인류학의 핫플레이스가 한 곳 있으면 좋겠다는 생각이 문득 든다.

8-4

장마와 동북아시아 문명의 성쇠

2020년 장마는 기록적인 폭우로 중국과 일본에서 큰 피해를 냈다.

최근 『황제내경, 인간의 몸을 읽다』라는 책을 재미있게 읽었다. 중국 의학자이자 철학자인 장치정 북경중의약학대학 국학원 원장이 가장 오래된 중국의 의학서 『황제내경黃帝內經』의 주요 내용을 일반인도 이해할 수 있도록 풀어 설명한 책이다.

장치정은 『황제내경』이 말하는 무병장수의 비결이 '법어음양, 화어술수法於陰陽, 和於術手' 여덟 글자에 녹아있다고 설명한다. 즉 '자연계의 변화 법칙(음양)에 순응하고, 정확한 양생 보건의 법칙(술수)을 따라 살아야 한다'는 것이다. 평생 절제와 조화의 삶을 유지하라는 얘기로, 지금도 맞는 말이지만 물론 실천하기는 무척이나 어렵다.

장마철은 오행의 토에 해당

『황제내경』은 음양오행陰陽五行설에 기반해 많은 걸 해석한다. 예를 들어 오장육부五臟六腑에서 오장인 간, 심장, 비장, 폐, 신장은 오행인 목木, 화火, 토土, 금金, 수水에 대응한다. 정서 역시 오행에 맞춰 노怒, 희喜, 사思, 우憂, 공恐의 오지五志로 나눴다. 간과 노(성냄)는 목에 해당한다는 식이다. 이를 바탕으로 많은 이야기가 전개되고 있는데, 꽤 흥미롭지만 과학적 근거가 있는 것 같지는 않다.

이 가운데 계절조차 오행에 맞춘 부분이 가장 억지스럽게 느껴졌다. 사계절을 오행에 대응시키려다 보니 결국 여름을 장마철 이전의 여름과 이후의 장하長夏로 나눠 각각 화와 토에 대응시켰다.

그런데 요즘 장마철을 보내며 옛날 중국 사람들이 여름을 둘로 나눈 게 그렇게 억지스러운 것만도 아니라는 생각이 문득 들었다. 장마를 전후해 여름의 성격이 크게 바뀌기 때문이다. 오행의 화에 해당하는 여름, 즉 초여름은 고온 하나이지만 토에 포함되는 늦여름은 고온에 다습이 더해진다.

장마가 시작될 무렵이 하지라는 점도 여름을 둘로 나누는 그럴듯한 이유가 될 수 있을 것이다. 음양 이론에 따르면 낮이 가장 긴 하지 이전의 초여름이 양의 기운이 가장 왕성한 시기다. 낮이 밤보다 꽤 긴 데다(양) 매일 조금씩 더 길어지기(미분 값도 양) 때문이다. 반면 하지를 지나가면 낮이 여전히 길지만 매일 조금씩 짧아지므로 늦여름은 '양 속에 음이 깃든' 상태다. 사람으로 치면 20대와 30대의 차이라고나 할까.

아무튼 지금 장마철을 보내며 앞으로 겪어야 할 무더위가 걱정이다.

조상들도 그래서인지 7월 중순에서 8월 중순 한 달 사이 초복, 중복, 말복을 둔 게 아닐까. 그러고 보니 내일모레가 초복이다. 토에 해당하는 오지인 사思는 생각, 즉 근심이 많은 상태인데 꽤 적절한 선택인 것 같다.

비는 과유불급 아냐

대다수가 도시 거주민인 현대인들은 장마와 이어지는 무더위를 싫어하고 여름 내내 초여름 같은 날씨가 계속되면 더 좋겠다고 생각할 수도 있다. 게다가 장마철 홍수 피해도 만만치 않다. 올해(2020년)는 중국과 일본의 홍수 피해가 특히 심하다. 중국에서는 수백 명의 사상자가 났고 이재민만 4,000만 명에 이른다고 한다. 평소 자연재해 대비가 잘 돼 있는 일본조차 80여 명이 죽거나 실종됐다.

그러나 장마는 동북아시아 문명의 원동력이다. 만일 장마가 없었다면 지금 동북아시아는 몽골과 비슷한 풍경 아닐까. 실제 과거 인류 문명의 부침을 보면 비가 너무 많이 와서 망한 예는 거의 없고 대부분 비가 너무 안 와서, 즉 극심한 가뭄으로 사람들이 거주를 포기하며 떠나 폐허가 됐다. 마야 문명의 붕괴가 그렇고 인더스 문명의 퇴조도 물 부족 때문이다.

2019년 9월 학술지 『네이처 커뮤니케이션즈』에는 장마와 동북아시아 문명 성쇠의 관계를 보여준 흥미로운 연구결과가 실렸다. 당시 언론에서 다루지 않은 것 같아 한참 지났지만 장마철이고 해서 이 자리에서 소개한다.

500년 주기 보이는 세 현상

중국과학원 지질학·지구물리학연구소의 연구자들은 8,000~2,500년 전 중국 북동부 네이멍구(내몽고)자치구와 랴오닝(요녕)성 일대의 신석기·청동기 문명이 이 지역의 장마전선 형성 여부 및 강도에 따라 대략 500년 주기의 부침을 보였다는 사실을 밝혀냈다.

이곳은 당시 한족漢族이 아니라 동이東夷족이 살았던 것으로 추정되고 이들의 갈래가 한반도에 들어와 정착한 것으로 보인다. 이 가운데 가장 번성한 홍산紅山 문화(6,500~4,800년 전)는 화려한 옥 공예품으로 유명한데, 강원도 고성과 전남 여수에 발굴된, 비슷한 시기 신석기 시대 무덤에서 나온 옥 귀걸이와 비슷하다.

중국 당국은 1980년대부터 이 지역 유물을 본격적으로 발굴하면서 한족이 일으킨 황하 문명보다 시기적으로 훨씬 앞서 고도로 발달한 문명이 있었다는 걸 인정했다. 그러나 2000년대 들어 홍산 문명을 포함한 이 지역 신석기·청동기 문화를 라오허(요하) 문명이라 부르며 이를 한족이 세운 것으로 둔갑시켜 황하 문명의 원류로 간주하고 있다. 소위 '동북공정'이다.

이 문제는 일단 제쳐두고 지금은 중국 과학자들이 열심히 연구해 밝힌 흥미로운 내용을 소개한다. 이들은 지금까지 요하 일대 유적지에서 얻은 많은 유물의 방사성탄소연대측정 데이터를 모았다. 그 결과 8,000~2,500년 전 동안 발굴된 유물의 양이 대략 500년의 주기로 부침이 있다는 사실을 발견했다. 즉 500년 주기로 문명의 성쇠가 있었다는 말이다.

연구자들은 이런 주기적인 변화가 장마의 여부나 강도와 관련이 있는가를 알아보기 위해 당시 식생을 조사해보기로 했다. 이 지역은 장마전선의 북방한계선으로 장마철 강수량에 따라 식생 분포가 큰 영향을 받는다. 즉 장마전선이 이 지역까지 충분히 발달하는 시기에는 강수량이 풍부하고 연평균 기온도 높아 참나무 같은 활엽수가 우점종을 이룬다. 반면 장마전선이 올라오지 못해 연간 강수량이 적고 기온도 낮은 시기에는 소나무 같은 침엽수가 우세하다.

연구자들은 백두산에서 북서쪽으로 약 300km 떨어진 곳에 있는 분화구 호수인 샤오룽완에 주목했다. 호수가 있는 지린성은 랴오닝성 동쪽에 접해 있어 같은 기후권이기 때문이다. 축구장 10배 면적에 최고수심이 15m인 샤오룽완 호수는 물이 들어오지도 않고 나가지도 않는다. 즉 빗물

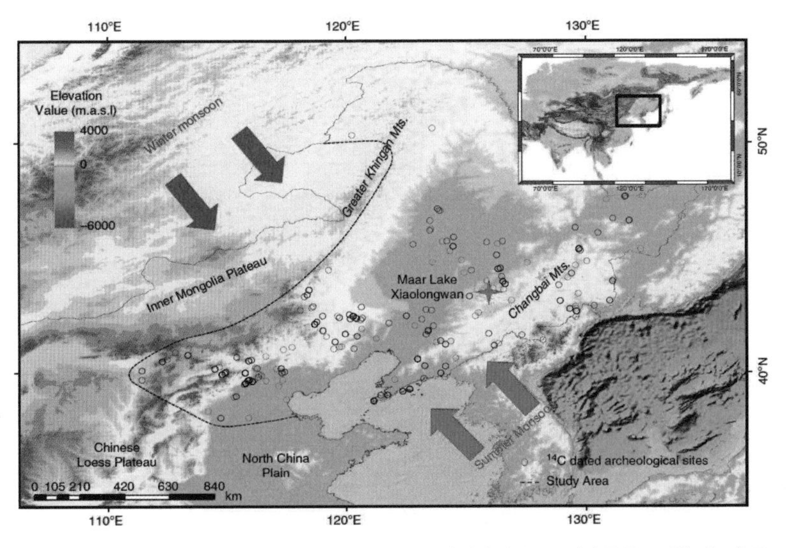

샤오룽완 호수(빨간 십자 표시)와 신석기 시대 발굴 유물들의 위치(작은 동그라미들)를 표시한 지도다. 동북아시아 여름 몬순(장마)은 빨간 화살표, 겨울 몬순은 파란 화살표로 나타냈다. (제공 『네이처 커뮤니케이션즈』)

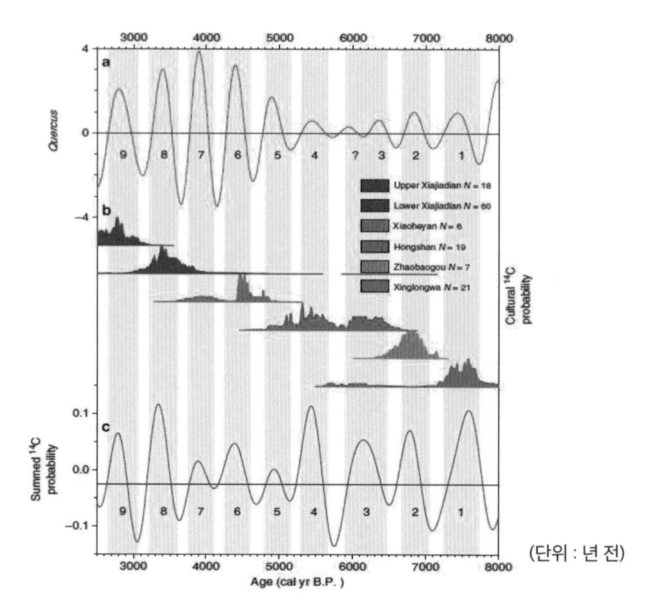

백두산 북서쪽 300㎞에 있는 샤오룽완 호수 퇴적층에 포함된 참나무*Quercus* 꽃가루 양 분석 데이터 그래프(위)와 네이멍구자치구와 랴오닝성 일대의 신석기·청동기 유물 방사성탄소연대측정 시료 양을 보여주는 그래프(아래)는 2,500~8,000년 전 동안 거의 일치하는 대략 500년의 주기성을 보인다. 가운데는 이 시기 존재한 6개 문화다. (제공 『네이처 커뮤니케이션즈』)

이 모이고 증발하고 토양에 흡수되며 유지된 상태다. 따라서 호수 아래 퇴적층에 포함된 꽃가루를 분석하면 수천 년에 걸친 식생 변화를 수십 년의 해상도로 파악할 수 있다.

연구자들은 꽃가루의 상대적인 양을 바탕으로 활엽수의 대표인 참나무와 침엽수의 대표인 소나무의 점유율 패턴을 분석했다. 그 결과 대략 500년 주기로 엇갈렸다. 참나무가 마루crest일 때 소나무는 골trough이었다. 이들의 주기 그래프를 랴오허 문명의 유물 주기 그래프와 비교한 결과 참나무와 일치했다. 참나무의 우점도는 장마의 강도와 비례하므로 당시 이 지역 인류의 삶도 장마의 영향에 따라 부침했다고 해석할 수 있다.

주기 90% 맞아

호수 퇴적층의 참나무 꽃가루 양에서 추측한 8,000~2,500년 전 사이 참나무 식생 주기와 유물의 방사성탄소연대측정 결과에 따른 주기를 보면 서로 밀접한 관계가 있음을 한눈에 알 수 있다. 다만 참나무는 10회의 주기를 보이는 반면 유물은 9회의 주기를 보인다. 즉 참나무에서 보이는 5940년 전의 작은 피크가 유물에서는 보이지 않는다.

한편 각 피크는 랴오허 문명을 이루는 9가지 문화(물론 1980년대 이후 중국 고고학자들이 발굴하며 붙인 이름이다) 가운데 6가지 문화에 해당한다. 298쪽 그래프의 오른쪽 기준으로 첫 번째 피크(꽃가루는 7,420년 전, 유물은 7,570년 전)는 신룽와興隆洼 문화의 전성기에 해당한다. 두 번째 피크(꽃가루는 6,830년 전, 유물은 6,770년 전)은 자오바오거우趙宝溝 문화의 전성기다.

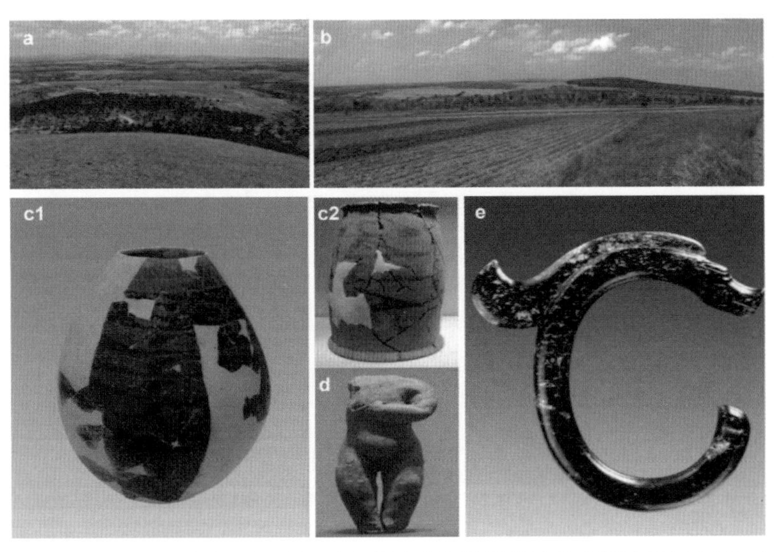

랴오허 문명을 대표하는 홍산 문화 중기의 유적과 이곳에서 발굴한 유물들. (제공『네이처 커뮤니케이션즈』)

랴오허 문명을 대표하는 훙산 문화는 초기, 중기, 후기 세 시기로 나뉜다. 유물의 세 번째 피크(6,240년 전)가 초기에, 네 번째 피크(5,440년 전)가 중기에, 다섯 번째 피크(4,930년 전)가 후기에 자리하고 있다. 반면 이 시기 꽃가루 그래프는 피크가 네 개인 대신 마루와 골의 차이가 작다. 그래프에서 '?'로 표시된 작은 피크가 보이는 5,940년 전 무렵 유물 그래프에서는 마루 대신 깊은 골을 보이고 있다.

이에 대해 연구자들은 인류 문명의 부침은 강수량(장마) 같은 기후 이외에 여러 요인의 영향을 받기 때문이라고 해석했다. 그러나 이 예외를 빼면 5500년에 이르는 시기 동안 참나무와 유물의 결과가 일치해 당시 이 지역에 거주하던 사람들의 삶에 장마의 영향이 결정적이었음을 알 수 있다. 참고로 장마전선 북방한계선 오르내림 500년 주기의 가장 큰 원인은 엘리뇨와 라니냐로 알려져 있다.

SCENT OF SCIENCE

부 록

과학은 길고,
인생은 짧다.

과학카페 2권부터 부록에서 전 해에 타계한 과학자들의 삶과 업적을 뒤돌아보는 자리를 마련했다. 이번 부록에서는 과학저널 『네이처』와 『사이언스』에 부고가 실린 과학자 11명의 삶과 업적을 작고한 순서에 따라 소개한다. 이 가운데는 2020년 봄 코로나19 1차 유행 때 감염돼 희생된 과학자 세 명이 포함돼 있다.

❶ 캐서린 존슨 Katherine Johnson, 1918. 8.26 ~ 2020. 2.24

우주 비행 궤도를 계산한 인간 컴퓨터

캐서린 존슨. 1966년 인간 컴퓨터로 일하던 때의 모습이다. (제공 NASA)

"그 여자분(캐서린 존슨)에게 숫자를 점검시켜 주세요. 그분이 숫자가 맞는다고 하면, 우주로 출발하겠습니다."
- 1962년 2월 20일 미국 최초의 우주비행을 며칠 앞둔 존 글렌의 요청

실화를 바탕으로 한 영화 <히든 피겨스>의 주인공으로 뒤늦게 유명세를 탄 미 항공우주국NASA의 수학자 캐서린 존슨이 102세를 일기로 타계했다.

1918년 미국 웨스트버지니아주에서 태어난 캐서린 콜먼Coleman은 당시 흑인으로서는 드물게 고등교육을 받을 수 있는 유복한 집안에서 자랐다. 그럼에도 흑인차별이 제도화된 시절이라 흑인 전용 학교를 다녔다. 공부를 잘해 월반을 거듭한 캐서린은 불과 열다섯 살에 웨스트버지니아주립대에 들어가 1937년 수학과 불문학 복수학위를 받았다.

교수들은 캐서린의 수학 재능을 아까워했지만 흑인 여성이 들어갈 대학원이 없어 대다수 흑인 여성 대졸자들처럼 교사가 됐다. 이때 만난 동

료 화학교사 제임스 고블James Goble과 결혼했다. 1938년 소송으로 대학원이 흑인 학생 입학 금지를 명시할 수 없게 되면서 캐서린은 1940년 웨스트버지니아대 대학원에 입학했다. 그러나 연구와 가정생활을 병행하기가 어려워 중퇴했다.

세 딸을 키우며 평범한 주부로 살아가던 캐서린은 육아에서 한숨 돌리게 된 1952년 어느 날 버지니아주 햄프턴에 있는 미국항공자문위원회NACA 랭글리항공연구소에서 '인간 컴퓨터'를 모집한다는 공고를 보고 원서를 보냈다. 비행기를 만들려면 풍동실험 등 여러 테스트를 거쳐야 하고 수집된 데이터를 분석해야 한다. 당시는 컴퓨터 초창기로 연산력도 부족하고 오류도 잦아 사람이 직접 계산하는 일이 필수적이었고 주로 여성 수학자들이 이 일을 맡았다. 이들을 '인간 컴퓨터'라고 불렀다.

랭글리연구소에는 인간 컴퓨터가 수백 명이었고 이 가운데 10% 정도는 흑인이었다. 그러나 흑백차별로 일터가 분리돼 있어 흑인 여성들은 서쪽 건물에 있는 웨스트 컴퓨팅 부서에서 일했다. 이들은 식당의 별도 공간에서 식사해야 했고 화장실도 유색인 전용 화장실을 써야 했다. 그럼에도 일에서는 차별이 없었다. 엔지니어들은 자신과 궁합이 잘 맞는 인간 컴퓨터와 일하고 싶어했다. 단순한 계산을 넘어 좀 더 효율적인 해결책(수식)을 찾아 창조적으로 문제를 해결하곤 했던 캐서린은 점차 주목을 받기 시작했다.

1957년 소련이 스푸티니크 위성을 쏘아올리며 우주탐사에서 앞서나가자 충격을 받은 미국은 이듬해 NACA를 미 항공우주국NASA로 개편하고 우주선 개발에 매진했다. 캐서린의 업무도 우주선의 궤도를 계산하는 쪽으로 바뀌었다. 1956년 남편이 사망하며 가장이 된 캐서린은

1959년 짐 존슨과 재혼했고 이 무렵 유인 준궤도 비행 궤도 분석에 대한 연구보고서를 작성했다. 이를 바탕으로 존 글렌John Glenn은 1962년 2월 20일 프렌드십 7호를 타고 미국인 최초의 우주비행에 성공했다.

캐서린 존슨은 달탐사선 아폴로 11호의 착륙 궤도 계산 프로젝트에도 참여했다. 존슨은 우주왕복선 관련 일을 하다 1986년 68세에 은퇴했고 그 뒤 지역 학교를 정기적으로 찾아 아이들에게 수학과 과학을 가르치며 봉사활동을 했다. 영화 <히든 피겨스>로 유명인이 된 뒤에도 존슨은 나서기를 꺼리며 안온한 말년을 보냈다.

❷ 프리먼 다이슨 Freeman Dyson, 1923.12.15 ~ 2020. 2.28

양자전기역학 이론을 통합한 물리학자

프리먼 다이슨 (제공 Dan Komoda/프린스턴고등연구소)

나는 언제나 그랬듯이 아이디어의 창조자이기보다는 문제 해결사였다. 나는 보어와 파인만이 한 것처럼 몇 년 동안 온 정신을 집중해서 문제의 핵심으로 깊게 파고 들어가 해결할 줄을 모른다. 나는 너무 많은 것에 관심을 가진다.

- 『프리먼 다이슨, 20세기를 말하다』에서

천재 이론물리학자이자 과학 글쓰기의 달인이었던 프리먼 다이슨이 97세를 일기로 별세했다. 1923년 영국 버크셔에서 태어난 다이슨은 어릴 때부터 수학에 뛰어난 재능을 보였다. 케임브리지대 수학과에서 공부하다가 제2차 세계대전에 공군으로 참전해 폭격부대에서 계산병으로 근무했다.

졸업 뒤 1947년 미국으로 건너가 코넬대 물리학과에서 노벨상 수상자인 핵물리학자 한스 베테 교수를 지도교수로 삼았다. 그러나 자기 연구는 뒤로하고 같은 과의 천재 물리학자 리처드 파인만Richard Feynman 교수와 친해져 그가 개발한 파인만 다이어그램에 매료됐다. 한편 미시건대의 여름학교에서 줄리언 슈윙거 교수의 양자전기역학 기법을 공부했다. 다이슨은 파인만과 슈윙거의 연구가 같은 현상을 다르게 설명하는 것이라는 걸 깨닫고 이를 통합하는 연구를 수행했다.

천재로 보이는 제자가 중요한 연구결과를 내놓을 것 같다고 예감한 베테는 1948년 다이슨을 로버트 오펜하이머Robert Oppenheimer가 소장으로 있는 프린스턴고등연구소로 보냈다. 파인만을 별로 좋아하지 않았던 오펜하이머는 다이슨의 연구에 비판적이었지만 그가 결과를 내 학술지에 싣자 마음을 바꿔 연구소에 자리를 마련했다. 그 뒤 다이슨은 박사학위도 없이 1994년 은퇴할 때까지 프린스턴고등연구소에 머물렀다.

물질(전자)과 전자기장의 상호작용을 놀라운 엄밀성으로 해석한 양자전기역학은 1930년대 폴 디랙Paul Dirac이 방정식을 제시했지만 몇몇 경우에서 전자 질량이 무한대로 나오는 등 치명적인 결함이 있었다. 일본 도쿄대 물리학과 도모나가 신이치로 교수는 1940년대 새로운 수학 기법을 도입해 이 문제를 해결했다. 그리고 수년 뒤 하버드대 슈윙거 교수도 비슷한 방법으로 문제를 해결했다. 당시 슈윙거는 도모나카의 연구를 전혀 모르는 상태였다. 한편 코넬대의 파인만은 복잡한 수식 대신 직관과 그림으로 문제를 해결했다. 그리고 다이슨이 이들의 결과가 같은 내용이라는 걸 증명했다. 1965년 양자전자역학을 완성한 업적으로 앞의 세 사람은 노벨물리학상을 받았다. 만일 네 명까지 받을 수 있었다면 다이슨도 포함됐을 것이다.

양자전기역학을 핵력까지 확장하려던 시도가 좌절되자 다이슨은 "(나는) 몇 년 동안 온 정신을 집중해서 문제의 핵심으로 깊게 파고 들어가 해결할 줄을 모른다"며 핵물리학으로 눈을 돌려 안전한 원자로 개발에 뛰어들었다. 1970년대에는 대기의 교란 작용을 즉시 보정해 해상도를 높이는 적응광학 분야를 개척해 대형 망원경 개발에 기여하기도 했다. 다이슨은 외계생명체 연구에도 관심이 많았는데, 당시 주류인 전파 대신 생명체의 몸에서 나오는 적외선을 관측하는 게 더 확률이 높다고 주장했다.

그는 대중을 위한 과학 글쓰기에도 관심이 많았고 글솜씨도 뛰어났다. 1979년 회고록인 『프리먼 다이슨, 20세기를 말하다』를 시작으로 많은 책을 펴냈고 국내에서도 여러 권이 번역됐다. 리처드 도킨스 같은 과학자들이 종교와 각을 세우는 것과는 달리 다이슨은 예술과 종교, 역사도 과학만큼 중요한 인류의 지적 자산이라고 강조했다.

❸ 필립 앤더슨 Philip Anderson, 1923.12.13 ~ 2020. 3.29

세계에서 가장 창조적인 과학자로 불렸던 물리학자

필립 앤더슨 (제공 필립 앤더슨)

평범한 실험 데이터에서 심오한 이론을 끌어내는 비범한 능력의 소유자로 응집물질물리학 발전에 큰 기여를 한 필립 앤더슨이 97세를 일기로 별세했다. 1923년 미국 인디애나폴리스에서 태어난 앤더슨은 과학영재로 16세에 하버드대에 입학해 물리학을 공부했다. 제2차 세계대전으로 학업을 중단하고 해군에서 복무하며 레이더를 연구했다.

대학으로 돌아와 존 밴 블렉 교수 연구실에서 박사과정을 하며 스펙트럼선에 미치는 압력의 효과를 연구했다. 1949년 학위를 받고 벨전화연구소에 취직해 물질의 자기적 성질을 연구했다. 앤더슨은 결함이나 불순물로 무질서한 결정에서 전자들이 높은 질서도를 가지는 국소화된 상태를 만들어낼 수 있다는 사실을 발견했다. 앤더슨 국소화 Anderson localization라고 불리는 이 현상은 광학과 천문학 등 여러 분야에서 적용되고 있다. 앤더슨은 이 업적으로 스승 밴 블렉과 함께 1977년 노벨물리학상을 수상했다.

1957년 초전도 이론이 발표되자 앤더슨은 물질의 자성과 초전도성 사이의 관계에 주목하고 연구를 거듭한 끝에 초전도체 내부에서 광자가 움직일 때 질량이 있는 것처럼 행동한다는 사실을 발견했다. 1962년 앤더슨은 이 과정에 아원자 힘의 운반체인 게이지 보존이 관여하는 메커니즘을 제안했다. 1964년 영국의 물리학자 피터 힉스Peter Higgs는 앤더슨의 논문에 영감을 받아 힉스 보존(입자)의 존재를 예측하는 연구결과를 발표했다. 1986년 구리화합물에서 고온초전도 현상이 발견되자 앤더슨은 이듬해 그 메커니즘을 설명하는 이론을 제안하기도 했다.

양자물리학의 발전은 물질을 기본 입자로 환원해서 얻은 결과에서 비롯된다는 주류 학계의 생각과는 달리 앤더슨은 기본 입자가 상호작용을 하면서 만들어진 물질에는 창발적 특성이 생겨난다며 "많으면 다르다"고 주장했다. 과학은 각 단계에서 새로운 복잡성이 생겨나고 이를 이해하려면 새로운 분야가 만들어져야 한다는 것이다.

2006년 통계물리학자 호세 솔레르는 논문의 참고문헌 건수와 그 논문이 인용된 건수를 바탕으로 과학자의 창조성 지수를 만들었다. 즉 참고문헌 건수가 적고 인용 건수가 많을수록 창조성 지수가 높다. 분석 결과 앤더슨이 1위로 나왔다. 그의 현란한 지적 모험을 생각하면 수긍이 가는 결과다.

❹ 존 호턴 콘웨이 John Horton Conway, 1937.12.26 ~ 2020. 4.11

수학 대중화에 열정을 쏟은 팔방미인 수학자

존 호턴 콘웨이 (제공 프린스턴대)

수학의 많은 분야에 기여한 존 호턴 콘웨이가 2020년 봄 코로나19 1차 대유행에 휩쓸려 83세로 별세했다. 1937년 영국 리버풀에서 태어난 콘웨이는 1955년 케임브리지대에 입학해 학부와 대학원을 다녔을 뿐 아니라 1964년 박사학위를 받은 뒤에도 강사와 교수로 머물렀다. 1987년 32년의 케임브리지 생활을 뒤로하고 미국 프린스턴대로 자리를 옮겨 2013년 은퇴할 때까지 활동했다.

1968년 강사 시절 콘웨이는 리치 격자의 대칭이 815경 여 가지라는 걸 증명해 이름을 알렸다. 리치 격자Leech lattice란 24차원 공간에서 가장 조밀하고 효율적으로 구를 배치하는 대칭 구조다. 콘웨이는 추가 연구로 군론群論에 기여했고, 제자인 리처드 보처즈는 그와 사이먼 노턴이 제안한 '가공할 헛소리Monstrous Moonshine 추측'을 증명해 1998년 필즈상을 받았다.

콘웨이가 대중적으로 유명해진 건 그가 고안한 '라이프 게임'이 과학 월간지 『사이언티픽 아메리칸』에 연재되는 마틴 가드너의 칼럼에 1970년 소개되면서부터다. 라이프 게임Game of Life은 2차원 격자를 이루는 사각형(세포)의 점멸(생존과 죽음)을 결정하는 간단한 규칙에 따라 세포 전체의 상태가 결정되는 시뮬레이션 게임으로 초기 컴퓨터 마니아들의 사랑을 받았다.

우연히 바둑을 알게 돼 심취한 콘웨이는 승리 전략을 연구하다 초실수를 고안했다. 초실수surreal number란 우리가 익숙한 실수뿐 아니라 무한대와 무한소 등 새롭게 정의한 다양한 수를 포함한 개념이다. 콘웨이는 이밖에도 위상학, 기하학, 수론 등 수학의 여러 분야에 기여했다.

보통 뛰어난 수학자는 교육자로서는 별로이지만 콘웨이는 가르치는 걸 좋아했고 강의도 잘해 때로는 거의 공연 수준이었다. 콘웨이는 교양수학서도 여러 권 썼는데, 1996년 수학자 리처드 가이Richard Guy와 함께 쓴 『수의 바이블』이 번역돼 있다.

❺ 존 호턴 John Houghton, 1931.12.30 ~ 2020. 4.15

기후변화 위기의 경각심을 일깨운 대기물리학자

기상관측 위성에 탑재하는 복사계radiometer를 제작했고 기후변화에 관한 정부간 협의체IPCC 활동을 이끈 대기물리학자 존 호턴이 89세에 코로나19 합병증으로 사망했다.

1931년 영국 웨일즈의 소도시 디서스에서 태어난 호턴은 과학영재로 16세에 옥스퍼드대 물리학과에 입학해 24세인 1955년 박사학위를 받았다. 연구 주제는 고고도high-altitude 비행체에 부착해 대기의 복사속

radiation flux, 즉 단위 시간 단위 면적을 투과하는 파장별 빛에너지를 측정하는 장비 개발이다. 병역의무를 마친 뒤 학교로 돌아와 강사로 연구를 계속하며 1966년 고고도 기구에 장착하는 복사계 장치를 개발했다.

존 호턴 (제공 Doris Taylor)

그 뒤 미항공우주국NASA의 기상관측 위성에 장착하는 복사계 개발에 들어가 1970년 발사된 님버스 4호Nimbus 4에 실어 우주로 올려보냈고 1979년에는 개선된 버전을 님버스 7호에 실었다.

1983년 영국기상청 청장으로 자리를 옮겨 1991년까지 일하며 기후변화에 본격적인 관심을 갖고 활동하기 시작했다. 1988년 설립된 IPCC의 초대 공동의장을 맡았고 이듬해 IPCC 보고서 저자들의 첫 모임에서 이산화탄소 배출 측정 방식을 표준화해야 한다고 촉구하면서 기후변화는 정치가 아니라 과학으로 접근해야 한다고 강조했다.

그 결과 1990년 온실가스가 기후변화에 미치는 영향을 분석한 IPCC 보고서가 나왔다. 이를 바탕으로 1992년 리우데자네이루 지구 정상 회담에서 기후에 악영향을 주는 인류의 간섭을 억제하자는 합의가 이뤄졌고 1997년 각국의 온실가스 감축 목표를 담은 교토의정서가 발의됐다. 호턴은 1995년(2차), 2001년(3차) IPCC 보고서에도 적극 관여했다. IPCC는 2007년 노벨평화상을 수상했다.

1992년부터 1998년까지는 영국 왕립환경오염위원회 의장으로 대기오염 연구를 이끌며 운송과 환경에 관한 1994년 보고서 등 중요한 결과물을 내놓았다. 호턴은 과학자임에도 다양한 배경과 입장을 지닌 사람들을 설득해 합의에 이르게 하는 커뮤니케이션 능력이 뛰어났다.

말년에 알츠하이머병으로 고생하던 호턴은 코로나19 1차 대유행 시기에 감염돼 북웨일즈 자택에서 영면했다.

❻ 도널드 케네디 Donald Kennedy, 1931. 8.18 ~2020. 4.21

8년 동안 『사이언스』 편집장을 지낸 생물학자

도널드 케네디 (제공 FDA)

과학자로서보다 명문대 학장과 유명 저널 편집장으로 깊은 인상을 남겼던 도널드 케네디가 89세로 영면했다.

1931년 미국 뉴욕에서 태어난 케네디는 어릴 때부터 생물에 푹 빠져 있었고 하버드대 생물학과에 들어가 학사, 석사, 박사학위를 다 받았다. 시라큐스대에서 4년 동안 가르친 뒤 1960년 스탠퍼드대로 자리를 옮겨 1992년 총장직을 물러날 때까지 32년을 봉직했다(1977년부터 79년까지 미 식품의약국FDA 국장으로 자리를 비우기는 했다).

케네디는 당시로는 미개척지인 뇌와 행동의 관계를 연구했다. 그는 신경계가 단순한 무척추동물인 가재와 랍스터를 동물모델로 쓰면서 실험이 끝난 뒤 먹을 수 있다고 농담을 하곤 했다. 케네디는 뉴런 네트워크가 감각지각과 행동을 낳는지 규명하면서 사람 같은 복잡한 동물에서도 같은 원리가 작동할 것이라고 주장해 특히 의학자들로부터 큰 반발을 샀다. 그러나 그 뒤 연구를 통해 그의 주장이 옳음이 입증됐다.

3년 동안 FDA 국장으로 외도한 뒤 스탠퍼드로 돌아온 케네디는 1980년부터 1992년까지 12년 동안 총장으로 있으면서 대학을 혁신시켰다. 특히 학생들과 소통에 힘을 쏟아 아침 6시에 조깅을 함께 하며 대화를 나누기도 했다.

2000년 저명한 주간 학술지 『사이언스』의 편집장이 된 케네디는 생태학과 진화, 보존 등 인간의 활동으로 위기를 맞은 지구에 대한 경각심을 일깨우는 연구결과를 더 많이 소개하는 데 주력했다. 그 결과 생명다양성 상실, 질소순환 교란, 해양 산성화 등 여러 문제들이 과학의 중심으로 떠올랐다.

케네디 역시 코로나19 1차 대유행 시기에 감염됐고 이겨내지 못했다. 그가 우려했던 생태계 파괴의 결과 중 하나가 결국 그의 목숨을 앗아간 셈이다.

❼ 로버트 메이 Robert May, 1936. 1. 8 ~ 2020. 4.28

생태학을 정교하게 다듬은 물리학자

로버트 메이 (제공 옥스퍼드대)

백신접종이 시작되면서 코로나19의 기세도 꺾이고 있다. 팬데믹을 끝낼 수 있다는 집단면역의 효과를 수학적으로 분석한 이론 생태학자 로버트 메이가 84세로 영면했다.

1936년 호주 시드니에서 태어난 메이는 시드니대 화학공학과에 입학했지만 물리학으로 전공을 바꿨고 같은 대학에서 1959년 초전도체 연구로 박사학위를 받았다. 이후 대학에 남아 연구원 생활을 하면서 관심을 점차 넓혀 과학자의 사회적 책임과 생태계 보존 등의 문제에도 적극적으로 참여했다. 1971년 메이는 저명한 이론 생태학자인 로버트 맥아더 미국 프린스턴대 교수를 만나면서 생태학 연구에 올인했다. 이듬해 맥아더 교수가 42세에 암으로 세상을 떠나자 프린스턴대는 그에게 후임으로 와줄 것을 제안했다.

메이 교수는 단순한 수학에 의존했던 이론 생태학에 다양한 수학 기법을 도입해 실제 자연계에서 보이는 역동성을 재현하는 데 성공했다. 특히 카오스 이론을 적용해 초기 변수의 작은 차이가 전혀 다른 결과로 이어질 수 있음을 보였다. 생태계는 본질적으로 예측할 수 없는 시스템이라는 말이다.

1988년 영국왕립학회 연구교수로 자리를 옮긴 메이는 역학자 로이 앤더슨과 함께 팬데믹의 확산을 수학적으로 분석하는 연구를 진행했다. 이들은 전염의 복잡성을 재확산지수로 단순화했고 백신접종의 비율이 재확산지수에 미치는 영향을 분석했다. 인구의 3분의 2가 백신을 접종해 집단면역을 얻는 게 코로나19의 궁극적인 해결책이라는 근거를 마련한 것이다. 2008년 리먼 사태가 터지며 세계 금융 위기가 닥치자 메이는 생태계 안정 이론을 적용해 금융 시스템을 분석해 해법을 제시하기도 했다.

메이는 1995년부터 영국 정부과학자문위원을 지냈고 2000년부터 2005년까지 영국왕립학회 회장을 역임했다. 자연을 사랑했던 그는 1975년부터 여름 도보여행 모임을 만들어 40여 년 동안 동료들과 함께했다.

❽ 윌리엄 디멘트 William C. Dement, 1928. 7.29 ~ 2020. 6.17

수면의학의 시대를 연 의학자

시간낭비로 여겨진 잠이 건강에 결정적으로 중요한 요소임을 밝힌 의사이자 신경과학자인 윌리엄 디멘트가 92세를 일기로 영면했다.

1928년 미국 워싱턴주 웨나치에서 태어난 디멘트는 워싱턴대에서 기초의과학을 공부한 뒤 시카고대 의학대학원에 진학해 1955년 의학박사, 1957년 신경생리학으로 이학박사 학위를 받았다. 이 기간 동안 디멘트는 당시 수면 분야의 대가인 나타니엘 클라이트만 교수의 실험실에서 연구

윌리엄 디멘트 (제공 스탠퍼드대)

하며 결정적인 기여를 했다. 즉 렘수면과 꿈이 밀접한 관계가 있다는 사실을 발견한 것이다.

1953년 클라이트만의 대학원생 유진 아세린스키는 아들을 대상으로 한 실험에서 렘수면을 처음 관찰했다. 아세린스키는 실험실 후배 디멘트에게 렘수면과 꿈이 관계가 있는 것 같다고 말했고 디멘트는 이를 알아보기로 했다. 즉 피험자들이 잘 때 깨워 꿈을 꿨는가를 조사해봤더니 비렘수면에서 깰 때는 7%가 꿈을 꾼 것 같다고 말한 반면 렘수면에서는 무려 80%가 꿈을 꾸는 중이었다고 답했다. 렘(REM, 빠른안구운동)수면이라는 용어도 훗날 디멘트가 지은 것이다.

뉴욕의 마운트시나이병원 수련의 과정을 거쳐 1963년 스탠퍼드대에 자리를 잡은 디멘트는 본격적으로 수면연구를 하기로 하고 집에 실험실을 차렸다. 그의 수면연구가 점점 더 많은 과학자와 의학자들의 주목을 받으면서 디멘트는 1970년 스탠퍼드수면장애클리닉을 열었고 수면장애가 의료보험 적용을 받을 수 있게 하는 데 기여했다.

디멘트는 수면장애가 건강에 미치는 악영향을 규명하면서 수면장애와 만성 수면부족에 시달리기 쉬운 현대사회의 위험성을 경고하며 개선책을 촉구했다. 특히 수면에 미치는 빛의 중요성을 밝혀 지나친 야간조명이 생체시계를 교란해 수면장애를 유발한다는 사실을 밝혔다. 그는 졸음운전이나 야간 근무자의 졸린 상태가 각종 사고로 이어질 수 있음을 경고했는데, 당시에는 확대해석이라는 비판을 받기도 했지만 오늘날에는 상식으로 받아들여지고 있다.

디멘트는 활발한 활동으로 수면의학 시대를 열었다. 1961년 수면연구학회를 만들었고 1969년 신경과학회 설립을 도왔다. 그리고 수면연구를 싣는 학술지 『수면Sleep』을 창간했다. 그는 미국수면장애협회(현 미국수면의학회)를 설립해 12년 동안 회장으로 일했다. 수면에 대한 최초의 대학교재를 쓴 사람도 디멘트다.

대중들에게 수면의 중요성을 알리는 노력도 열심이었다. 1990년대 그가 대학에 대중강좌로 개설한 '잠과 꿈' 강의는 인기가 많아 늘 사람들로 넘쳤다. 디멘트는 1999년 대중을 위해 교양과학서 『수면의 약속』을 쓰기도 했다.

만성 스트레스와 스마트폰, SNS 같은 내외 요인으로 수면장애를 겪고 있다면 디멘트의 『수면의 약속』을 읽어보면 큰 도움이 될 것이다.

❾ 조셉 콘넬 Joseph H. Connell, 1923.10. 5 ~ 2020. 9. 1

생태학을 실험과학으로 만든 생태학자

현대 생태학의 대부 조셉 콘넬이 97세를 일기로 타계했다. 1923년 미국 인디애나주 개리에서 태어난 콘넬은 1941년 12월 일본의 진주만 공습으로 미국이 제2차 세계대전에 뛰어들면서 징집됐다. 시카고대에서 기상학을 훈련받은 뒤 1943년 대서양의 아조레스섬에 배치돼 비행 날씨 예보 업무를 수행했다. 이 인연으로 제대 뒤 시카고대에서 기상학으로 학

조셉 콘넬 (제공 Tad Theimer)

사학위를 받았다.

그러나 진짜 인연은 따로 있었다. 아조레스섬에서 함께 복무한 동료 가운데 야생동물 관리를 하다 온 사람이 있었고 덕분에 생물학에 관심을 갖게 됐다. 콘넬은 시간이 날 때마다 새를 관찰하고 나무의 종을 조사했다. 기상학과를 졸업한 콘넬은 전공을 바꿔 버클리 캘리포니아대에서 동물학으로 석사학위를 받은 뒤 영국으로 건너가 글래스고대에서 1956년 박사학위를 받았다.

석사논문 주제인 버클리힐즈의 브러시토끼 집단 연구에서 2년 내내 포획해 표식을 붙인 게 불과 40마리밖에 안 돼 좌절했던 콘넬은 박사논문 주제를 스코틀랜드 컴브래섬의 해안 바위에 사는 따개비로 바꿔 수많은 개체를 원 없이 조사할 수 있었다. 콘넬은 따개비 두 종 가운데 우점종을 없애면 다른 종이 빠르게 빈자리를 차지한다는 것을 입증했다.

이는 특정 종의 서식지는 온도나 습도 같은 물리적 요인이 결정적이라는 기존 가설을 뒤집는 결과로 큰 파문을 불러일으켰다. 즉 그때까지 생태학은 현장을 관찰하고 이를 사변적으로 해석하는 학문이었는데, 콘넬은 현장에 개입해 상황을 조작함으로써 진정한 변수를 드러낸 것이다.

미국 우즈홀해양지리연구소에서 박사후연구원을 2년 한 뒤 1958년 산타바바라 캘리포니아대 교수가 된 콘넬은 이곳을 평생직장으로 삼았지만 정작 주된 무대는 호주의 대보초와 열대우림으로 각각 30년과 50년이 넘게 추적 연구를 이어갔다. 이를 통해 콘넬은 자연생태계에서 종다양성이 유지되는 메커니즘을 규명했다.

즉 작게는 나무 한 그루가 쓰러지는 것에서 크게는 사이클론이 지나가는 것까지 각종 돌발상황이 평소라면 경쟁에 앞서는 종에게 더 큰 타격을 줘 약세인 종이 번성할 기회를 줘 다이내믹한 생태계가 유지된다는 것이다. 이들의 연구는 인내의 작업으로, 열대우림 탐사를 할 때면 벌레에 물리고 거머리에 피를 빨리면서 300종이 넘는 나무를 10만 그루나 일일이 조사해야 했다.

인류의 지나친 욕심으로 생명다양성이 위협받고 있는 오늘날 자연 커뮤니티의 비밀을 밝힌 그의 연구는 많은 시사점을 주고 있다.

⑩ 조지나 메이스 Georgina Mace, 1953. 7.12 ~ 2020. 9.19

종다양성 유지를 위해 동분서주했던 생물학자

조지나 메이스 (제공 Jussi Puikkonen/KNAW)

세계자연보존협회IUCN의 멸종위기종 보고서 '레드리스트Red List'의 선정 기준을 만든 동물학자 조지나 메이스가 아직은 할 일이 많은 67세의 나이에 암으로 세상을 떠났다.

1953년 영국 런던에서 태어난 메이스는 어릴 때부터 생물에 관심이 많아 리버풀대에서 동물학을 공부했고 서섹스대에서 포유류의 진화 생태학을 연구해 1979년 박사학위를 받았다. 미국 워싱턴의 스미스소니언연구소에서 박사후연구원으로 있으면서 근친교배가 동물원 동물에 미치는 영향을 연구했다.

1983년 런던동물학회 산하 동물학연구소에 들어간 메이스는 2006년까지 23년 동안 일하며 많은 업적을 남겼다. 동물원 동물의 유전자 관리에 대한 연구를 계속하면서 야생에서도 개체수가 얼마 안 돼 비슷한 문제에 놓인 동물들에게도 적용했다.

1991년 미국의 집단생물학자 러셀 랜드와 함께 IUCN의 레드리스트의 선정 기준 개선안을 제안해 주목을 받았다. 몇몇 저명한 과학자들의 의견을 반영해 정하는 기존 방식 대신 정량적인 데이터를 토대로 특정 기간 내에 멸종될 확률을 계산해 선정하자는 것이다. 이들의 의견을 반영하면서 레드리스트는 오늘날의 권위를 갖게 됐다.

새로운 레드리스트 기준을 적용하자 조류의 12%, 포유류의 24%가 멸종 위기에 놓여있다는 충격적인 사실이 드러났다. 그 결과 2002년 유엔의 생물다양성협약CBD은 2010년까지 생물다양성 손실 속도를 크게 낮추기로 결의했다.

2000년부터 2006년까지 동물학연구소 소장을 역임한 메이스는 그 뒤 런던대로 자리를 옮겨 부설 집단생물학센터 소장을 맡아 기후변화에 취약한 종에 대한 연구를 이끌었다. CBD의 2010년 목표가 실패한 것으로 드러나자 메이스는 생태학에 경제학을 접목한 자연자본natural capital 개념을 정책결정에 반영할 수 있게 노력했다. 그 결과 2012년 자연자본위원회NCC가 설립됐고, 위원회의 조언에 따라 2018년 영국 정부는 '25년 환경계획'을 발표했다.

메이스는 2011년 여성 최초로 영국생태학회 회장에 뽑혔고 2012년 런던대에 새로 설립한 생명다양성·환경연구센터 초대 소장으로 취임했다. 2018년 임기가 끝난 뒤에도 관련 연구자들을 지원하고 조언을 아끼지 않았다.

오랜 세월 암으로 고생하면서도 부담을 주지 않으려고 주위에 알리지 않아 친한 사람들 외에는 그녀의 투병에 대해 몰랐다고 한다. 세상을 떠나기 9일 전인 2020년 9월 10일 학술지 『네이처』 온라인에 공개된 논문에 공동저자로 이름을 올렸는데 결국 유작이 됐다. 논문은 종다양성 급감을 막기 위해 오늘날 식품 시스템을 대폭 바꿔야 한다는 내용이다.

⓫ 마리오 몰리나 Mario Molina, 1943. 3.19 ~ 2020.10. 7

위기에 빠진 지구를 구하는데 평생을 바친 화학자

마리오 몰리나 (제공 마리오몰리나에너지·환경 전략연구센터)

몬트리올 의정서는 아마도 지금까지 가장 성공적인 국제협약일 것이다.
- 코피 아난, 전 UN사무총장

1974년 미국 어바인 캘리포니아대 박사후연구원 시절 지도교수 셔우드 롤런드와 함께 프레온가스가 오존층을 파괴한다는 논문을 발표해 1987년 오존층 파괴 물질 사용을 규제하는 몬트리올 의정서를 이끌어낸 마리오 몰리나가 77세로 타계했다.

1943년 멕시코시티에서 태어난 몰리나는 외교관인 아버지를 따라 여러 나라에서 살았고 초중고는 스위스의 기숙학교에서 다녔다. 멕시코국립자치대에서 화학공학을 공부한 뒤 독일 프라이부르크대에서 화학으로 석사학위를 받았고 미국으로 건너가 버클리 캘리포니아대에서 물리화학으로 박사학위를 받았다.

그 뒤 인근 어바인 캘리포니아대 셔우드 롤런드 교수 연구실에 박사후연구원으로 들어갔다. 한 학회에서 냉매로 널리 쓰이고 있던 프레온(염화불화탄소CFC의 상품명)이 성층권에서 검출됐다는 발표를 들은 롤런드는 그 결과 무슨 일이 일어날까 궁금해져 몰리나에게 과제를 맡겼다. 이론과 실험을 통해 두 사람은 성층권 상부에 도달한 CFC가 파장 220나노미터 미만인 자외선에 의해 쪼개져 염소, 불소, 탄소 원자로 해리될 수 있음을 깨달았다.

이렇게 만들어진 염소 원자는 우주에서 오는 자외선을 흡수하는 성층권의 오존을 공격해 파괴하고 그 결과 에너지가 큰 자외선B가 지표에 도달해 생명체에 치명적인 손상을 입힐 수 있다는 결론에 이르렀다. 이들은 이 결과를 논문으로 정리해 학술지 『네이처』에 발표하면서 당시로는 드물게 언론발표도 가져 주목을 끌었다.

산업계는 터무니없는 얘기라며 펄쩍 뛰었지만, 이들은 후속 연구로 오존 파괴 메커니즘을 정교하게 다듬었고 결국 1978년 미 의회는 에어로졸 캔 제품에 CFC 사용을 규제하는 법안을 마련했다.

1980년대 초 지구물리학자 조 파먼이 이끄는 영국남극조사단은 남극 핼리만 상공 성층권에서 측정한 오존수치가 비정상적으로 낮다는 걸 발견했다. 파먼은 프레온의 분해산물이 남극 오존층에 구멍을 냈다는 충격적인 사실을 담은 논문을 1985년 『네이처』에 발표했다. 결국 1987년 UN의 모든 회원국이 국제환경협약인 몬트리올 의정서를 채택해 실행에 옮겼다. 그 결과 2000년대 들어 남극 오존층이 회복되기 시작했다.

몰리나는 지구를 위기에서 구하는데 기여한 공로로 1995년 롤런드, 폴 크루첸과 함께 노벨화학상을 받았다. 멕시코인으로는 최초의 수상자다.

1989년부터 2004년까지 MIT 교수로 지내면서 몰리나는 대도시의 대기오염 문제로 관심을 돌렸다. 그의 고향인 멕시코시티가 대기오염으로 악명이 높은 것도 한 이유로, 실제 멕시코시티를 대상으로 많은 연구를 진행했다. 2004년 샌디에이고 캘리포니아대로 자리를 옮긴 몰리나는 이듬해 멕시코시티에 마리오몰리나에너지·환경전략연구센터를 설립해 고국의 환경 개선을 위해 노력했다. 그의 노력 덕분에 멕시코시티 시민들의 삶의 질이 조금이나마 나아졌을 것이다. 몰리나는 멕시코의 영웅으로 어디를 가나 '팬 클럽' 회원들의 환영을 받았다.

코로나19가 팬데믹이 되면서 몰리나는 마스크 착용을 설득하는 데 생의 마지막 수개월을 바쳤다. 대기화학자로서 코로나 바이러스의 전파를 막는데 마스크가 가장 효과가 있다고 확신했기 때문이다.

SCENT OF SCIENCE

찾아보기

SCENT OF SCIENCE

참고문헌

1 파트

1-1 Sahin, U. et al. Nature Reviews Drug Discovery 13, 759 (2014)
Wolff, J. A. et al. Science 247, 1465 (1990)
Servick, K. Science 370, 1388 (2020)
Zatsepin, T. et al. International Journal of Nanomedicine 11, 3077 (2016)
1-2 Sammler, D. Science 367, 974 (2020)
Albouy, P. et al. Science 367, 1043 (2020)
Zatorre, R. J. et al. Trends in Cognitive Sciences 6, 37 (2002)
1-3 Horvath, S. Genome Biology 14, R115 (2013)
Fahy, G. M. et al. Aging Cell, 18, e13028 (2019)
Ocampo, A. et al. Cell 167, 1719 (2016)
Huberman, A. D. Nature 588, 34 (2020)
Lu Y. et al. Nature 588, 124 (2020)
1-4 Dolgin, E. Nature 588, S64 (2020)
Ben-Arye, T. et al. Nature Food 1, 210 (2020)
Rubio, N. R. et al. Nature Communications 11, 6276 (2020)

2 파트

2-1 Kupferschmidt, K. Science 364, 424 (2019)
Duell, B. A. ACS Omega 4, 22114 (2019)
2-2 Brennecke, J. F. & Freeman, B. Science 369, 254 (2020)
Thompson, K. A. et al. Science 369, 310 (2020)
Sholl, D. S. & Lively R. P. Nature 532, 435 (2016)
2-3 Coates, G. W. & Getzler, Y. D. Y. L. Nature reviews materials 5, 501 (2020)
Williams, C. K. & Gregory, G. L. Nature 590, 391 (2021)
Häußler, M. et al. Nature 590, 423 (2021)
Zhang, F. et al. Science 370, 437 (2020)
2-4 Liu, C. Matter 3, 1 (2020)

3 파트

3-1 Oka, T. Temperature 2, 368 (2015)
Lin, D. Nature 580, 189 (2020)
Kataoka, N. et al. Science 367, 1105 (2020)
3-2 Bilinska, K. et al. ACS Chemical Neuroscience 11, 1555 (2020)
Marshall, M. Nature 589, 342 (2021)
Meinhardt, J. et al. Nature Neuroscience 24, 168 (2021)
3-3 LeGates, T. A. & Kvarta, M. D. Nature Neuroscience 23, 785 (2020)
An, K. et al. Nature Neuroscience 23, 869 (2020)
3-4 Beyeler, A. Science 364, 129 (2019)
Olson, D. E. Journal of Experimental Neuroscience 12, 1 (2018)
Cameron, L. P. et al. Nature 589, 474 (2021)

4 파트

4-1 Kitamoto, S. et al. Cell 182, 447 (2020)
4-2 O'Sullivan, A. Nature Food 1, 398 (2020)

Posma, J. M. et al. Nature Food 1, 426 (2020)

Garcia-Perez, I. et al. Nature Food 1, 355 (2020)

4-3 Rishi, P. et al. Indian J Microbiol 60, 420 (2020)

Zeppa, S. D. et al. Frontiers in Cellular and Infection Microbiology 10 Article 576551 (2020)

Suzuki, T. A. & Ley, R. E. Science 370, eaaz6827 (2020)

4-4 Libby, P. Nature 581, 263 (2020)

Vieira-Silva, S. et al. Nature 581, 310 (2020)

5 파트

5-1 Sherwood, S. et al. Reviews of Geophysics 58, e2019RG000678 (2020)

5-2 Graver, B. et al. icct working paper 2019-16

Abbott, A. Nature 577, 13 (2020)

5-3 Sasaki, T. Nature 442, 635 (2006)

Xu, K. et al. Nature 442, 705 (2006)

Bailey-Serres, J. & Voesenek, L. A. C. Nature 584, 44 (2020)

5-4 Zhu, G. et al. PNAS 117, 24646 (2020)

Seebens, H. et al. Global Change Biology 27, 970 (2021)

6 파트

6-1 Greaves, J. S. et al. Nature Astronomy http://doi.org/10.1038/s41550 020-1174-4

Mogul, R. et al. arXiv:2009.12758

Villanueva, G. L. et al. arXiv:2010.14305

Greaves, J. S. et al. arXiv:2011.08176

6-2 Parsons, S. Nature 585, 354 (2020)

Vanderburg, A. et al. Nature 585, 363 (2020)

6-3 Raman, A. P. Science 367, 1301 (2020)

Davids, P. S. et al. Science 367, 1341 (2020)

6-4 Banani, S. F. et al. Nature Reviews Molecular Cell Biology 18, 285 (2017)
Alberti, S. Nature 585, 191 (2020)
Jung, J. et al. Nature 585, 256 (2020)

7 파트

7-1 Cichorek, M. et al. Postepy Dermatol Alergol 30, 30 (2013)
Clark, S. A. & Deppmann, C. D. Nature 577, 623 (2020)
Zhang, B. et al. Nature 577, 676 (2020)
7-2 Russell, O. M. et al. Cell 181, 168 (2020)
Aushev, M. & Herbert, M. Nature 583, 521 (2020)
Mok, B. Y. et al. Nature 583, 631 (2020)
7-3 Warschefsky, E. J. et al. Trends in Plant Science 21, 418 (2016)
McCann, M. C. Science 369, 618 (2020)
Notaguchi, M. et al. Science 369, 698 (2020)
7-4 Meyer, A. et al. Nature 590, 284 (2021)

8파트

8-1 Roca, A. L. Nature 591, 208 (2021)
van der Valk, T. et al. Nature 591, 265 (2021)
8-2 Meyer, M. et al. Nature 505, 403 (2014)
Meyer, M. et al. Nature 531, 504 (2016)
Schierup, M. H. Science 369, 1565 (2020)
Petr, M et al. Science 369, 1653 (2020)
8-3 Roe broeks, W. Nature 514, 170 (2014)
Aubert, M. et al. Nature 576, 442 (2019)
Brumm, A. et al. Science Advances 7, eabd4648 (2021)
8-4 Xu, D. et al. Nature Communications 10, 4105 (2019)

부록

1 Shetterly, M. L. Nature 579, 341 (2020)
Malcom, S. M. Science 368, 591 (2020)

2 Schewe, P. F. Nature 579, 342 (2020)
Wilczek, F. Science 368, 715 (2020)

3 Lee, P. A. & Ong, N. P. Science 368, 475 (2020)
Coleman, P. Nature 581, 29 (2020)

4 Baker, M. Science 368, 831 (2020)
Bhargava, M. Nature 582, 27 (2020)

5 Hayhoe, K. & Wuebbles, D. Nature 581, 260 (2020)
Taylor, F. Nature Climate Change 10, 491 (2020)

6 Daily, G. C. & Ehrlich, P. R. Science 368, 1062 (2020)

7 Krebs, J. R. & Hassell, M. Nature 581, 261 (2020)
Godfray, H. C. J. & McLean, A. R. Science 368, 1189 (2020)

8 Pelayo, R. & Mourrain, P. Science 369, 512 (2020)

과학의 향기

강석기의 과학카페 시즌10

초판 1쇄 인쇄 2021년 4월 29일
초판 1쇄 발행 2021년 5월 7일

지은이 강석기
펴낸이 최종현
기획 김동출 이휘주 최종현
편집 이휘주
교정 김한나 이휘주
경영지원 유정훈
디자인·표지 일러스트 김진희

펴낸곳 (주)엠아이디미디어
주소 서울특별시 마포구 신촌로 162 1202호
전화 (02) 704-3448 팩스 (02) 6351-3448
이메일 mid@bookmid.com 홈페이지 www.bookmid.com
등록 제2011 - 000250호

ISBN 979-11-90116-42-8 03400